· 云南省寄生虫病防治所
· 金宁一院士工作站
· 云南省虫媒传染病防控研究重点实验室
· 云南省虫媒传染病防控关键技术创新团队（培育）
· 面向南亚东南亚热带病国际科技人才教育培训基地

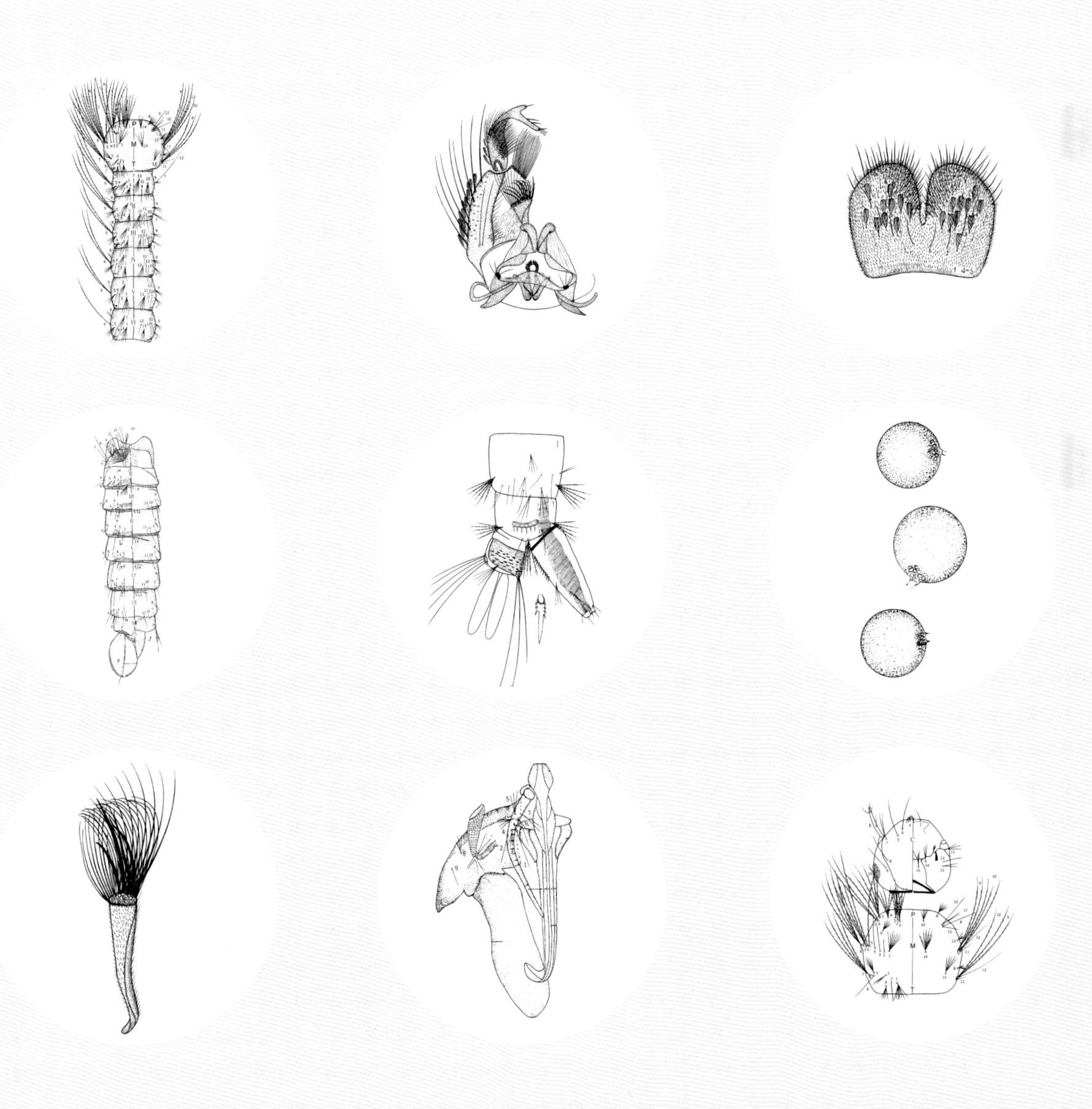

编委会名单

董学书　周红宁　编著

云南省寄生虫病防治所

金宁一院士工作站

云南省虫媒传染病防控研究重点实验室

云南省虫媒传染病防控关键技术创新团队（培育）

面向南亚东南亚热带病国际科技人才教育培训基地

标本采集

董利民　王　剑　罗春海　李春富

郭晓芳　姜进勇　杨明东

标本整理制作

董学书　周克梅

国家出版基金资助项目
国家自然科学基金项目（U1602223, 81160357, 30960327, 30660160）
国家卫生健康委员会大湄公河疟疾 / 登革热联防联控合作项目
云南省重大科技专项（2017ZF007）

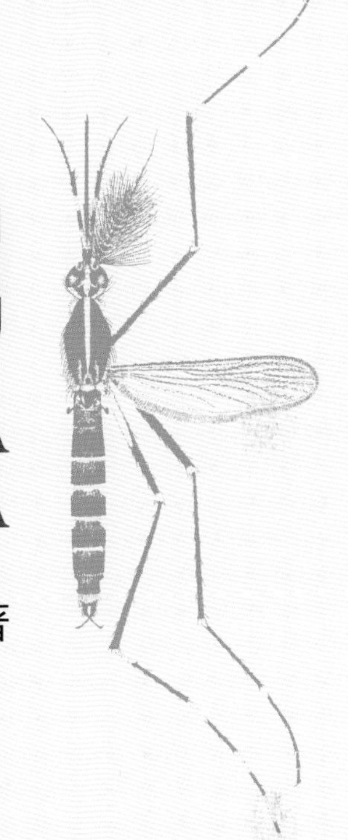

中国覆蚊属

GENUS STEGOMYIA OF CHINA

董学书　周红宁　编著

云南出版集团公司
Yunnan Publishing Group Corporation
云南科技出版社
Yunnan Science & Technology Press
·昆　明·
· Kunming ·

图书在版编目（CIP）数据

中国覆蚊属 / 董学书，周红宁编著. -- 昆明 : 云南科技出版社，2019.11
ISBN 978-7-5587-2173-1

Ⅰ. ①中… Ⅱ. ①董… ②周… Ⅲ. ①蚊科—研究—中国 Ⅳ. ①Q969.44

中国版本图书馆CIP数据核字(2019)第123616号

中国覆蚊属

ZHONGGUO FUWENSHU

董学书　周红宁　编著

出 版 人：杨旭恒
责任编辑：李永丽　叶佳林
助理编辑：张羽佳　黄文元
装帧设计：张　萌　秦会仙
责任校对：张舒园
责任印制：蒋丽芬

书　　号：ISBN 978-7-5587-2173-1
印　　刷：昆明美林彩印包装有限公司
开　　本：889mm×1194mm　1/16
印　　张：13
字　　数：358千字
印　　数：1~3000册
版　　次：2019年11月第1版　　2019年11月第1次印刷
定　　价：198.00元

出版发行：云南出版集团公司　云南科技出版社
地　　址：昆明市环城西路609号
网　　址：http://www.ynkjph.com
电　　话：0871-64192481

前 言

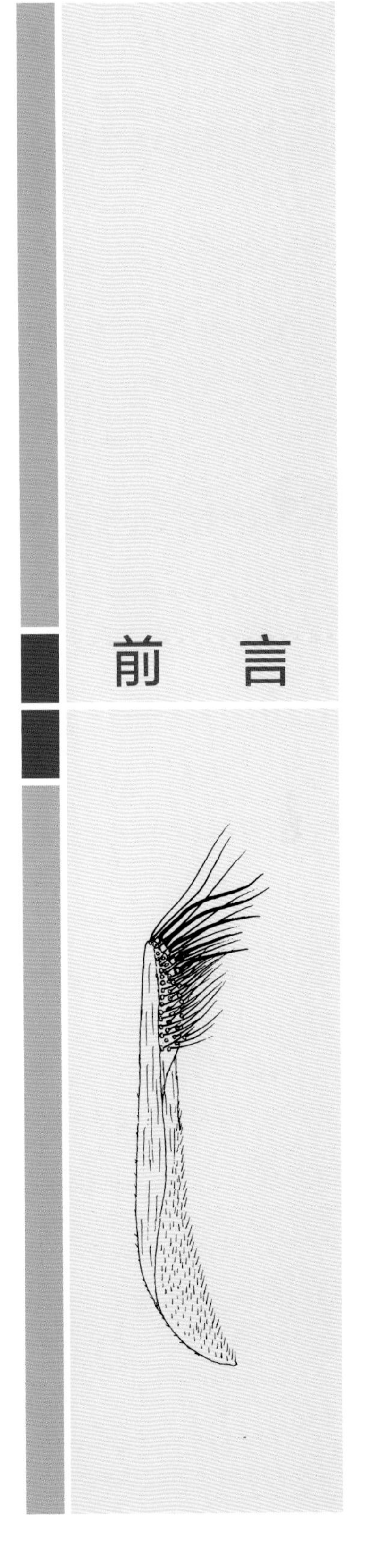

覆蚊属（Genus *Stegomyia*）是伊蚊族（Tribe Aedini）中蚊种数量比较多、与疾病流行关系密切的蚊属之一。迄今已证实作为登革热（Dengue Fever）、乙型脑炎（Japanese Encephalitis）、寨卡病毒病（Zika Virus）、黄热病（Yellow Fever）等病毒病传播媒介的覆蚊已近20种。近年来，上述传染病的流行程度及流行面在亚洲和非洲部分地区不断扩大，尤其是登革热已成为继疟疾之后又一种危害严重的蚊媒传染病，引起世界的关注。为了防治研究工作的需要，我们经过多年的调查及标本采集，在获得系统技术资料的基础上，编著出版《中国覆蚊属》。

《中国覆蚊属》是我国蚊科（Family Culicidae）中唯一以一个属为单元编著的学术专著。内容包括形态特征和分类、生态生物学两大部分。第一部分较为系统地论述了覆蚊属形态及鉴别特征，各蚊种成、幼虫的系统描述及分类检索（检索表和图），在形态特征的描述中，均以实物标本照片为依据，每个种都附有成、幼虫及雌、雄尾器的图版，在分类检索中，采用“塔式”检索方法，条文与图示并用，增强了真实性和直观感，并首次描述了雌蚊尾器特征及分类检索，使蚊种的分类特征更为全面完善。第二部分介绍了我国覆蚊属的地理分布、种群数量、季节消长、幼虫孳生习性等，为媒介蚊种的调查研究及防治工作提供参考。

《中国覆蚊属》的编著规格、中译名、英文缩写、专用术语基本上参照《中国蚊科志》编写，引证或引用文献的编写则按《世界期刊名录》（Brown and Straton 1963~1965, *World List Scientific Periodicals*）的规格进行。

《中国覆蚊属》的编著得到了云南省寄生虫病防治所的支持与关怀，在编著过程中，第二军医大学瞿逢伊教授、泰国宋卡王子大学T. Pengsakul教授惠赠重要文献，本所李春敏、曾旭灿、许翔等年轻医师们给予了热情帮助，在此一并表示感谢。

为了便于对外交流，扩大《中国覆蚊属》在蚊媒传染病防治研究中的应用价值，书中的重要部分分别用中、英文编写。希望《中国覆蚊属》的出版，能对我国及亚太地区蚊虫分类研究、蚊媒传染病防治工作有所贡献。

作者水平有限，遗漏和错误在所难免，望读者指正。

Preface

Genus *Stegomyia* is one of the mosquito genus with numerous species and closely related to diseases epidemics. Until now, it has been proven that approximately 20 *Stegomyia* species are vectors of some important arbovirus diseases, for instance, Dengue Fever, Japanese Encephalitis, Zika Virus, and Yellow Fever etc. . In recent years, above mentioned infectious diseases are experiencing serious and an expending range of epidemics within part of Asian and African areas, especially Dengue Fever, becoming another damaging vector-born disease, has arose worldwide concern. For better satisfying the need of diseases prevention and control research, on the basis of systematic technical data gained through two years of investigation and specimen collection, *Genus Stegomyia of China* is finally published.

Genus Stegomyia of China is the only academic monograph wrote based on one genus, with the main content of which includes two parts: morphological characteristics & classification, and biology & ecology. The first part expounds morphological and identifying characteristics, system description of adult and larva stage mosquito, and their classification (Keys Taxonmia) of

Genus *Stegomyia* systematically. All morphological characteristics descriptions are based on photos of mosquito specimen. Besides, pictures of adult, larva, adult male and female terminalia are presented as to each specie. In the keys taxonnia, we adopt pyramidal retrieval method, combining graphic with text for providing an authentic and visible reading experience. This is the first time that female adult terminalia was described and its taxon keys was published, thus allowing more comprehensive and complete classification characteristics. When it comes to expound biology & ecology, the geographical distribution, population, seasonal fluctuation, larva breeding habits etc. are included, which provides reference for vector investigation and control.

Writing specifications, Chinese translations, English abbreviation, and Terms of *Genus Stegomyia of China* are basically compiled with reference to *The Mosquito Fauna of China*, writing of citation and literature are in accordance with *World List Scientific Periodicals* (Brown and Straton 1963~1965).

Hereby, I would like to acknowledge of Yunnan Institute of Parasitic Diseases(YIPD) for their long lasting support and attaching importance to *Genus Stegomyia of China*, Prof. Qu Fengyi from the Second Military Medical University and Prof. T. Pengsakul from Prince of Songkala University Thailand for their kindly offer important documents, as well as young health workers Li Chunmin, Zeng Xucan, Xu Xiang from YIPD for their involvement and help during the compilation of *Genus Stegomyia of China.*

For foreign exchange convenience and extending the applicable value of *Genus Stegomyia of China* in prevention and control research of vector borne communicable diseases, the essential contents of this book is written in English and Chinese Bilingual. Sincerely wish that the publish of *Genus Stegomyia of China* would contribute to mosquito classification research, prevention and control of vector borne communicable diseases in China and the Asian-Pacific Region.

Due to limited knowledge and ability of author, there might be some omissions and mistakes, I sincerely hope readers could kindly correct for further revision and improvement.

目 录
CONTENTS

第一章

覆蚊属概述

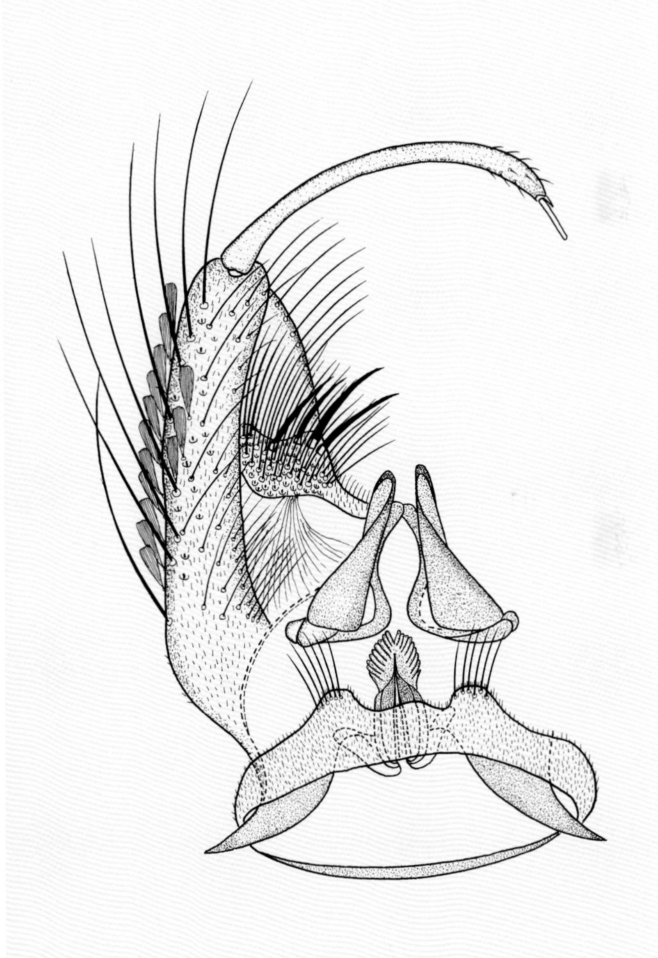

覆蚊属（Genus *Stegomyia*）是伊蚊族（Tribe Aedes）中种类比较多的一个属，由Theobald于1901年建立，但长期来被降为伊蚊属（Genus *Aedes*）的一个亚属；2004年，Reinert、Harbach等将该亚属恢复为原来的属级阶元，当时该属共记录112种（亚种）（Knight, K. L., A. Stone, 1977）；2007年，R. E. Harbach, T. M. Howard修订后的《世界蚊类名录》，正式记录为128种，我国至今共记录23种。

覆蚊属在建立的早期，Edwalds（1932）曾将其划分为8个组（A-H Group），各组的蚊种也几经变动，我国的23种分属于埃及覆蚊组（*St. aegypti* Group A）、白-*w*覆蚊组（*St. w-albus* Group B）、盾蚊覆蚊组（*St. scutellris* Group C）。1972年，黄跃民在其所著的《东南亚伊蚊属覆蚊亚属》一书中，系统地论述了覆蚊属蚊种特征，调整了某些种的分类地位，其中把白点伊蚊从覆蚊属移至伊状蚊亚属（Subgenus *Aedimorphus*）。2004年，Reinert在调整世界伊蚊族的分类系统时，把原属于覆蚊亚属并单独为一个组的白线伊蚊（*Ae. albocliineatus*）移出，将其归属于盾蚊属（Genus *Scutomyia*）。以上的调整，增强了覆蚊属的一致性。

2009年，J. F. Reinert, E. E. Habachi和I. J. Kitching在修订伊蚊族的分类系统时，把覆蚊属分为异蚊亚属（Subgenus *Neterspioion*）、黄蚊亚属（Subgenus *Hongmyia*）、剑蚊亚属（Subgenus *Xyele*）、覆蚊亚属（Subgenus *Stegomyia*）等8个亚属。我国迄今已知的23种中的圆斑覆蚊、尖斑覆蚊归属于异蚊亚属；中点覆蚊、马立覆蚊、叶抱覆蚊归属于黄蚊亚属；环胫覆蚊归属于剑蚊亚属；埃及覆蚊归属于覆蚊亚属；其余16种的亚属归属尚未确定。

覆蚊属为世界性分布的蚊属，其中以东洋界、非洲界、澳洲界为其主要分布区，尤其是东洋界中的西太平洋内一些群岛，如马里安群岛（Marian Islands）、所罗门群岛（Solomon Islands）、安达曼群岛（Andaman Islands）等，分布广泛，少数种类可分布于古北界，如仁川覆蚊（*St. chemulpoensis*）、黄斑覆蚊（*St. flavopictus*）、缘蚊覆蚊（*St. galloisi*）等。覆蚊属在我国的分布较为广泛，南自海南、云南，北至吉林、辽宁均有分布，而种类最多、分布最广的是云南。全省中的12个州（市）均有分布。

覆蚊属是伊蚊族中与疾病流行关系密切的蚊属。迄今已知埃及覆蚊（*St. aegypti*）和白纹覆蚊（*St. albopictus*）是登革热（Dengue Fever）的主要传播媒介。我国20世纪70年代和80年代在广东、海南、广西、福建、浙江等省（区）暴发流行，以及近年（2012～2014）在云南、广东暴发流行的登革热传播媒介仍然是埃及覆蚊或白纹覆蚊。在有些地区，如南亚、东南亚，它们也是流行性乙型脑炎（Japanese Encephalitis）和基孔肯雅（Chikungunga）病的传播媒介。此外，现已证实，在亚洲、南美洲和非洲，盾蚊覆蚊（*St. scutellaris*）、黄斑覆蚊（*St. flavopictus*）、黄头覆蚊（*St. leuteocephata*）、里氏覆蚊（*St. riuersi*）、塔布覆蚊（*St. tabu*）、非洲覆蚊（*St. fricanus*）、黑布里覆蚊（*St. hebrideus*）、波里尼西亚覆蚊（*St. polynsensis*）等，在上述不同地区、不同时期的登革热流行中起到传播或保存登革病毒的作用，有的种则是重要的传播媒介。最近，在非洲和亚洲的马来西亚、新加坡、泰国出现的寨卡病毒病（Zika Virus）已证实是由埃及覆蚊（*St. aegypti*）传播，白纹覆蚊也是传播媒介。

第二章

覆蚊属形态特征

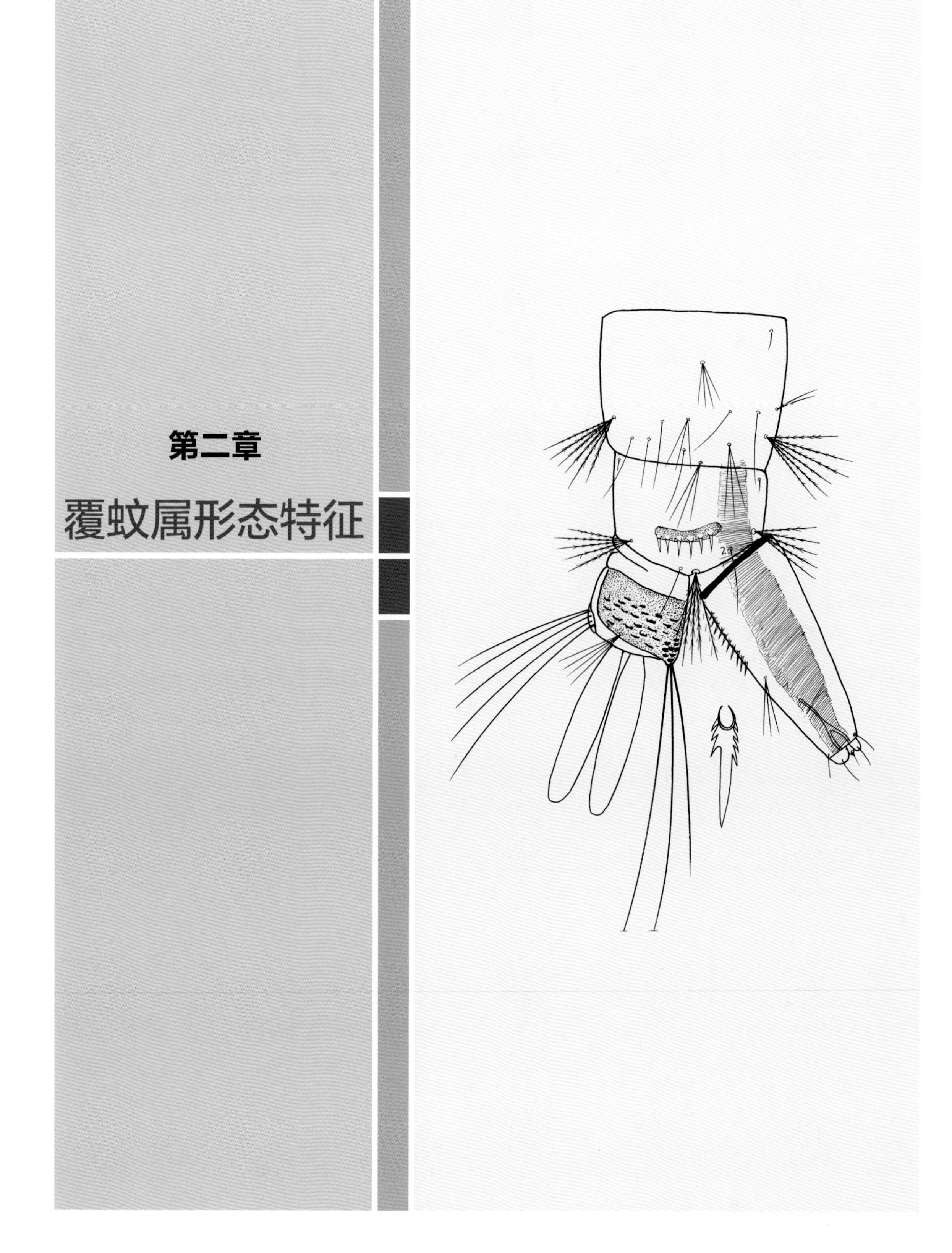

第一节

成蚊形态
（Adult）

覆蚊属蚊种通常为小至中型的棕褐色或黑色有银白色斑纹之蚊。

雌蚊（Female）（图1） 头（Head）（图2）：头顶密覆淡色或深色或淡暗相间的宽鳞，后头有淡色或深色竖鳞，眼缘通常有淡宽鳞边，头顶中央常有顶白斑或纵条并延伸至额前，颊部的鳞饰与头顶一致。触角黑褐色，梗节密覆银白宽鳞，唇基深色光裸或有银白色宽鳞，触须深褐色，节5或节4~5，背面有白宽鳞。喙一致暗色，唇瓣色淡。胸（Thorax）（图3）：前胸前背片两侧远离，背面有银白色宽鳞或杂有少量暗宽鳞，后背片深色光裸，或有淡色和深色宽鳞，有的还有窄弯鳞。中胸盾片深褐色或黑色，具银白鳞饰，包括正中银白纵条、正中前宽后窄银白纵斑、中侧银白纵条、正中前宽后窄银白圆斑、横斑、翅基前大银白斑、三角形侧白斑等。小盾片平覆宽鳞，有三叶均为银白宽鳞，三叶均为深色宽鳞，中叶为银白宽鳞，侧叶为银白宽鳞等4种类型。少数种中叶大部白色，在后端有少量宽鳞。前胸侧板、中胸前侧板上部和下部、后侧板均有银白色宽鳞簇。无中胸后侧下鬃。翅（Wing）（图5）：翅鳞深褐色至黑色，为短宽鳞或窄宽鳞，有的种前缘脉、亚前缘脉和第一纵脉为短宽鳞或羽鳞与短宽鳞混生。翅瓣具细缝鳞，腋瓣具深色细短鳞。前叉室和后叉室约等长。平衡棍结节淡色或暗色。足（Leg）（图5）：各足基节均有银白鳞簇，股节的鳞饰多样，前、中股节有的前外侧有银白纵条或成行的斑点，或仅有一小斑点，后股节基段大部分淡色，或腹面淡色。胫节通常一致暗色，少数种有白环或斑。前、中跗节1或1~2有基白环，少数种跗节4~5全白，或跗节4全白、跗节5全暗。腹（Abdomen）（图6）：腹节背板深褐至黑褐色，节Ⅱ~Ⅴ，或Ⅱ~Ⅵ有基白带，有的并有侧白斑，少数种的基白带与侧白斑相连接，腹节Ⅶ背板大多有一基白斑。腹板Ⅱ~Ⅵ通常有宽的基白带，有的还有基中斑，并与基白带连成一体。尾器（Genitalia）（图7）：腹节Ⅷ背板（Ⅷ-Te）前宽后窄，后部的鳞片多或很少，后缘刚毛长短不一，腹节Ⅷ腹板（Ⅷ-S）亚端位外凸，端后中央有一凹陷，有的凹陷很深，把后部分为二叶，整个腹板有鳞，但鳞片的多少和分布不一。腹节Ⅸ背板（Ⅸ-Te）大多为前窄后宽，侧叶微后凸，后凸上的刚毛多少不一。英岛片（Insula）长短、大小不一，有瘤突（Tuberculus）。上阴唇（Upper vaginal lip）和下阴唇（Lower vaginal lip）正常，上阴片（Upper vaginal sderite）大多宽厚，形状各异，受精囊3个，1大2小，有针突（Spermathecal eminence spicule）。生殖后叶（Postgenital lobe）前宽后窄，后端中央微凹或深凹不等，有基中内突（Basal mesal apodeme）。尾须（Cercus）较短，形状各异。

雄蚊（Male）　一般形态与雌蚊相似，体色略淡。触角（Antenna）与喙（Proboscis）等长，通常节2~5有基白环或白斑。触角鞭节14~15节长，约占鞭节全长的4/5。尾器（Genitalia）（图8）：腹节Ⅸ背板（Ⅸ-Te）发达，大多为弧形，少数种为山峰形，侧突上的刚毛细短而少。抱肢基节（Gonocoxite）发达，有的种腹端部上有毛簇。基背叶已发展为典型的小抱器（Claspette），其形状复杂多样，随蚊种不同而有明显的差异，是本属雄蚊尾器分类鉴定的主要特征。抱肢端节（Gonostylus）形状也不一致，有的种类末端膨大，并有钩刺，有的种类末端分为2枝，指爪（Claw）位于亚端部。肛侧片（Paraprtoct）发达，无肛毛。阳茎（Aedeagus）分为两侧板，末段具齿。

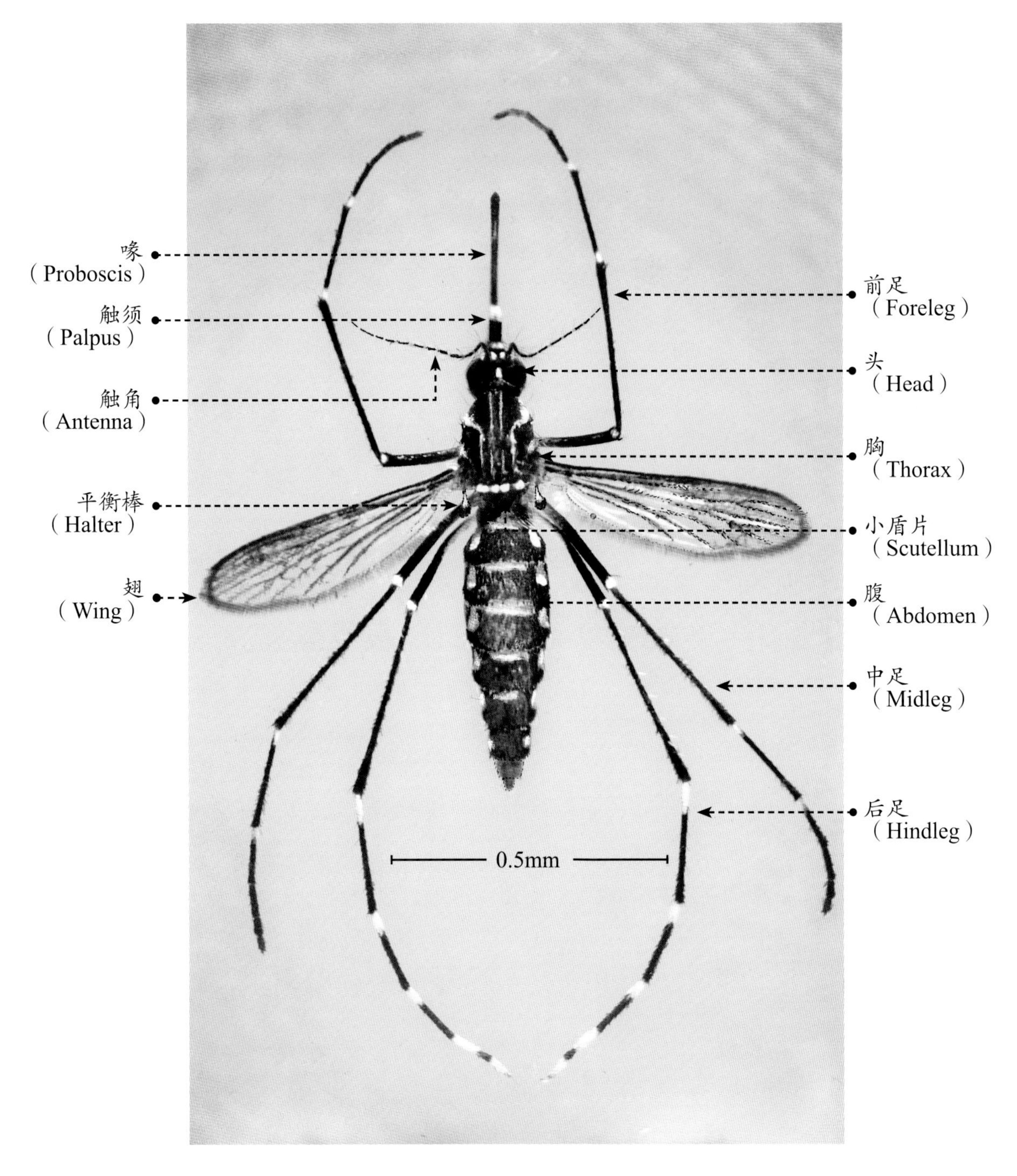

背面 (Dorsal)

图 1　覆蚊雌成蚊
Fig. 1 Adult female of *Stegomyia*

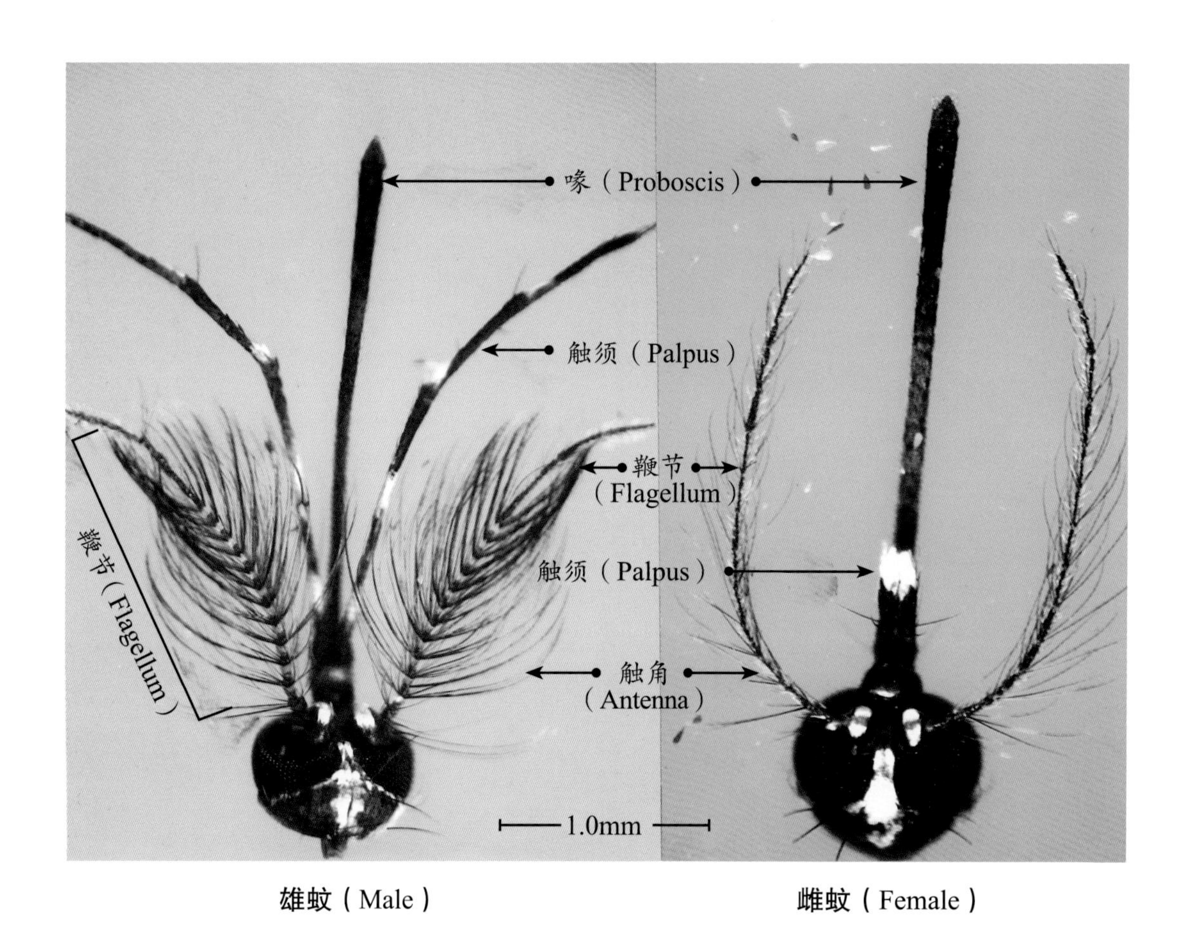

雄蚊（Male）　　　　雌蚊（Female）

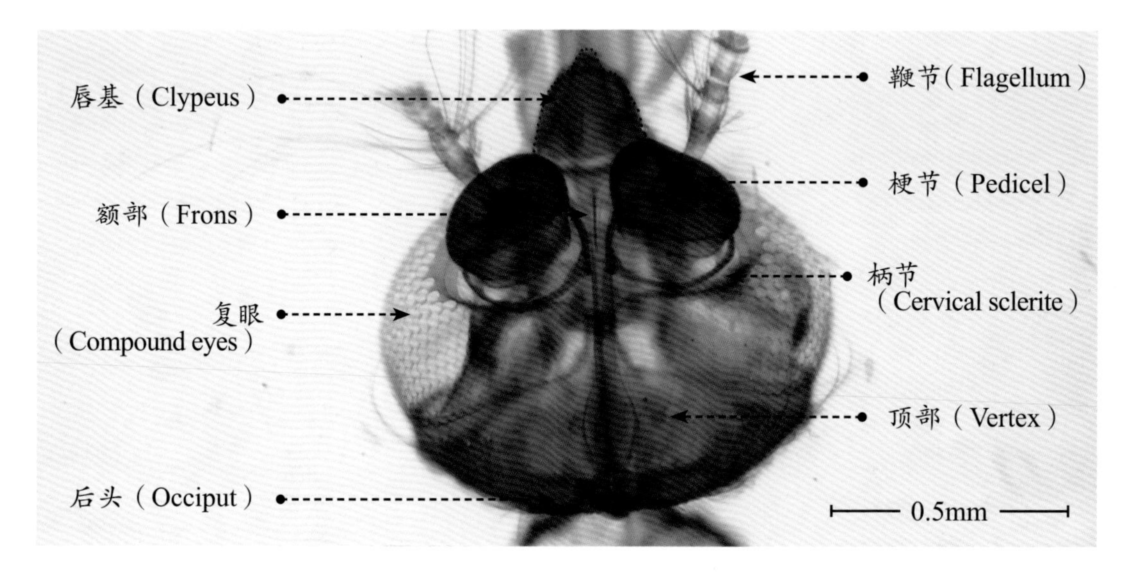

图 2　覆蚊成蚊头部
Fig. 2 Adult head of *Stegomyia*

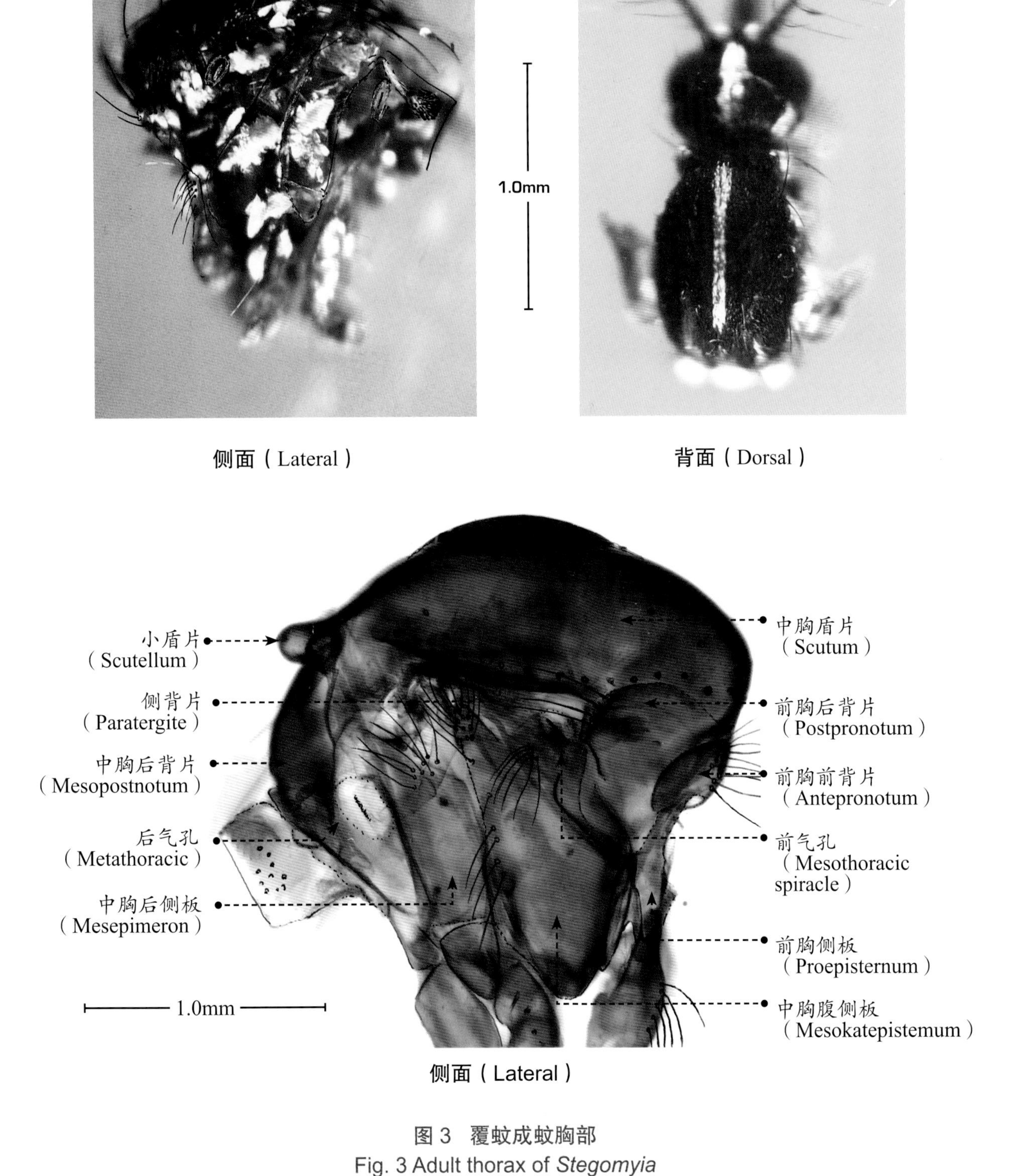

图 3 覆蚊成蚊胸部

Fig. 3 Adult thorax of *Stegomyia*

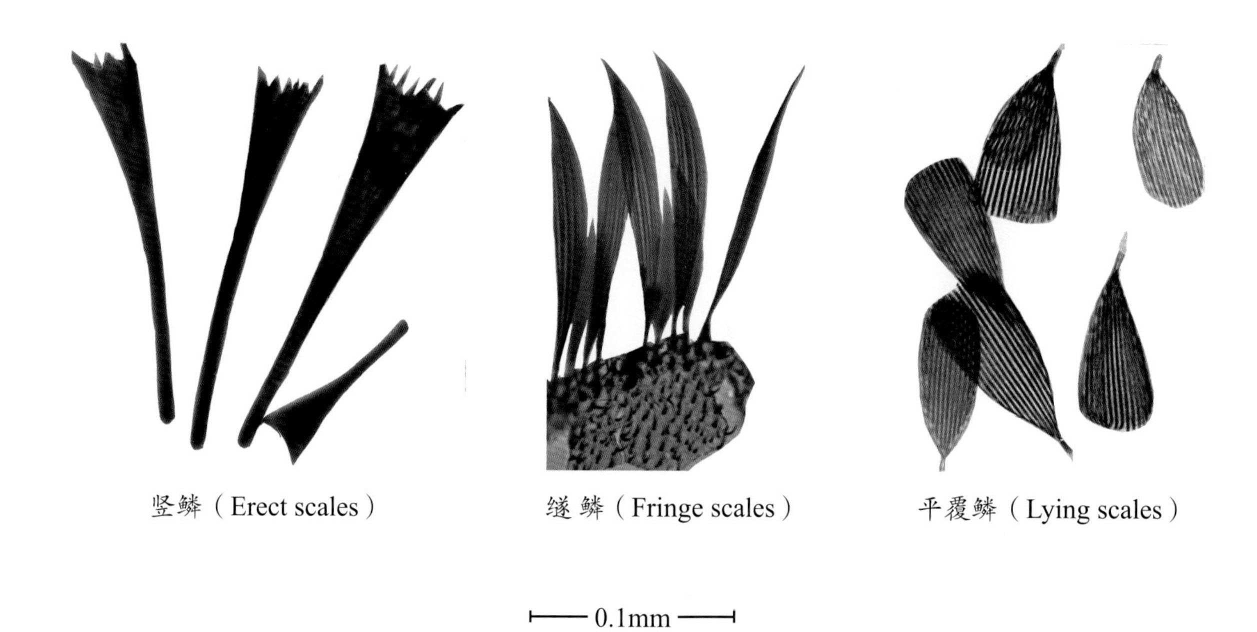

盾鳞（Scutum scales）　　簇鳞（Throng scales）

图 4　覆蚊成蚊头、胸鳞

Fig. 4 Adult scales head and thorax of *Stegomyia*

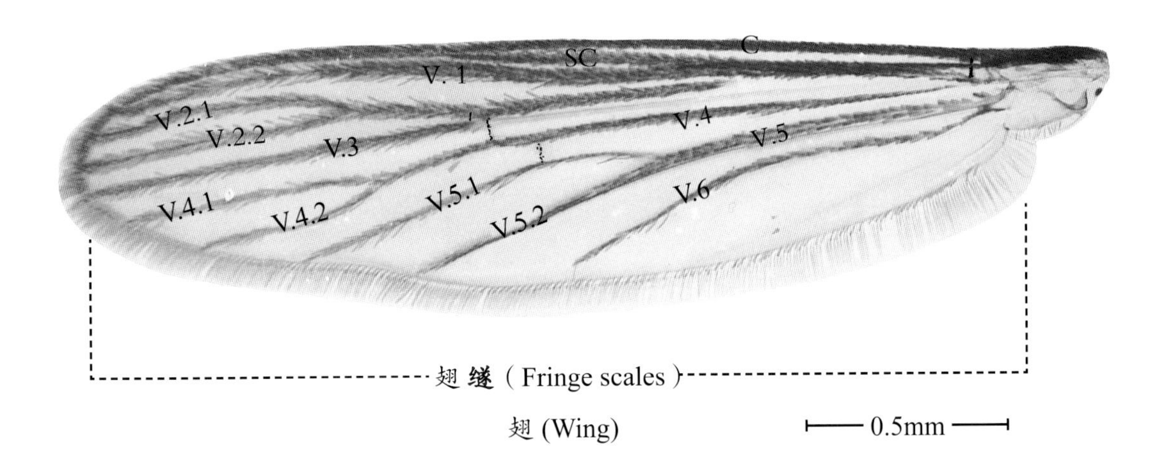

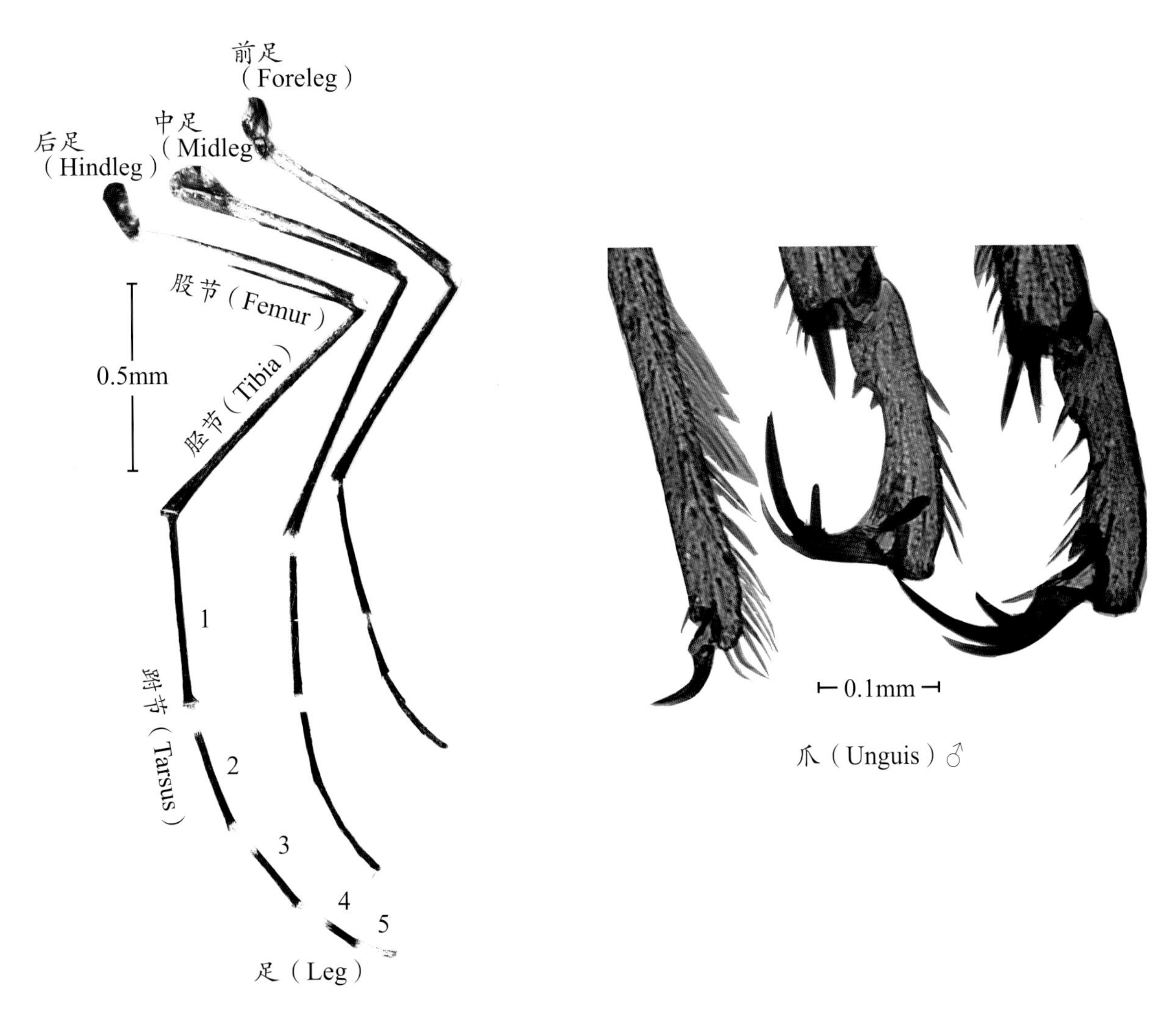

图 5 覆蚊成蚊翅和足
Fig. 5 Adult wing and leg of *Stegomyia*

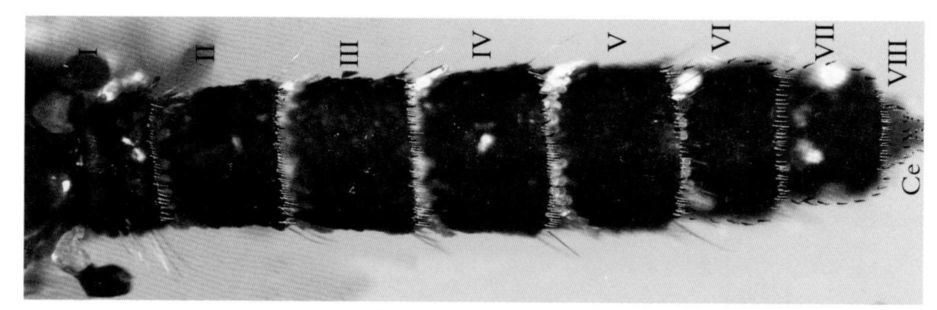

雌蚊背面（Female dorsal）

雌蚊腹面（Female ventral）

雌蚊侧面（Female lateral）

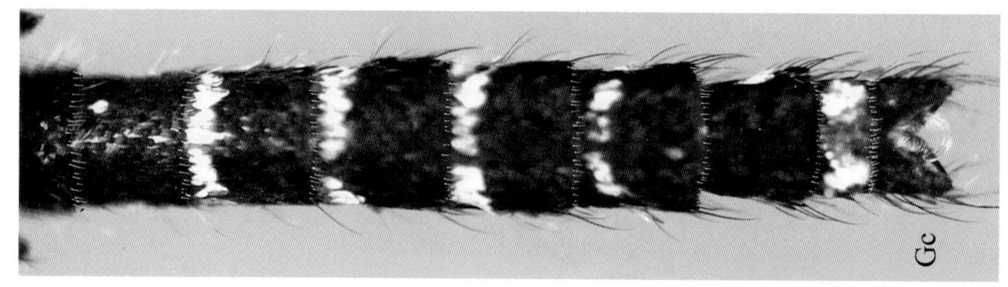

雄蚊背面（Male dorsal）

雄蚊腹面（Male ventral）

图 6 覆蚊成蚊腹部

Fig. 6 Adult abdomen of *Stegomyia*

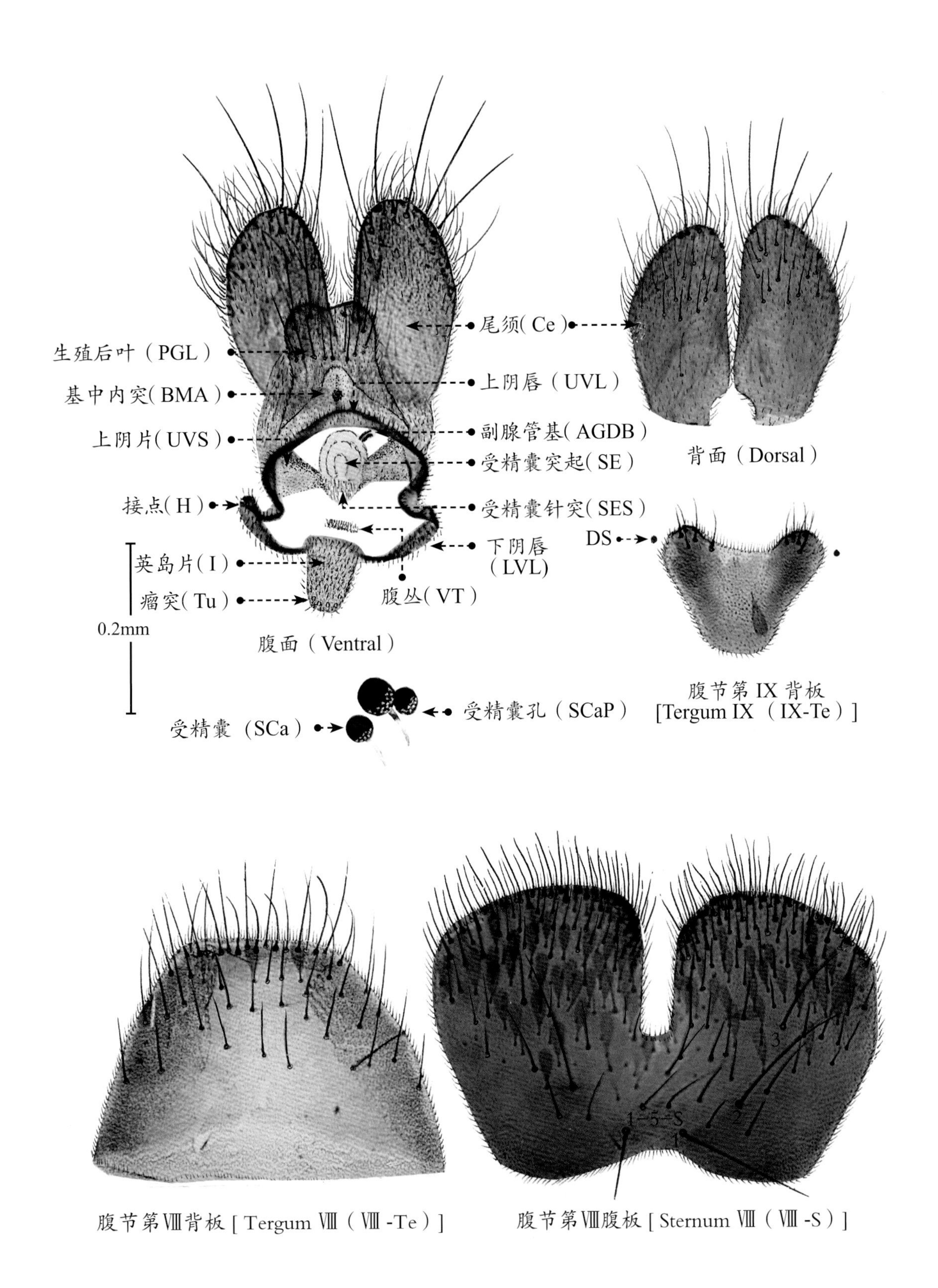

图 7　覆蚊雌蚊尾器
Fig. 7 Adult female genitalia of *Stegomyia*

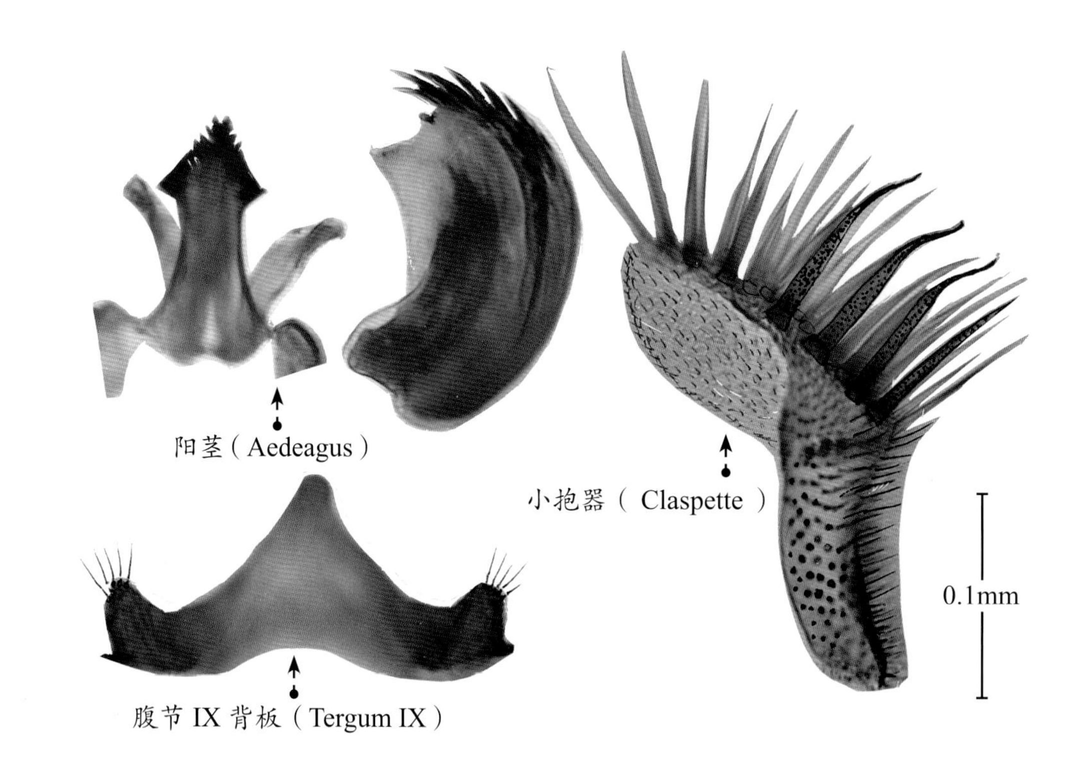

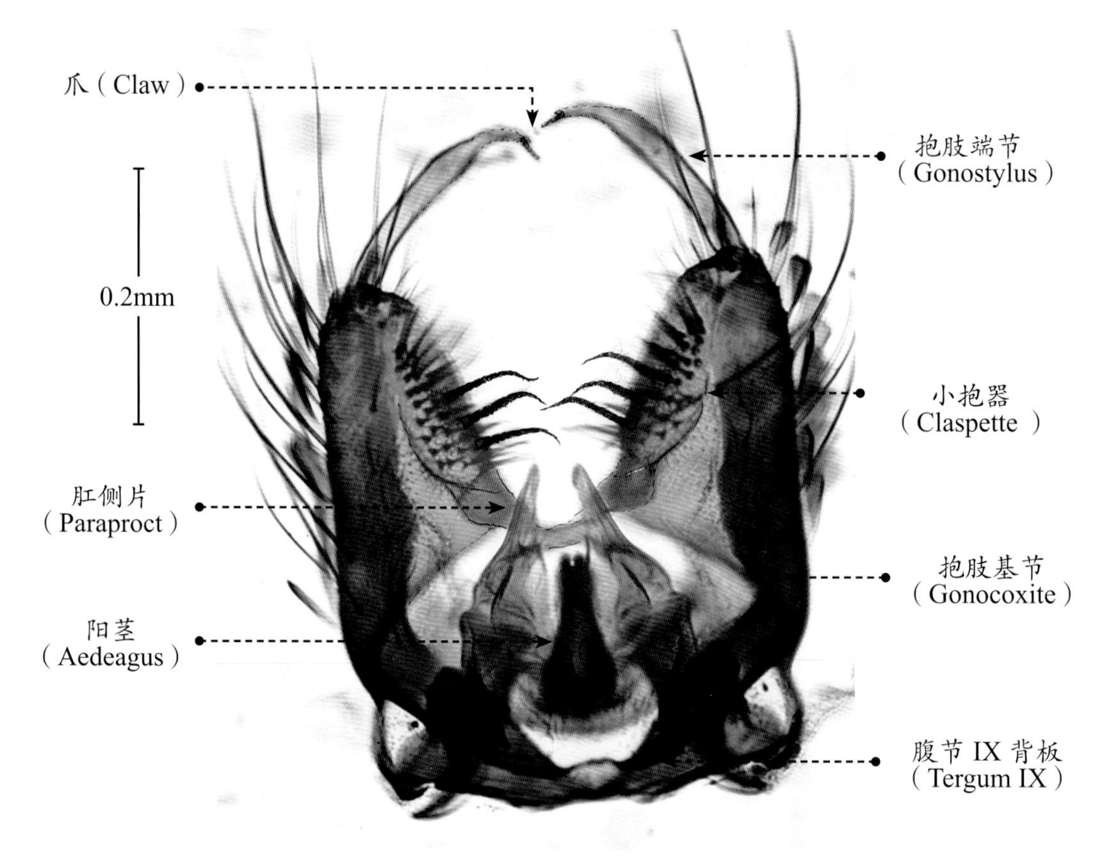

图 8　覆蚊雄蚊尾器
Fig. 8 Adult male genitalia of *Stegomyia*

第二节

蛹形态（Pupa）

头（Head）：翅鞘通常有深色区，多分布基部及外侧。呼吸角（Trumpet）通常为角状，端部明显宽于基部，管外壁密布六角形网纹，口缘具细齿。头毛1-C通常为单枝，细长；2-C单枝，短于1-C；3-C短，通常分为2~4枝；4-C略长于3-C，通常分为2~3枝；5-C与4-C均短于3-C，通常分2~4枝；6-C和7-C较长，通常分2~3枝；8-C较短，分2~4枝；9-C细而短，单枝；10-C通常短于11-C；11-C和12-C单枝。

腹（Abdomen）：腹毛1-Ⅰ发达，分15枝以上；1-Ⅱ通常分7~10枝；1-Ⅲ~Ⅴ通常分2~3枝；1-Ⅵ~Ⅶ 单枝。腹毛2-Ⅰ~Ⅶ细短，通常单枝。腹毛3-Ⅰ~Ⅶ通常分为单枝，偶有分枝。腹毛4-Ⅰ~Ⅱ分3~4枝；4-Ⅲ~Ⅶ通常单枝，偶有分2枝。腹毛5-Ⅰ~Ⅲ细短，常分2~3枝；5-Ⅳ~Ⅶ长单枝。腹毛6-Ⅰ~Ⅶ均为单枝。腹毛7-Ⅲ~Ⅴ分2枝；7-Ⅵ~Ⅶ为单枝。腹毛8-Ⅲ~Ⅶ常为2短枝。腹毛9-Ⅰ~Ⅶ细而短单枝；9-Ⅷ粗长，常分为2枝，偶有单枝，毛中部至端部有细侧枝。腹毛10-Ⅲ~Ⅶ和11-Ⅲ~Ⅶ均为短小单枝。尾鳍（Paddle）椭圆形，外缘具密集的刺缕，无齿，鳍毛细短，单枝，中肋（Midrib）不发达。

第三节

幼虫形态（Larva）

头（Head）：头毛1-C细、色淡毛状，端部内弯，通常为单枝；2-3C付缺；4-C位于头前缘，小而短，自基部分为6~12枝，分枝柔软，常作披针状；5-C位于6-C的后方，长单枝或在近中部分为2枝；6-C位于5-C的前方或内前方，单长枝，或在亚端部分2枝；7-C位于6-C外侧，触角基内侧，单枝或分2~3枝；8-C和9-C均为细而短的小毛，不分枝，位于颅盖缝后1/3之内、外侧；10-C细小单枝，偶分2枝；11-C常为

2~4枝；12-C常为2~4枝；13-C短而小，单枝或分2~3枝；14-15C均为短而小细毛，通常分2~4枝。颏板（Mentum）三角形或塔形，颏齿因种类不同而有差异，通常除中齿外，两侧各有齿7~11个，基部1~2个较小，其余等大。胸（Thorax）：1-P通常分2~4枝；2-P单枝；3-P分2~3枝；4-P比1-P略短，分2~3枝；5-P粗长，常分为3~4枝；6-P单长枝；7-P分2~3长枝；8-P短小，常分4~7枝；9-12P均为短而细，共生在瘤突上，大多为单枝，9-P或10-P偶分2枝，13-P和14-P均为分多枝的短毛。胸毛1-M通常发达，常分4~6枝；2-M则细短单枝；3-4M略长于2-M，均为单枝，无侧芒；5-M粗长，单枝，具侧芒；6-M为分多枝的长毛；7-M单长枝；8-M分多长枝；9-12M共生一发达的瘤突上，除11-M外，均为分枝或不分的长毛；14-M为分4~8枝的短毛。胸毛1-T和4-T通常分3~6短枝；2-T和3-T单枝或3-T有分枝；5-T常分3~5短枝；6-T单枝；7-T通常分4~6长枝；8-T短而细，常分4~6枝；9-12T共生一瘤突上，通常均为单枝，或9-T分2枝，11-T细小，微针状；13-T分4~6短枝。在胸、腹有星状毛的种类中，胸毛8-P、13-P、14-P，1-M、13-M、14-M，1-T、4-T、13-T则是典型的星状毛。腹（Abdomen）：腹毛1-Ⅰ~Ⅵ均为分4~7枝的短毛；2-Ⅰ~Ⅶ与1-Ⅰ~Ⅶ相似；3-Ⅰ~Ⅶ和4-Ⅰ~Ⅶ均短而细，单枝或4-Ⅰ和4-Ⅱ分2枝；5-Ⅰ~Ⅶ形态相似，均分4~6枝；6-Ⅰ~Ⅴ分2~3长枝，6-Ⅶ通常为单长枝；7-Ⅰ单长枝，7-Ⅱ~Ⅵ分2~4短枝；8-Ⅰ~Ⅶ均为短细单枝或分2短枝；9-Ⅰ~Ⅶ与腹毛7近似；10，11，12-Ⅰ~Ⅵ均为细小单枝；13-I~Ⅶ发达，常分4~6枝。在有星状毛的种类中，腹毛1，2，13-Ⅰ~Ⅵ为典型的星状毛。尾节：腹毛1-Ⅶ通常分2~3长枝；2-Ⅶ分2~4短枝，或不分枝；3~4-Ⅶ单枝；5-Ⅶ常分3~6枝；6-Ⅶ短小，分3~4枝；7-Ⅶ单枝；8-Ⅶ短而分多枝；9-Ⅶ不分枝或分2~3枝；10~12-Ⅶ均为单枝；13-Ⅶ分3~6枝。腹节Ⅷ栉齿（Comb）列为一行，通常5~12个，有的种类生在一骨片上，栉齿有强的中刺，基侧有侧缝或侧刺，有的种类除了侧缝外，尚有小的侧刺，少数种中刺末端可分裂2个小刺。腹节Ⅹ尾鞍完全或不完全，有的种后背角上有尖刺或钝刺，或两者兼有。腹毛1-Ⅹ位于尾鞍中、后部，分2枝，偶有多枝；2-Ⅹ单长枝或分2~3枝；3-Ⅹ单长枝；4-Ⅹ 4株，由背面向腹面排列为a-4、b-4、c-4、d-4，每株为单枝或分为2枝，有的种d-4短小，分为多枝，d-4的长或短，有些蚊种与分类有关。尾腮（Analpapill）发达，通常为尾鞍长的1~2倍，但也有仅略长于尾鞍，或更长。呼吸管（Siphon）较为短粗，呼吸管指数通常都在4以下。呼吸管毛1-S一对，常分多枝。呼吸管梳齿（Pecten）数量因种而异，多的可达15个以上，少则5~6个。其形态基本相似，基部腹侧有侧牙，通常为2~4个，也有多至5个，少至1个。

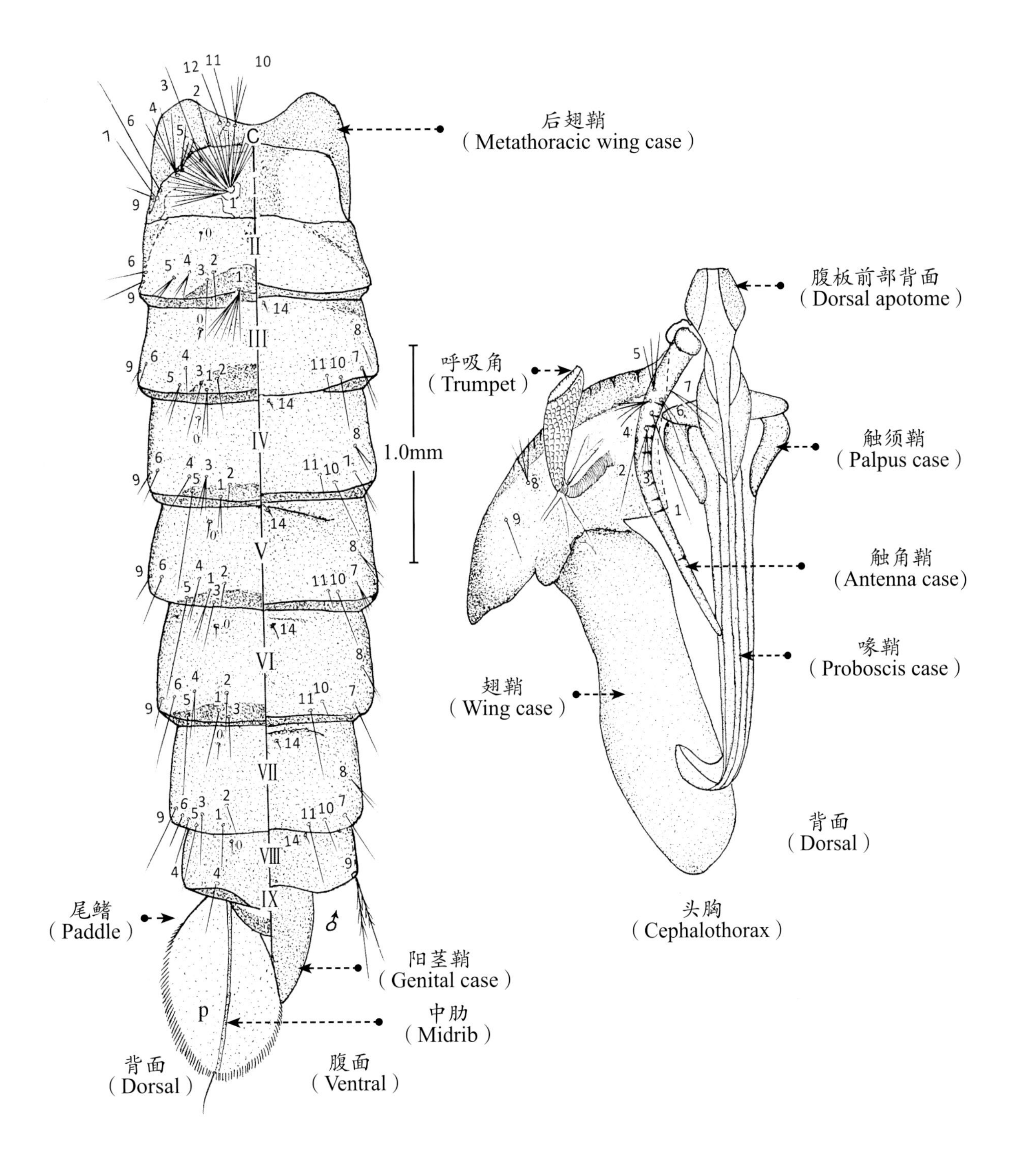

图 9 覆蚊蛹

Fig. 9 Pupa of *Stegomyia*

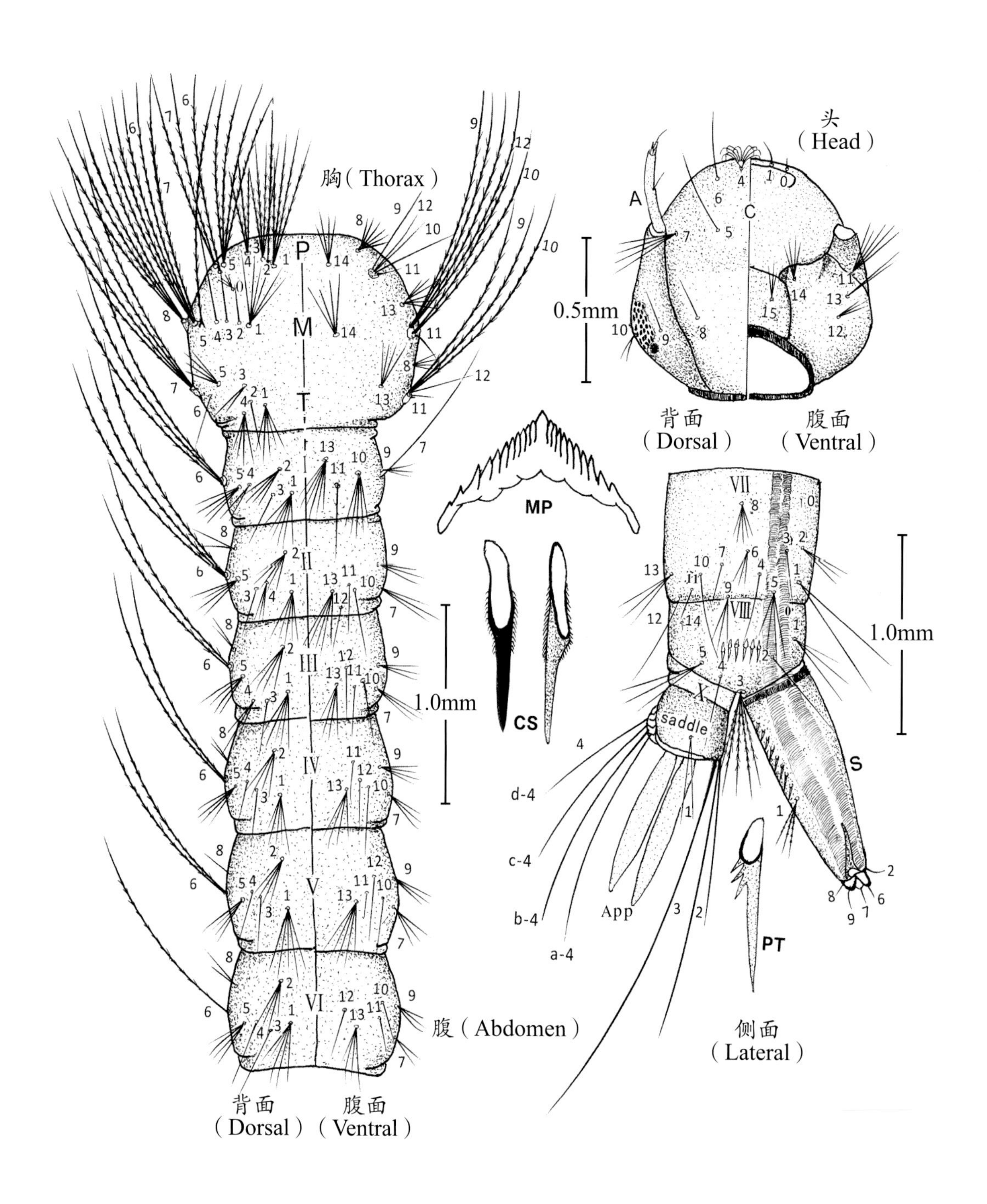

图10 覆蚊幼虫

Fig. 10 Larva of *Stegomyia*

第四节

卵形态（Eggs）

覆蚊属蚊卵一般呈橄榄形，其长度一般为0.5mm，直径为0.2~0.3mm，卵分为前端和后端，前端略大于后端。在卵的前端中央有一卵孔（Micropyle），在雌蚊产卵过程中储精囊的精子由此卵孔进入卵内使其受精。受精的卵产出时呈乳白色，4~5个小时后由乳白色变为灰色，再逐渐变为黑色。雌蚊产出卵若不受精，则不会变为黑色，而永久是乳白色或灰色，直至腐烂。覆蚊卵有三层外壳，最外一层为膜质半透明的卵外膜（Exochorion）。卵外膜包裹整个卵的外层，并形成许多粒状突起和网状花纹，粒状突起内有少量空气，使得卵初产出时漂浮于水面，数小时后粒状突起内空气逸出或卵外膜腐烂，卵即沉入水底，故此覆蚊卵在水面不易发现。第二层是坚硬的黑色角质卵壳，它有很强的保护作用，当卵产出在水面或潮湿物体上经数小时胚胎发育成熟后，即使离开水在干燥地方数个月（通常3~5个月），其胚胎仍然可存活，遇到水源即可孵化，而其他蚊属的卵则没有这种抗旱能力，例如按蚊属（*Anopheles*）、库蚊属（*Culex*）的卵，即使胚胎发育成熟后，离开水源2~5个小时，胚胎即死亡。第三层也是卵最内一层，为一层薄的卵黄膜（Vitelline membrane），它与卵的胚胎发育有关。

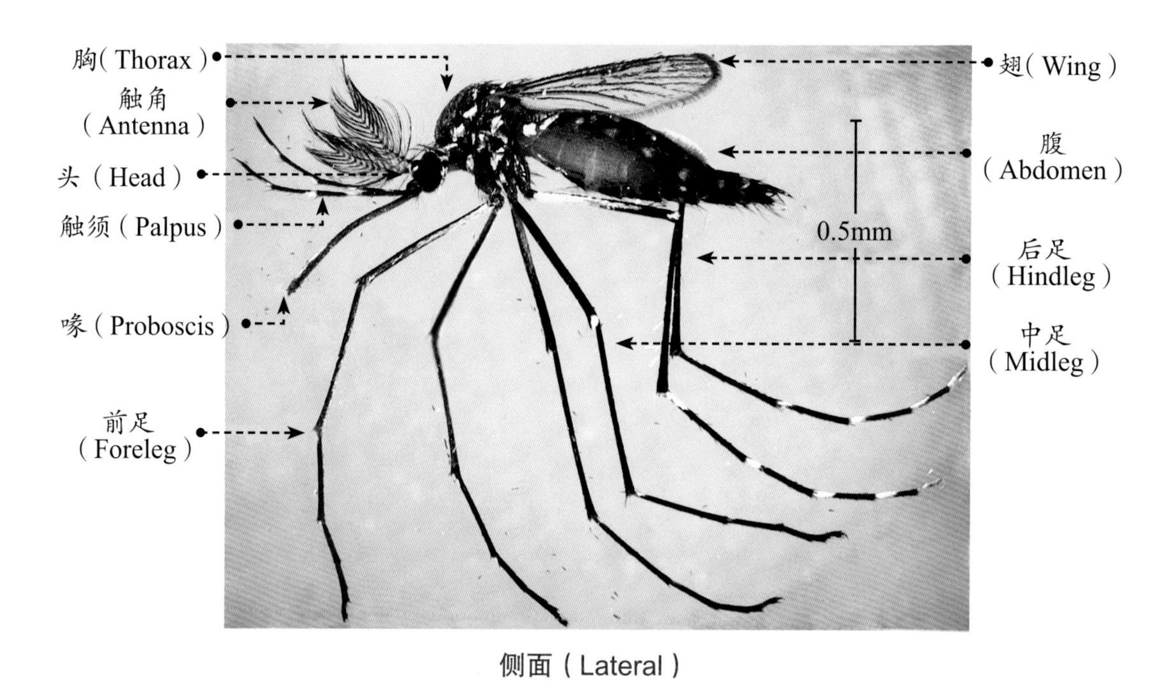

侧面 (Lateral)

图 11 覆蚊雄蚊
Fig. 11 Adult male of *Stegomyia*

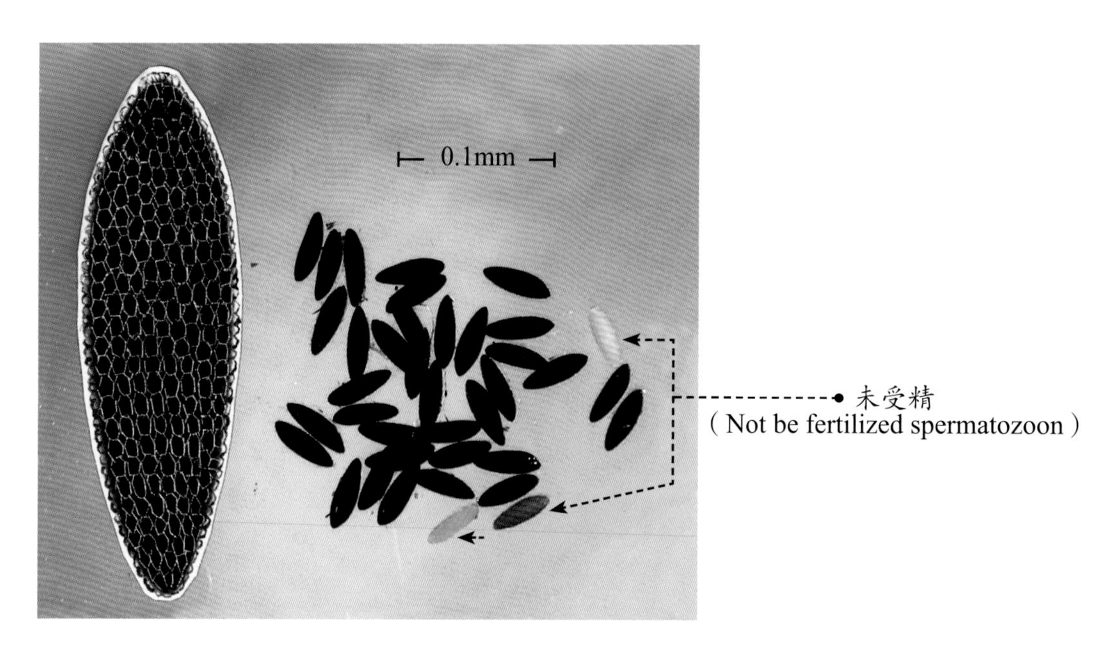

图 12 覆蚊卵
Fig. 12 Eggs of *Stegomyia*

第三章

覆蚊属蚊种描述

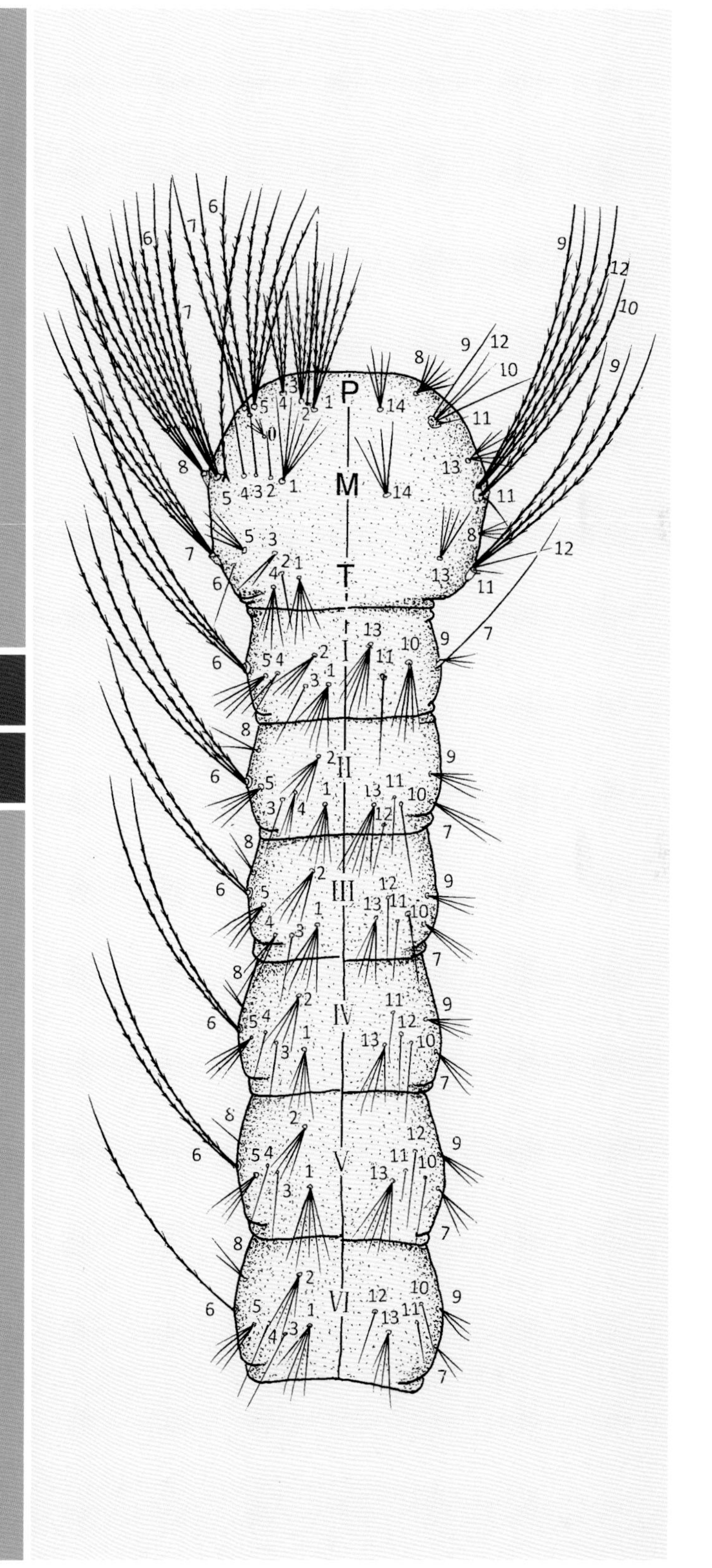

覆蚊属 Genus *Stegomyia*（Theobald, 1901)

埃及覆蚊 *Stegomyia aegypti* (Linnaeus, 1762) [*Aedes aegypti*]（图版 1~2）

Culex aegypti (Linnaeus, 1762). Zweyter Theil, enthalt Beschreibunger verschiedener wichtiger Naturalien, p. 470.(未阅)[模式产地：埃及]

Aedes (*Stegomyia*) *aegypti* (Linnaeus, 1762). Barraud, 1934, Fauna Br. Ind., Diptera 5: 221; Feng (冯兰洲) , 1938, *Pek. nat. Hist. Bull.* (北京博物学杂志), 12: 294; Bohart & Ingram, 1946. Mosq. Okinawa and Is. Central Pacif., p. 61; Belkin, 1962, Mosp. South Pacif., p. 441; Gutsevich et al., 1970, Fauna USSR. Ⅲ (4) , Fam. Culicidae, p. 294; Tanka et al., 1979, *Contrib. Am. ent. Inst.*, 16: 396.

Lu et al. (陆宝麟等), 1997, Editorial Committee of Fauna Sinica, Academia Sinica Insecta Vol. 8 Diptera: Culicidate (中国动物志，昆虫纲，第八卷，双翅目，蚊科), 1: 221-223.

Dong et al. (董学书等), 2010, The Mosquite Fauna of Yunnan China Volume 2: 62-63.

[鉴别特征]　中胸盾片两肩处有一对长柄镰刀状银白斑，雌蚊唇基背侧有一对银白鳞簇，雄蚊小抱器腹内缘有 4~5 根端部钩状的叶状刺。幼虫体无星状毛，头毛 5-7C 均为单枝，栉齿中刺两侧有发达的侧刺。

[形态描述]　检视标本：44♀♀，24♂♂，63L。

雌蚊　中型棕褐色而有银白斑纹之蚊。翅长3.1~3.2mm。头：头顶平覆银白和深褐色宽鳞，中央有一对由银白鳞形成的中央纵条，前伸至两眼间，其两侧各有一侧纵条，中央纵条的后端有少量褐色宽鳞，后头有淡色、淡褐色和深褐色竖鳞，两颊各有一白纵条。眼后缘有较细但明显的眶白线。唇基背外侧有一对银白鳞簇。触角梗节密覆银白鳞。喙与前段股节约等长，黑褐色。触须为喙长的1/5~1/4，深褐色，末段1/3~1/2背面银白色。胸：前胸前背片和后背片都有银白宽鳞，后背片的上部并有白色和棕色窄鳞。中胸盾片密覆棕褐色窄鳞和细鳞，前突部正中有一白色短纵斑，盾角内侧各有一由银白色宽弯鳞形成的长柄镰刀状斑，刀柄部成为中侧纵条，后伸至小盾前缘，在前突部白色短纵斑之后，有一对金黄细鳞形成的中央纵条，后伸至小盾前区，小盾光裸区两侧及前端各有淡白至淡黄色短纵条。两翅基前各有一银白鳞簇。侧背片具银白宽鳞，小盾片具银白宽鳞。胸侧板深褐色，有亚气门鳞簇，无气门后鳞簇，腹侧板具上部和下部鳞簇，后侧板鳞簇发达，并分为上、下两部。翅：翅鳞一致深褐色，仅前缘脉基端有一小白点，前叉室略长于后叉室，前叉室的叉柄指数1.35。平衡棒结节具淡色鳞。足：各足基节都具银白鳞簇。前股节前面基部1/3为淡色区，后延续为不清晰的淡白色纵线伸近末端，中股前面有淡色纵条，后面基部2/3淡色，后股基部1/2除有褐色背线外，全部淡色。各股节都有白膝斑。各胫节一致深褐色，前跗节和中跗节1~2有完整或不完整的基白环；后跗节1~3有较宽的基白环，节4基段 3/4白色，节5全白色。腹：腹节背板黑褐色；节Ⅰ中央有大片宽白鳞，侧背片密覆大片银白宽鳞；节Ⅱ~Ⅶ背板具基白带和银白侧斑，但两者不相连；节Ⅷ背板两侧各有一白斑，各节背板后缘有一排白鳞。腹板Ⅱ~Ⅴ全部或大部淡白色，节Ⅵ腹板有淡褐色基带，节Ⅶ腹板黑褐色，并有两个小的银侧斑。尾器：腹节Ⅷ背板前宽后窄，但后端不后凸，前、后缘均为平齐，后1/3有少量羽鳞，端后缘有稀疏的刚毛，其中有5~6根较长，其余为短毛，背板周缘有一淡色圈环绕。腹节Ⅹ腹板前缘较窄，平齐，后部两侧外凸，中部后凸，正中央的裂缝占腹板纵长的1/3，裂缝两侧及后缘密生细毛，后外侧有少量羽鳞及细毛。1-4-S纵向排列。腹节Ⅸ背板前宽后窄，后缘中央内凹呈“V”字形，密生微刺，中央的微刺更细，后端两侧外凸处加厚，并各有3根小毛。英岛片较窄，后缘弧形，瘤突4~5个。上阴唇和下阴唇带状，上阴片发达，平直内伸，两侧内伸端部在中央几乎相接。受精囊突起宽而圆，针突少但明显。生殖后叶基部略宽，端部略窄，后缘弧形，在端后缘两侧各有一对约等长的刚毛，其前方有一群长短不一的细刚毛。受精囊3个，1大2小。尾须粗壮，内侧平直，外侧弧形，外缘密生刚毛，其中在端后缘有4~5根粗长刚毛，在背面基部有4~5片羽鳞。

雄蚊 头顶淡鳞较雌蚊多。唇基无白鳞簇。触须与喙约等长，节2基部有白斑，节3基部有宽白环，节4~5基腹内侧有白斑。腹节Ⅱ背板无基白带或白鳞，各腹节背板基白带较雌蚊窄，背板后缘无白鳞或有而不明显。腹板深褐色，节Ⅱ大部淡色；

节Ⅲ~Ⅳ大部深褐色；节Ⅴ~Ⅶ黑褐色，仅有小白点；节Ⅷ有侧白斑。尾器：腹节Ⅸ背板中部深凹，侧叶发达呈椭圆形，端部有皱纹，有4~5根细短刚毛，节Ⅸ腹板末端内凹，具2侧叶。抱肢基节短而宽，背内亚基部有5~6根刚毛。抱肢端节比基节短，端1/4变细，近中部略膨大，指爪细尖，位于末端。小抱器发达，端叶长约为抱肢基节的1/2长，具众多的刚毛，腹内侧有4~7根末端弯而尖的狭叶状毛。肛侧片发达，具发达的腹臂和基突。阳茎较小，侧板末端及背外侧有众多的齿。

幼虫 头：头长与宽约相等。头毛1-C色淡，细弯；4-C分5~7枝，分枝细软；5-7C 都是单枝；8-9C也是单枝。颏板较宽，共有颏齿25个，中齿较宽而高，侧齿基部3~4个端尖而间距较宽，其余排列紧密。触角约为头长的1/2，触角毛1-A位于中央之前，单枝。胸：体无星状毛，胸毛4-P分2短枝；5-P分2枝；6-7P单枝；8-P分2~3枝；9-M和9-T均为3根芒枝。腹：腹毛6-Ⅰ~Ⅴ分3芒枝；7 -Ⅰ~Ⅱ分2芒枝。栉齿8~10个，列为弧形一行，各齿有一发达的中刺，中刺两侧有发达的侧刺。呼吸管无基突，指数1.9~2.2，长为基宽的2.5倍，为尾鞍长的2.8倍。梳齿9~12个，各齿基部具2~3个侧牙。呼吸管毛1-S位于管末约1/3处，分2~4枝。腹毛1-X分2~3枝；2-X分2~3枝；3-X单枝；4-X 8株，每株分2枝。肛腮粗厚，长约为尾鞍的2倍，末端钝削。

[地理分布] 埃及覆蚊是世界性分布蚊种，分布于全世界热带地区和部分亚热带地区，包括我国周边国家大湄公河次区域地区。我国经过 20 世纪 80 年代大规模的调查（陆宝麟，1990），已知它的分布仅限于北纬 22° 以南一些沿海地区，包括海南省，广西壮族自治区的钦州地区、涠洲岛，广东省的湛江地区，台湾北纬 20°50′ 以南部分地区（连日清，1978）。早期上海和厦门也有埃及覆蚊记载（Feng，1938a）。云南省在 2001 年以前的所有调查中，都未发现有埃及覆蚊，但到 2002 年，云南省瑞丽市边境检疫检验局进行检疫调查时，在姐告的废旧轮胎积水内采获相当数量的埃及覆蚊幼虫，并育出成蚊及成套标本。据此，可以认为埃及覆蚊是近年由外地传入云南的第一个蚊种。

[生态习性] 除了非洲有些地区外，幼虫主要孳生在室内外的缸罐、花盆、罐头盒、椰子壳等容器积水中，在东南亚地区，废旧轮胎是主要孳生地之一。埃及覆蚊是家栖蚊种，雌蚊通常就在孳生地附近吸血。经观察，一个生殖营养周期有多次吸血。卵产在潮湿的容器上，胚胎发育成熟后可抗干旱，能适应易干涸的容器积水，

在适宜的温度下，从卵孵化到成蚊羽化需 10~12 天。

在热带和亚热带，埃及覆蚊一年四季都可孳生繁殖。在海南岛，4~10 月是成蚊活动盛季，密度高峰期在 4~6 月，8 月密度下降，1~2 月密度最低。由于它孳生在居民水罐、水缸内，在居民饮用水习惯变化不大的情况下，密度的季节消长主要取决于温度。成蚊的季节消长与雨量关系不大。

[分类讨论] 埃及覆蚊成蚊头顶的鳞饰和中胸盾片的斑纹在我国的覆蚊中比较突出，加之幼虫栉齿中刺两侧有发达的侧刺等特征，不难与其他覆蚊相区别。

[医学重要性] 埃及覆蚊是城市型黄热病、登革热、基肯孔雅（Chikungunya）、裂谷热（Rift Valley Fever）等虫媒病毒病的重要传播媒介。在实验感染中，它可通过叮刺传播东方马脑炎、西马脑炎、委内瑞拉马脑炎等人、畜共患疾病，因此，它被公认为世界上最危险的蚊种之一。

1978 年，我国广东佛山石湾发生登革热流行，以后接着在海南、广东及广西的部分地区先后发生流行或大流行，其中海南及广西的合浦、防城以及广东的少数地区主要是由埃及覆蚊传播。在海南 1980 年和 1986 年两次大流行中，发病人数有 50 余万人之多。2013 年以来，在云南边境地区暴发的登革热疫情与该蚊密切相关。

白纹覆蚊 ***Stegomyia albopictus*** **(Skuse, 1894) [*Aedes albopictus*]**(图版 3~4)

Culex albopictus Skuse, 1894, *Ind. Mus. Notes*, 3: 20. (未阅)[模式产地：印度加尔各答 (Calcutta)]

Aedes (*Stegomyia*) *albopictus* (Skuse, 1894) . Edwards, 1917, *Bull. ent. Res.*, 7: 209; Ho (何琦), *Bull. Fan Mem. Inst. Biol.* (静生生物调查所汇报), 2 (8) : 135; Barraud, 1934, Fauna Br. Ind, Diptera., 5:233; Belkin, 1962, Mosq. South Pacif., I：456; Huang, 1968, *Proc. ent. Soc. Wash.*, 70: 298; 1972, *Contrib. Am. ent. Inst.*, 9 (1):13; Tanaka et al., 1979, *Contrib. Am. ent. Inst.*, 16: 380; Chen (陈汉彬), 1987, Mosq. Fauna Guizhou (贵州蚊类志), p. 121; Lei (雷心田), 1989, Mosq. Fauna Sichuan (四川省蚊类志), p. 114.

Lu et al. (陆宝麟等), 1997, Editorial Committee of Fauna Sinica, Academia Sinica Fauna Sinica Insecta Vol. 8 Diptera: Culicidae (中国动物志，昆虫纲，第八卷，双翅目，蚊科), 1: 243-245.

Dong et al. (董学书等), 2010, The Mosquite Fauna of Yunnan China Volume 2: 81-83.

[鉴别特征] 中胸盾片具银白中央纵条，小盾前区外侧有一对短的中侧纵线，翅基前有一银白宽鳞簇，小盾片中叶后缘有褐鳞，有亚气门鳞簇，无气门后鳞簇。雄蚊尾器腹节Ⅸ背板山峰状。幼虫尾鞍不完全，腹毛 1- Ⅶ常分 4 枝，2- Ⅶ通常单枝。

[形态描述] 检视标本：83♀♀，72♂♂，46L。

雌蚊 小到中型棕褐色而有银白斑纹之蚊。翅长2.1~2.9mm。头：头顶平覆棕褐色宽鳞，中央有一银白宽纵条，向前伸达触角梗节，头侧有2条短的白鳞纵条，眼后缘有白鳞线，后头有少量褐色竖鳞。触角梗节密覆银白细鳞。唇基深褐光裸。触须为喙长的1/5，黑褐色，末段约 1/2背面银白色。喙比前股略长，一致棕褐或黑褐色。胸：前胸前背片和后背片都具银白宽鳞，后背片上部并有棕褐窄鳞。中胸盾片覆盖棕黄或棕褐细鳞和窄鳞，中央有一银白纵条，自前端后伸而略为变细，并在小盾前区分叉，有的在分叉前中断，叉枝两侧有一对明显或不十分明显的淡色短纵线。翅基前有一小簇银白宽鳞簇，翅基上方有一些淡色窄弯鳞，并常与翅前的银白鳞簇相连，侧背片密覆银白宽鳞，小盾片三叶都覆盖银白宽鳞，中叶后缘并有褐色宽鳞。前胸侧板有发达的银白鳞簇，具中胸侧板上位、下后位及亚气门区鳞簇，无气门后区和翅前结节下鳞簇；后侧板鳞簇长条形，并中部前弯。翅：翅型狭长，翅鳞棕褐，前缘脉基端有一小白斑，前叉室长于后叉室，前叉室柄较短，叉柄指数1.88。平衡棒结节具黑褐细鳞。足：前足基节有2个白鳞簇，中、后足各有一发达白鳞簇，各股节都有显著的膝白斑，前股和中股的腹面和后面有不同程度的白色区，后股前面基段3/4有宽白纵条，愈向基部愈宽，后面的白色区较短，约为全长的1/2。前胫腹面有淡白纵条，有的不明显。前跗节1~2有基白环或白斑；中跗节1~2有基白环；后跗节1~4有宽的基白环，节5全白色，或末端有几片暗鳞。腹：腹节背板棕褐或黑褐色；节Ⅰ侧背片覆盖白鳞；节Ⅱ~Ⅶ背板中部偶有几片淡褐鳞，节Ⅱ~Ⅶ有窄的基白带和侧白斑，基带在两侧增宽，但不与侧白斑相连。腹板节Ⅱ大部淡色；节Ⅲ基部白色；节Ⅳ~Ⅴ腹板黑褐而有宽的基白带；节Ⅵ腹板有亚基白带；节Ⅶ腹板大部黑褐色，仅侧面有少量白鳞。尾器：腹节Ⅷ背板横宽大于纵长近1倍，前端宽，后端渐窄成弧形，后端部有少量羽鳞和较多的短刚毛，其中2根较粗长。腹节Ⅷ腹板前端略宽于后端，后部有一中央深裂缝，缝深为腹板纵长的1/2，前窄后宽呈三角形，缝两侧密覆羽鳞和细刚毛，端后缘有少量短刚毛。1-4-S纵向排列。腹节Ⅹ背板后部略宽于前部，后部中央内凹呈“V”字形，凹两侧端各有4根细毛。英岛片较短而窄，长方形，有瘤突4~5个。上阴唇和下阴唇带状，上阴片发达，宽而厚实，横条状，内伸的顶端和上缘有增厚区。受精囊突起宽而圆，针突少而不明显。生殖后叶基部略宽于端部，长方形，端后缘中央有一小内凹，凹的两侧各有5根细长刚毛，由前至后纵向排列。尾须粗壮，内缘较直，外缘中部外凸成弧形，端后缘有3~4根粗长刚毛和一群小刚毛，背面和腹面均无鳞片，背面仅有稀疏的细刚毛。受精囊3个，1大2小。

雄蚊 触须比喙略长，节2~3有基白带，节4~5腹面有基白斑。腹节Ⅱ和Ⅶ背板无基白带，仅有侧白斑，节Ⅱ中央基部有少量淡鳞，节Ⅶ腹板基部白色。尾器：腹节Ⅸ背板山峰状，有一不同发育程度的中央突起，侧叶远距，各具4~8根细刚毛；节Ⅸ腹板长而宽，弓形，无特殊刚毛。抱肢基节较短，长为宽的2.5~3.0倍，背基内区有一群刚毛。抱肢端节比基节略短，末端膨大，有少数细毛；指爪位于近末端。小抱器发达，端1/2膨大，并有众多长刚毛，腹面的刚毛粗而长，似刺状，端角的最长，末端常弯曲。肛侧片发达，末端钝圆。阳茎端部膨大，并具齿。

幼虫 头：头宽略大于长。头毛 1- C 细长，末端常下弯，呈钩状；4-C 发达，分 9~13 枝；5-C 通常单枝，有的末段分叉；6-C 单枝，或从中部分为 2 枝；7-C 分 2~3 枝，并常有一枝很短；8-9C 单枝；11-15C 均很简单。颏板三角形，共有齿 23 个，顶齿不特别高大，侧齿前 8~9 个较细长，端钝，排列紧密，后 2~3 个短，端尖，排列稀疏。触角不到头长的 1/2，触角毛 1-A 生于近中央稍前，微针状。胸：胸毛 4-P 发达，分 4~5 枝；14-P 分 2~3 枝；9-M 通常分 3 枝；9-T 分 2 枝。腹：腹毛 1- Ⅶ通常分 3~4 枝，但也有的分 2 枝；2- Ⅶ通常单枝。栉齿 6~11 个，为整齐的一行，各齿基部有细缝。呼吸管指数 2.0~2.4，长为基宽的 2.6~2.8 倍，为尾鞍长的 2.8~3.2 倍。梳齿 7~13 个，各齿腹基部有侧牙 2~4 个。呼吸管毛 1-S 位于管中央稍后，分 2~4 枝。尾鞍不完全。腹毛 1-X 分 2~3 枝；2-X 分 2 枝；3-X 单枝；4-X 8 株，全部位于栅区内。肛腮为尾鞍长的 2.5~3.0 倍，末端钝圆。

[地理分布] 辽宁、河北、山西、陕西、山东、河南、江苏、安徽、浙江、湖北、江西、湖南、福建、台湾、广东、广西、四川、贵州、海南、西藏。国外：遍布东南亚地区，最近传入美国、巴西等地。

［生态习性］ 白纹覆蚊是云南山区、森林地区及河谷地区的优势蚊种。据1994~1996年在西双版纳勐腊县、景洪市的调查，幼虫除主要孳生于竹筒、树洞积水外，各种人工容器、叶腋，也是常见的孳生场所。在竹筒和树洞积水中，一年四季都可采获其幼虫。8~10月为其密度高峰期，其种群数量占捕获覆蚊总数的28.70%~40.08%。在森林和竹林地区，白纹覆蚊是白天主要叮人的蚊种。

［分类讨论］ 本种覆蚊中胸盾片翅基前有一宽白鳞簇及雄蚊腹节Ⅸ背板山峰状两个鉴别特征，是本种与本亚组其他种的主要区别。幼虫与马来覆蚊非常近似，两者无可靠鉴别特征。

本种覆蚊幼虫胸、腹毛的发育程度及形状有个体差异，有的发育良好，某些胸、腹毛粗壮，似星状毛；有的发育不佳，无星状毛。另外，头毛4-C、6-C以及胸毛4-P等也有个体差异。

［医学重要性］ 白纹覆蚊是东南亚地区登革热和基肯孔雅病的次要媒介，也是我国沿海某些地区登革热传播媒介。

根据云南省流行病防治研究所自1976~1999年的长期调查，证实白纹覆蚊在云南某些地区，与流行性乙型脑炎、登革热、基肯孔雅热的传播和带毒有密切关系。

流行性乙型脑炎：自1976年以来，先后对保山、大理、临沧、思茅（现普洱）、德宏、西双版纳等州市12个县进行乙型脑炎媒介带毒率调查，结果从白纹覆蚊等14种蚊虫体内分离到乙脑病毒。

登革热：自1981~1983年，先后在景洪、勐腊、勐海、耿马等地，从捕获的白纹覆蚊体内分离到4株登革热病毒，其中3株为Ⅳ型，1株为Ⅰ型。

基肯孔雅热：自1986~1988年调查，结果在景洪县（现景洪市）从棕果蝠脑组织和白纹覆蚊体内分离到基肯孔雅病毒。

张海林等（1993~1994），对白纹覆蚊传播上述三种病毒的能力做了进一步研究，结果证实云南白纹覆蚊对三种病毒不仅有较高的易感性，并且可经卵垂直传播。

吕宋覆蚊 *Stegomyia alcasidi* (Huang, 1972)[*Aedes alcasidi*]（图版5）

Aedes (*Stegomyia*) *alcasidi* Huang, 1972, *Contrib. Am. ent. Inst.*, 9(1):37. [模式产地：

菲律宾吕宋新怡诗夏（Nueva Ecija)].

Aedes (*St.*) *alcasidi* Huang, 1972, Lien（连日清）, 1978, Lect. Notes Symp. Insect Ecol. Contr.（昆虫生态与防治研究会讲稿集）, p. 43.

［鉴别特征］ 成蚊和幼虫与马来覆蚊非常近似，实际仅雄蚊小抱器有所区别，见分类讨论。

［形态描述］ 检视标本：2♀，3♂，4L。

雌蚊 与雄蚊不同点是：触须约为喙的1/5长，末段1/2以上具白鳞。腹节Ⅱ~Ⅲ背板暗色，侧白斑向背中伸展，有的节Ⅲ背板并有亚基中白斑；Ⅳ~Ⅶ背板通常有亚基白带，与侧斑相连，有的节Ⅴ背板亚基带中部不完整。

雄蚊 头：喙比前股长，暗色，腹面有淡色鳞。触须与喙等长，暗色，节2~3有基白环，节4~5有背面不完整的基白环。胸：前胸后背板上部具暗窄鳞，下部具白宽鳞，形成一纵条。中胸盾片覆盖暗窄鳞，有白窄鳞形成的正中纵条，后部稍窄，在小盾片前区分叉，叉柄两侧有一对短后亚中纵线，有白宽鳞形成的翅上纵线。中胸后侧片鳞簇略为分开，无气门后区鳞簇，有或无亚气门鳞簇。翅：翅鳞暗色，仅前缘脉基端有白斑。平衡棒具暗鳞。足：前股和中股前面暗色，后面较淡，后股前面有宽白纵条，向末端逐渐细削，与末端白斑仅一窄环之隔。前跗节和中跗节1~2有基白环；后跗节1~4有基白环，白环与本节的比例依次为1/3、2/5、1/2和3/4，节5全白。腹：腹节Ⅰ背板侧背片具白鳞；节Ⅱ背板背面暗色，仅有侧白斑，或并有小中白点；节Ⅲ~Ⅵ背板有亚基白带，与侧斑相连，有的节Ⅲ背板有亚基中白点，而且侧斑伸向背中部；节Ⅶ背板仅有侧白斑，节Ⅷ腹板完全覆盖白鳞。尾器：腹节Ⅸ背板中部圆钝，两侧各有具刚毛的侧叶。抱肢基节长为宽的3.5倍，背基内区有一片刚毛。抱肢端节与基节等长，指爪位近末端。小抱器简单，末段膨大部分近似三角形，背侧和腹侧不平行，而向末端倾斜，腹侧中部有一列6~7根宽刺状刚毛，约占全面的1/3长，背端角有数根特长刚毛。

幼虫 头：触角约为头的1/2长，1-A位近中央。头毛4-C发达，分多枝；5-6C单枝；7-C通常分3（2~3）枝。腹：腹毛1-Ⅶ通常分2（2~3）长枝；2-Ⅶ通常单（1~2）枝。栉齿8~12个，基部有缝或细齿，有的2~4个基部相连。呼吸管无管基突，长为基宽的2.5倍。梳齿10~16个，接近等距排列，各齿都有一侧牙和基部1~3小齿。呼吸管毛1-S位于末一梳齿之后，通常在管中央之前，分3~4枝。尾鞍不完全，后缘细刺不明显。腹毛1-2X分2枝；3-X单枝；4-X 8株，位于栅区。肛鳃约为尾鞍的2.5倍长，腊肠状。

[地理分布] 我国台湾（连日清，1978）。国外：菲律宾（Knight and Stone，1977）。

[生态习性] 幼虫孳生在竹筒和树洞积水（连日清，1978）。

[分类讨论] 吕宋覆蚊是我国最近发现的第二种盾纹覆蚊亚组种类。本种成蚊和幼虫都与马来覆蚊十分近似。两者唯一可靠的区别仅在于雄蚊小抱器的形态，然而也是相当接近的。此外，Huang（1972b）指出，这两种覆蚊成蚊的区别在于后跗节 3 和 4 白环宽度的细小差别，即吕宋覆蚊的分别占全长的 1/2 和 3/4，而马来覆蚊的分别占 2/5 和 2/3；它们幼虫的区别仅在于吕宋覆蚊呼吸管毛 1-S 通常位于管中央之前，而马来覆蚊的位于中央。

圆斑覆蚊 *Stegomyia annandalei* (Theobald, 1910) [*Aedes annandalei*]（图版 6~7）

Stegomyia annandalei Theobald, 1910, *Rec. Ind. Mus.*, 4: 10. [模式产地：印度大吉岭区 (Skuna, Darjeeling District)]

Brarraud, 1934, Fauna Br. Ind., Diptera 5: 227; Mattingly, 1965, Cul. Mosq. Indomalay. Area, VI: 39; Huang, 1977, *Contrib. Am. ent. Inst.*, 14: 17; Chen (陈汉彬), 1987, Mosq. Fauna Guizhou (贵州蚊类志), I: 115; Lei (雷心田), 1989, Mosq. Fauna Sichuan (四川蚊类志), p. 115.

Lu et al. (陆宝麟等), 1997, Editorial Committee of Fauna Sinica, Academia Sinica Insecta Vol. 8 Diptera: Culicidae (中国动物志，昆虫纲，第八卷，双翅目，蚊科), 1: 227-228.

Dong et al. (董学书等), 2010, The Mosquite Fauna of Yunnan China Volume 2: 67-68.

[鉴别特征] 成蚊中胸盾片前端有一卵圆形白斑，白斑后缘圆钝，两侧翅基前有大银白斑。雌蚊后跗节 1~3 有基白环，节 4 大部或全部白色，节 5 全暗。雄蚊后

跗节 4 部分白色或全暗色，小抱器背叶有 3 根叶状宽刺。幼虫栉齿生在一骨片上，尾鞍后缘背侧有粗钝齿，呼吸管毛 1-S 位于末一梳齿的背方，腹侧位。

[**形态描述**] 检视标本：105♀♀，72♂♂，46L。

雌蚊 头：头顶平覆棕褐色宽鳞，中央有一宽大白斑，前延至两眼之间，头侧各有2宽短白纵条，后头有黑褐色竖鳞。喙长为前股节的4/5，深褐色，基段腹面有淡鳞，末段1/3有淡纵条或大部淡色。触须为喙长的2/7，黑褐色，末段2/5~1/2背面白色。触角梗节密覆银白细鳞。唇基褐色光裸。胸：前胸前背和后背片覆盖银白宽鳞，后背片上部还有褐色窄鳞。中胸盾片密覆棕褐色或黑褐色窄鳞和细鳞，前端中央有一卵圆形白斑，白斑后缘圆钝。两翅基前各有一大的银白宽鳞斑，小盾前区有少量淡鳞，两侧有一黑褐色宽鳞区，小盾片中叶具黑褐宽鳞，侧叶密覆银白宽鳞。前胸侧板具银白宽鳞簇，中胸侧板有气门后区和亚气门区鳞簇，无翅前结节下鳞簇。腹侧板上位和下后位鳞簇都很发达，后侧板鳞簇几乎伸达下缘。翅：翅型较为狭长，翅鳞棕褐，前叉室略长于后叉室，前叉室柄较长，叉柄指数1.36。平衡棒结节具褐鳞。足：各足基节有发达的银白鳞簇，各股节棕褐色，前股前面基段1/3有白纵线，基段腹面近1/2淡白色；中股前面基段3/4有白纵条，基段约1/2有白纵条；后股除亚端部1/4~1/3黑褐色外全部白色。中股和后股有膝白斑。前胫腹面具白纵条。前跗节1具基白环或白斑；中跗节1有基白环，节2有基白斑，有的不明显；后跗节1~2有宽的基白环，节4基部3/4~4/5白色，有的全节都白色，节3 和节5黑褐色。腹：腹节背板黑褐或棕褐色；节Ⅰ侧背片具银白宽鳞；节Ⅱ~Ⅶ有发达的侧白斑，其中节Ⅲ~Ⅵ的侧斑扩展至背面相连，形成基白带，节Ⅶ侧斑与基带不相连。腹节腹板棕褐色，节Ⅱ~Ⅵ有宽的基白带；节Ⅶ黑褐色。尾器：腹节Ⅷ背板前、后端约等宽，近似方形，后1/3有稀疏的羽鳞和刚毛，其中有5~6根较粗长刚毛，其余为短细刚毛。除上述羽鳞和刚毛外，其余部分无鳞和毛。腹节Ⅷ腹板后端略宽于前端，后端中部外凸，中央有一浅但较宽的“U”字形裂缝，裂缝两侧及后端缘密生细刺毛和短刚毛，后1/2有稀疏的羽鳞和刚毛。1-4-S横向排列。腹节Ⅸ背板纵长大于横宽，后端宽于前端，后中部有一“V”字形的膜质区，端后缘两侧端增厚，具3~4根小毛。英岛片中等大，前端半圆形，瘤突4~5个。上阴唇和下阴唇均为带状，上阴片短而较窄，平直，末端增厚。生殖后叶近似方形，基部略宽，端后缘平齐或中央略内凹，两端缘各有4根细刚毛，呈前、后排列。受精囊突起宽而圆，针突密集而明显。受精囊3个，约等大或其中一个较大，受精囊孔不明显。尾须粗壮，内缘直，外后缘弧形，端后缘有少量刚毛，其中3~4根粗而长，其余为短毛，背、腹面均无鳞片。

雄蚊 头顶中央白斑通常较雌蚊略小。触须比喙长，节2背面以及节4和节5腹面有基白斑，节3有基白环，节5末端有少量短刚毛。腹节Ⅶ背板仅有一对圆形小侧白斑，大部为褐鳞，节Ⅷ背板有宽的基白带。后足跗节3~5全暗褐色。尾器：腹节Ⅸ背板带状，后缘中部平直或微拱，侧叶不发达，各有3~4根刚毛；节Ⅸ腹板后缘内凹。抱肢基节短宽，基宽端窄。抱肢端节比基节略长，末段略膨大，生有密集的细刺毛，末端腹面有一小排弯细毛，背面有3~4根长刚毛，指爪位于亚端部，为端节长的1/4。小抱器发达，末端有3根叶状宽刺，腹面有5~7根透明扁刺和一些细毛。肛侧片发达，角化中度。阳茎末端具齿，自基部分为两侧片。

幼虫 头：头宽与长约相等。头毛1-C细长，内弯；4-C较为发达，位于近前端，分9~14枝，分枝常下弯；5-C长单枝；6-C分2~3枝；7-C分2~3枝；8-9C简单。颏板较宽，三角形，共有齿25个，顶齿较大，侧齿前8~9个细长，排列密紧，后3~4个粗短，端尖，排列稀疏。触角较短，不到头长的1/2，触角毛1-A位于近中央处之背内侧，刺状。胸：胸毛4-P单枝；8-P分4~6枝。胸、腹有不发达的星状毛。腹：栉齿4~7个，生在一骨片上，端刺钝，基外侧有细刺。呼吸管指数2.4~2.7，长为基宽的2.1~2.3倍，为尾鞍长的2.5~2.7倍。梳齿5~11个，排列稀疏，齿列长度占呼吸管的2/3，各齿简单，基部一侧有2~3个小牙。呼吸管毛1-S位于管末近1/3处，末一个梳齿的背面，腹侧位，分2枝。尾鞍背后缘有发达的钝刺，刺的末端钝圆。腹毛1-X分2枝，具细侧芒；2-X分2枝；3-X单枝；4-X 8株，全部位于栅区内，不分枝。肛腮较为宽厚，为尾鞍的1.5~2.1倍长，末端钝圆。

[**地理分布**] 云南、广西、四川、贵州、浙江、福建、台湾（Lien, 1962）。国外：缅甸、印度、印度尼西亚、泰国、越南（Huang，1977a）。

[**生态习性**] 圆斑覆蚊广布云南大部分地区，是南部和西南部森林地区的优势蚊种，据 1995~1998 年在西双版纳景洪、勐腊等地的调查，其种群数量占捕获覆蚊总数的 17.82%~21.35%。幼虫孳生于树洞、竹筒、叶腋积水，偶见于人工容器积水，密度高峰季节为 8~9 月，在野外白天常可遇到雌蚊叮人。

［**分类讨论**］ 本种成蚊中胸盾片的银白斑，小盾片中叶和侧叶不同颜色的鳞饰，以及后跗白环的形态等特征，很容易与本属其他蚊种区分。

本种中胸盾片前端卵圆形白斑的后缘通常为钝圆，弧形，但也有不是钝圆，而是尖削或尖圆的。

仁川覆蚊 *Stegomyia chemulpoensis* (Yamada, 1921)

[*Aedes chemulpoensis*]（图版 8~9）

Aedes chemulpoensis Yamada, 1921, *Ann. Zool. Jap.*, 10: 54.［模式产地：韩国仁川］

Aedes (*Stegomyia*) *chemulpoensis* Yamada, 1921. Feng（冯 兰 洲）, 1983, *Chinese med. J.*（中华医学杂志，外文版）Ⅱ: 506; Huang, 1974, *Proc. ent . Soc. Wash.*, 76: 208; Tanaka et al., 1979, *Contrib. Am. ent. Inst.*, 16: 403; Lei（雷心田）, 1989, Mosq. Fauna Sichuan（四川蚊类志）, p. 116.

Lu et al.（陆宝麟等）, 1997, Editorial Committee of Fauna Sinica, Academia Sinica Insecta Vol. 8 Diptera: Culicidae（中国动物志，昆虫纲，第八卷，双翅目，蚊科）, 1: 223-225.

Dong et al.（董学书等）, 2010, The Mosquite Fauna of Yunnan China Volume 2: 64-65.

［**鉴别特征**］ 中胸盾片两肩各有一楔形银白斑，前股和中股前面有一列银白点。幼虫有发达的星状毛；头毛 5-7C 单枝，或其中有的分 2 枝；栉齿中刺基部有侧齿。

［**形态描述**］ 检视标本：3♀♀，3♂♂，4L。

雌蚊 中型棕褐色而有银白斑纹之蚊。翅长2.7~3.1mm。头：头顶平覆银白和黑褐色宽鳞，银白鳞在中央形成一正中纵条和一对侧纵条，中央纵条可伸达至两眼间，头侧各有一白纵斑，后头有少量褐、黑或淡色竖鳞，眼后缘有较窄的眶白线。唇基光裸。喙比前股略长，触须为喙长的1/5，均为黑褐色，触须末段2/5背面白色，多数在中部背面也有白鳞。胸：前胸前背片和后背片平覆银白宽鳞，后背片上部并有少数褐色窄鳞。中胸盾片覆盖深褐或铜褐色细鳞和窄鳞，有银白弯鳞形成的一前端中央白斑，一对位于两肩的楔形白斑，一对翅基前白斑和在小盾前区的一对中侧短纵线。中侧纵线之间和盾片前缘可有小白斑和散生白鳞。前胸侧板具银白鳞簇，中胸腹侧板具上位和下后位鳞簇，后侧板仅上半部有鳞簇，有亚气门鳞簇，无气门下和气门鳞簇。翅：翅型较为短宽，翅鳞深褐，前缘脉基端有一小白斑，前叉室长于后叉室，前叉室柄较短，叉柄指数1.56。平衡棒结节末端具白鳞，后部有黑鳞。足：各足基节具银白鳞簇，各股节均有膝白斑，前股和中股前面各具一列银白点，基段后面和腹面有淡色区，后股前面有白纵条，自基部伸达末段1/4~2/5处，基部1/4全白，各胫节基部1/4~2/5处有一不完整的白环或白斑。前跗节和中跗节1~2或1~3有基白环或白斑；后跗节1~4有基白环，节5除末端背面外，全部白色。腹：腹节背片黑褐色；节Ⅰ侧背片覆盖银白宽鳞；节Ⅱ~Ⅵ有基白带和侧白斑，但两者不相连；节Ⅶ有中央基白斑和侧白斑。腹板棕褐至黑褐色，节Ⅲ~Ⅵ有基白带；节Ⅱ和节Ⅶ有侧白斑，有的节Ⅶ中央也有少量白鳞。尾器：腹节Ⅷ背板前宽后窄，后端缘平齐，有少量刚毛，其中9~11根粗长，其余均为短毛，在背板中后部有一群羽鳞和少量短刚毛。腹节Ⅷ腹板，后端略宽于前端，后缘中央有一小的内凹，凹两侧密生细刺毛，端后缘两侧有4~5根长刚毛，腹板中部和后外侧分布有羽鳞。1-4-S纵向排列。腹节Ⅸ背板，前窄后宽，后缘两端后凸并增厚，其上有8~9根细短毛，背板中部色较淡。英岛片纵长略大于横宽，条状，前端有瘤突5~7个。上阴唇和下阴唇均为带状，上阴片基宽端窄，三角形，内伸端部增厚，基部有网纹。受精囊突起宽圆，针突少而不明显。生殖后叶较短而窄，后缘外凸成弧形，端后1/2处共有4对细刚毛，纵向排列，其中内侧一对细而短。尾须较短，基窄端宽，端后缘近似圆形，有4~5根粗长刚毛和少量短刚毛，背面中部有少量羽鳞。受精囊3个，约等大，受精囊孔少但明显。

雄蚊 触须和喙约等长，节2~5基部有白环或白斑。腹节Ⅲ~Ⅵ背板有基白带和侧白斑；节Ⅱ和节Ⅶ背板仅有侧白斑；节Ⅱ~Ⅶ腹板也有侧白斑。尾器：腹节Ⅸ背板中部下凹，侧叶上各有5~10根刚毛；节Ⅸ腹板弯弓形。抱肢基节较短，基部宽，背基内区有一群细刚毛。抱肢端节较长，为基节的4/5长，指爪位于末端，较小，仅为端节长的1/5，端节末段有一些细刚毛。小抱器形大，端部膨大成圆叶状，密生长刚毛，有的末端弯曲，中侧有3~4根粗刺。肛侧片中度骨化，亚端部有一指状内突。阳茎端部具齿，基部分为两侧片。

幼虫 头：头宽略大于长。头毛1-C细长；4-C位于近前端，分4~6枝，有的可达9枝；5-C和6-C前后排列，前者单枝，后者分2枝或单枝；7-C单枝或分2枝；8-9C

简单；11-C为发达的星状毛。颏板较宽，共有齿19个，顶齿较大，侧齿基部一个最小，其余约等大。触角较短，不到头长的1/2，触角毛1-A位中央之前背侧，刺毛状。胸：胸、腹有发达的星状毛。胸毛4-P和14-P部分多枝。腹：栉齿7~10个，各齿中刺基部有细侧齿。呼吸管无基突，指数2.9~3.1，长为基宽的2.4~2.6倍，为尾鞍长的3.2~3.7倍。梳齿10~15个，各齿基腹缘具2~3个侧齿。呼吸管毛1-S位于近中央略偏后，腹位，分4~6枝。尾鞍完全。腹毛1-X发达，分6~11枝；2-X单枝，或为长短2枝；3-X单枝；4-X 8株，分枝或不分枝，但4d-X分4~5枝。肛腮为尾鞍的2倍长，或更长，末端扁圆。

[地理分布] 云南、辽宁、甘肃、河北、河南、山东、江苏、浙江、湖北、四川、吉林、山西、安徽。国外：朝鲜半岛。

[生态习性] 幼虫孳生于树洞，有腐殖质物的人工容器积水。

[分类讨论] 本种覆蚊的鉴别特征较为明显，依据中胸盾片的楔形白斑，前股和中股前面的银白点，以及胫节有完整或不完整的白环或白斑等特征，完全可与其他覆蚊相区别。

[医学重要性] 在实验室感染试验中，通过叮刺可传播流行性乙型脑炎病毒（黄祯祥，冯兰洲等，1951）。

尖斑覆蚊 *Stegomyia craggi* (Barraud, 1923) [*Aedes craggi*]（图版10~11）

Stegomyia craggi Barraud, 1923, *Ind. J. med. Res.*, 11: 227. [模式产地：印度阿萨姆(Assam)]

Aedes (*Stegomyia*) *purii* Brarraud, 1931, *Ind. J. med. Res.*, 19: 226.

Aedes (*Stegomyia*) *craggi* (Barraud, 1923) . Brarraud, 1934, Fauna Br. Ind., Diptera 5: 229; Huang, 1977, *Contrib. Am. ent. Inst.*, 14 (1) : 22; Chen (陈汉彬), 1987, Mosq. Fauna Guizhou (贵州蚊类志), p. 116; Lei (雷心田), 1989, Mosq. Fauna Sichuan (四川蚊类志), p. 117.

Lu et al. (陆宝麟等), 1997, Editorial Committee of Fauna Sinica, Academia Sinica Insecta Vol. 8 Diptera: Culicidae (中国动物志，昆虫纲，第八卷，双翅目，蚊科)，1:

228-229.

Dong et al. (董学书等), 2010, The Mosquite Fauna of Yunnan China Volume 2: 68-69.

［鉴别特征］ 成蚊中胸盾片前端中央有一瓜仁形白斑，白斑后缘尖削，两翅基前有一银白大斑，小盾片中叶具深褐宽鳞，侧叶具银白宽鳞。雌蚊后跗节 4 至少背面和两侧白色，节 5 基部有少量白鳞。雄蚊后跗节 4 全深褐色，至多基部背面有少量淡鳞，小抱器很长，背区有 3 根叶状长毛，端部有许多长刚毛。幼虫与圆斑覆蚊无明显区别。

［形态描述］ 检视标本：11♀♀，16♂♂，9L。

雌蚊 头：头顶平覆棕褐色宽鳞，中央有一宽大白斑，前伸至两触角梗节之间，头侧各有2个宽白纵条，后头有黑褐色竖鳞。喙为前股节长的4/5，深褐色，腹面末段3/4有淡色纵线，纵线由基向端逐渐扩大。触须为喙长的2/7，黑褐色，末段2/5~1/2背面白色，也有末段1/5全白色。触角梗节密裹银白细鳞。唇基深褐光裸。胸：前胸前背片密覆银白宽鳞，后背片下部具银白宽鳞，上部具褐色宽鳞和窄弯鳞。中胸盾片密覆棕褐色或黑褐色窄鳞和细鳞，前端中央有一瓜仁形或前宽后窄的银白斑，白斑后缘尖削。小盾前区及两侧有褐色宽鳞区，前区常有几片淡鳞。小盾片中叶具黑褐宽鳞，侧叶具银白宽鳞。前胸侧板具发达的银白鳞簇；中胸侧板具气门后和亚气门区鳞簇，无翅前结节下鳞簇，气门后鳞簇发达，常与翅基前的大白斑相连；腹侧板上位和下后位鳞簇也都发达，后侧板鳞簇几乎伸达下缘。翅：翅型较为窄长，翅鳞深褐，前叉室长于后叉室，前叉室柄较短，叉柄指数1.40。平衡棒结节具褐鳞。足：各足基节有发达的银白鳞簇，各节颜色深褐或棕褐。前股基段1/3前面有白纵线，基段腹面约1/2白色；中股前面约3/4有白纵条，腹面基段约3/4有白纵线；后股除亚端部1/4深褐色外全部白色，仅在端1/2的背面有几片褐鳞。中股和后股有显著的膝白斑，前股末端腹面偶有少量淡鳞。前胫前面有白纵条，中、后胫一致深褐。前跗节1有基白环或白斑，节2基外侧有少量白鳞；中跗节1有较宽的基白环，节2前面有基白斑；后跗节1和2有宽的基白环，节4基3/4大部白色，节5基端偶有白鳞。腹：腹节背板黑褐色；节Ⅰ侧背片具银白宽鳞；节Ⅱ~Ⅶ有发达的银白基侧斑，其中节Ⅱ~Ⅵ有宽的侧白斑扩展至背面相连，形成窄的基白带，节Ⅶ侧斑与基带不相连。腹板深褐，节Ⅱ~Ⅵ有宽的基白带，节Ⅶ深褐色。尾器：腹节Ⅷ背板前端与后端约等宽，近似方形，后端中部微后凸，但不形成弧形，背板后4/5密覆羽鳞，后端羽鳞重叠排列，端后缘有少量刚毛，其中有5~6根较粗长，其余较短。腹节Ⅷ腹板后部略宽于前端，后端中央有一较深的裂缝，缝深约占腹板纵长的1/3，两侧密生细刺毛，腹板后缘有较多的刚毛，分长和短两类，交互排列，腹板近中部两侧各有一群羽鳞。1-4-S纵向排列。腹节Ⅸ背板前窄后宽，前缘平齐，后端两侧向后外凸，末端增厚，并生有3根小毛。英岛片发达，直条状，有瘤突4~5个。上阴唇和下阴唇均为窄带状。受精囊突起宽而圆，针突少但明显。上阴片发达，粗厚平直，末端色更深，并略向后翘。生殖后叶近似长方形，基部略宽，端部中央有一明显的内凹，凹的两侧各有2根长刚毛，稍前外侧还有一对短刚毛。尾须粗壮，中部外凸呈一弧形，端部略尖，有4~5根长刚毛，另有少量短细刚毛，背、腹面均无羽鳞。受精囊3个，1大2小，受精囊孔明显。

雄蚊　触须比喙长，节2基部内侧有白鳞，节3基段1/2白色，节4和5基端有小白斑，无刚毛丛，仅末端有2~3根短毛。腹节Ⅱ常无基白带。后跗节4全棕褐色或仅在基部一侧有几片淡鳞。尾器：腹节Ⅸ背板中部内凹，侧叶各具3~4根刚毛，腹节Ⅸ腹板后缘内凹形成两侧角。抱肢基节较短，长为宽的2.5倍，背中区有一片刚毛。抱肢端节与基节约等长，末段略膨大，并有众多的细毛，末端腹缘有小行倒钩的细毛，背面有3~4根细刚毛，指爪位于亚端部，长约端节的1/4。小抱器长约抱肢基节的1/2或更长，膨大部分基背面有一指状内突，末端有一叶状长毛，背外侧有2根同样长毛，主体内缘有众多刚毛，愈近端部刚毛愈长，其中有一些刚毛已成窄叶状。肛侧片不很发达，中度角化。阳茎侧板端部有4~5长齿，中部有若干侧齿。

幼虫　头：头长与宽约相等。头毛1-C细长，接近触角长的1/2；4-C发达，分8~11 枝；5-C单枝；6-C分2枝；7-C分2~3枝；8-C单枝或分2枝；9-15C都分2~3枝。颏板较宽，共有齿23个，顶齿较大，侧齿前7~8个排列紧密，端纯，后3~4个排列稀疏，端尖，基部2个很小。触角长约头长的1/2，触角毛1-A位于近中央处之背内侧，短小单枝。胸：胸毛9-12M和9-12T基瘤发达，瘤刺尖而长；7-T分2~3枝。有的毛呈星毛状。腹：栉齿5~7个，生在一骨片上，每齿基外侧有细侧刺。呼吸管较短粗，指数2.2~2.7，长为基宽的1.9~2.1倍，为尾鞍长的2.8~3.1倍。梳齿7~15个，齿距排列不规则，各齿形状简单，无侧牙或刺。呼吸管毛1-S位于末一个梳齿之前，也有两者平行，腹侧位，通常分2~3枝。尾鞍较短，接近完全，后缘内角有粗短刺，刺的末端钝尖。腹毛1-X分2枝；2-X分2枝；3-X单枝；4-X8株，位于栅区内。肛腮为尾鞍长的1.8~2.2倍，末端钝削。

［**地理分布**］ 云南、安徽、浙江、湖南、福建、四川、贵州。国外：印度、泰国（Huang, 1977a）。

［**生态习性**］ 幼虫孳生于竹筒积水，偶见于树洞积水。雌蚊白昼在孳生地周围常叮人。

［**分类讨论**］ 尖斑覆蚊和圆斑覆蚊很近似，两者幼虫几乎无法区别，可靠的鉴别特征是雄蚊小抱器的形状。中胸盾片前端中央银白斑的形状是两种成蚊外部形态唯一的鉴别特征，但也常有变异，有的尖斑覆蚊银白斑不是典型的瓜仁形，后缘尖削，而圆斑覆蚊银白斑并非都是卵圆形，后缘钝圆。因而这两种覆蚊的鉴别，必须检视雄蚊尾器。

环胫覆蚊 ***Stegomyia desmotes*** **(Giles, 1904) [*Aedes desmotes*]**（图版 12~13）

Stegomyia desmotes Giles, 1904, *J. trop. Med.* (*Hyg.*), 7: 376. [模式产地：菲律宾吕宋]

Aedes (*Stegomyia*) *desmotes* (Giles, 1904) . Edwards, 1922, *Ind. J. med. Res.,* 10 : 464; Barrauci, 1934, Fauna Br. Ind., Diptera 5: 225; Lien, 1962, *Pacif. Ins.,* 4: 626; Mattingly, 1965, Cul. Mosq. Inciomalay. Area, Ⅱ : 43; Huang, 1977, *Contrib. Am. ent. Inst.,* 4 (1) : 26.

Lu et al.(陆宝麟等), 1997, Editorial Committee of Fauna Sinica, Academia Sinica Insecta Vol. 8 Diptera: Culicidae (中国动物志，昆虫纲，第八卷，双翅目，蚊科), 1: 228-229.

Dong et al. (董学书等), 2010, The Mosquite Fauna of Yunnan China Volume 2: 70-71.

[鉴别特征] 成蚊中胸盾片具白鳞形成的斑纹和纵线。中足股节前面有2白斑，各胫节近中部有一明显的白环，后跗节1~3有宽的基白环。雌蚊跗节4和跗节5全白。

雄蚊小抱器分为上下两叶，肛侧片有腹臂。幼虫栉齿生在骨片上，尾鞍背内角的粗刺不明显。

［形态描述］ 检视标本：4♀♀，6♂♂，6L。

雌蚊 小型至中型棕褐色而有白色斑纹之蚊。翅长2.4~2.6mm。头：头顶平覆棕褐和白色宽鳞，白鳞在中央形成一宽的短纵条，前伸至两眼间，侧面有一对淡色短纵条，头侧平覆褐色宽鳞，眼后缘有白鳞线，后头有少量褐色竖鳞。喙与前足股节约等长或略短，深褐色。触须为喙长的1/4，深褐色，末段背面约1/4处白色。触角梗节内侧密覆细白鳞。胸：前胸前背片具银白宽鳞；后背片下部或大部具银白宽鳞，上部有淡色窄弯鳞。中胸盾片覆盖深褐色或棕褐色窄鳞和细鳞，有一对中侧淡色纵线，自前端伸达盾片中部，沿盾前区和盾角的侧纵线在翅基前内屈形成亚中纵线，伸达至小盾片，盾片侧缘有由淡色窄鳞形成的侧纵条并和翅前白斑相连，小盾前区两侧有一对短的淡色中央纵条。小盾片三叶都具银白宽鳞。前胸侧板具银白鳞簇；中胸侧板具气门后区、亚气门和气门下鳞簇；腹侧板有翅前结节下鳞簇，上位和下后位鳞簇也很发达；后侧板鳞簇弧形，前缘与腹侧板上位鳞簇相连。翅：翅型较为狭长，翅色棕褐，前缘脉基端有一小白斑。前缘脉、亚前缘脉以及各纵脉或多或少覆盖羽状宽鳞。前叉室长于后叉室，前叉室柄较长，叉柄指数1.26。平衡棒结节具黑褐鳞。足：各足基节具银白鳞簇，前股前面基段腹缘有白纵线，有的可延伸至末端，腹面基段约1/2白色；中股前面除膝斑外有2白斑，一个在基段1/3处，长形而较小，一个在末段1/3处，较大近似圆形，基端具白环；后股末端前面1/3、后面1/2均为黑褐色，其余全部淡白色，但前面末段的黑色区腹缘常有淡鳞，并与膝斑相连。中、后股具膝白斑。各足胫节近中部都有一白环。前跗节和中跗节1~2有基白环；后跗节1~3有宽基白环，节4和节5全白。腹：腹节背板棕褐色；节Ⅰ侧背片具银白宽鳞；节Ⅱ~Ⅶ有侧白斑，节Ⅲ~Ⅵ并有和侧白斑不相连的基白带，节Ⅶ有的有中央基白斑。腹板棕褐，节Ⅱ~Ⅵ有基白带；节Ⅶ暗褐色。尾器：腹节Ⅷ背板前端略宽，后端略窄，近似方形，后3/4密覆羽鳞，后缘及两侧更密集，后缘刚毛较细但较长，共19~22根，分长、短两类，交互排列。腹节Ⅷ腹板纵长大于横宽，后端略宽于前端，后缘中央有一“U”字形内凹，凹两侧密生细刺毛和短刚毛，端缘两侧有少量的长刚毛，腹板2/3~4/5密覆羽鳞，并有较多的长刚毛。1-4-S横向排列。腹节Ⅸ背板横宽大于纵长，后缘中央内凹，两侧后凸成三角形，后凸部增厚，有4~5根短刚毛。英岛片短而宽，有瘤突3~4个。上阴唇和下阴唇宽带状。生殖腔宽大，上阴片基宽端窄三角形，斜向内伸，端部增厚。受精囊突起宽而圆，针突密集而明显。生殖后叶基部略宽，近似方形，端后缘平齐。亚端部两侧各有3根细长刚毛，呈三角形排列。尾须较短，后端半圆形，外侧中部略外凸，端后缘有粗长刚毛4~5根，另有少量短刚毛，背面中部有较多的羽鳞和少数短刚毛。受精囊3个，约等大。

雄蚊 触须比喙长，节2背面以及节4和节5基部腹面有白斑，节3具宽的基白环，节4和节 5无长毛。后跗节4末端有一黑环，节5末端有暗鳞。尾器：腹节Ⅸ背板带状，后缘密生细刺，侧叶不发达，各有4~6根刚毛；节Ⅸ腹板后缘微凸，盒状。抱肢基节狭长，背内侧有大片长刚毛群。抱肢端节粗而较长，末段膨大，内腹面密生细刺毛，背面有若干长刚毛，指爪位于末端，刺状。小抱器分为上、下两叶。下叶宽，末端膨大呈一椭圆盘状，表面有众多刚毛；上叶细长弯杆状，末端有6~7根端弯的长刚毛。肛侧片角化中度，具发达的腹臂。阳茎侧板具发达的齿，端部尖长，基部较短钝。

幼虫 头：头长与宽约相等。头毛1-C细而弯；4-C分8~12枝；5-C单枝或分2枝；6-C分2~3枝；7-C单枝或分2枝；8-9C简单。颏板较宽，三角形，共有齿25个，顶齿较高但不是很大，侧齿前8~9个较细长，端钝，排列紧密，后3~4个较粗，端尖，排列稀疏。触角约为头长的1/2，端1/2内弯，触角毛1-A位于末段近1/3处之背内侧，细刺状。胸：胸、腹有星状毛。胸毛9-M和9-T单枝；7-T分2~3枝。腹：栉齿4~6个，生在一骨片上，各齿基外侧有2~3侧刺。呼吸管较短粗，指数2.2~2.6，长为基宽的1.9~2.2倍，为尾鞍长的 2.8~3.1倍。梳齿4~9个，各齿基外侧有2~4个侧牙。呼吸管毛1-S位于管近中央末一个梳齿之后，腹位，分3~4枝。尾鞍短而宽，后缘背内角有不明显的钝刺。腹毛1-X分3~4枝；2-X分2枝；3-X单枝；4-X 8株，位于栅区内，有的分2枝。肛腮宽厚长为尾鞍长的2.5~3.0倍，末端钝圆。

[地理分布] 云南、台湾（Lien，1962）。国外：菲律宾、印度尼西亚、印度、泰国（Huang，1977a）。

[生态习性] 幼虫孳生于竹筒、树洞积水。

[分类讨论] 本种鉴别特征较为显著，依据成蚊中胸盾片的鳞饰、中股前面的

白点、各胫节的白环以及幼虫尾鞍后缘钝刺不明显等特征，很容易与其他种区别。

黄斑覆蚊 *Stegomyia flavopictus* (Yamada, 1921) [*Aedes flavopictus*]（图版 14）

Aedes flavopictus Yamada, 1921, *Ann. Zool. Jap.*, 10: 52. [模式产地：日本东京]

Aedes (*Stegomyia*) *flavopictus* Yamada, 1921. La Casse & Yamaguti, 1950, Mosq. Fauna Japan and Korea, p. 116; Huang, 1972, *Contrib. Am. ent. Inst.*, 9 (1): 21; Tanaka et al., 1979, *Contrib. Am. ent. Inst.*, 16: 386; Lei（雷心田）, 1989, Mosq. Fauna Sichuan（四川省蚊类志）, p. 122.

[**鉴别特征**] 盾片翅基前和翅基上有淡色和淡金黄窄鳞；平衡棒结节具淡色鳞；后跗节 1~4 具基白环，节 5 除末端腹面外全部白色。幼虫通常有星状毛；头毛 6-C 单枝或末段分叉；胸毛 4-P 和 14-P 通常分 5 枝以上。

[**形态描述**] 检视标本：11♀♀，8♂♂，5L。

雌蚊 中型蚊虫，外表和白纹覆蚊近似。头：喙和前股接近等长，深褐色。触须约为喙的1/5长，末段1/2背面白色。胸：前胸前背片和后背片覆盖宽白鳞，后背片上部有深褐窄鳞。盾片中央白纵条后部仅略细削；翅基前无银白宽鳞簇，而具淡金黄和淡色窄鳞和弯鳞；翅基上也有同样鳞片；小盾前分叉线及其外侧的后亚中线淡黄色；有的肩部具少数淡色鳞。无气门后鳞簇，有亚气门鳞簇。翅：翅鳞深褐色，仅前缘脉基端有一小白点。平衡棒结节具淡色鳞。足：深褐到黑色，各足股节都有白膝斑，前股腹面和后股后面与腹面有不同程度的白色区；后股前面基部3/4~5/6有白纵条，纵条向基部加宽，后面基部1/2大部白色。前胫腹面和中胫后面有淡色纵条或白鳞，前跗节和中跗节1~2有基白环或白斑；后跗节1~4有宽基白环，节4的白环可占全节的5/6长，节 5除末端腹面褐色外，全部白色。腹：背板深褐色；节Ⅰ侧背片覆盖白鳞；节Ⅱ~Ⅵ有侧白斑和基白带，但两者不相连；节Ⅶ仅有侧斑和中央白斑。节Ⅱ腹板大部淡色；节Ⅲ~Ⅵ腹板深褐色，有基白带；节Ⅶ腹板深褐色。

雄蚊 喙比前股略长。触须比喙略长，节2~5基部有白环或白斑。尾器：腹节Ⅸ背板中部隆起，末缘有锯齿；侧叶略为隆起，各具少数刚毛；节Ⅸ腹板发达，无特殊构造。抱肢基节长为宽的2.7~3.0倍，背基内区有一片稀疏刚毛。抱肢端节和基节接近等长，指爪位近末端。小抱器大，膨大部分扇状，伸达抱肢基节末端1/4处，中部有很多叶状刚毛，背面和腹面的为末端弯曲的细刚毛，但近中缘的末端直而较粗。

幼虫 头：触角不到头的1/2；1-A位近中央。头毛4-C小而分多枝；5-C单枝；6-C单枝或末端分叉；7-C分2枝。胸腹：有星状毛。胸毛4-P分5~10枝；14-P分5~7枝，仅偶有分4枝的。腹毛1-Ⅶ和2-Ⅶ一般分4~7枝，偶有一侧分3枝的；1-Ⅷ和2-Ⅷ发达，通常分6（5~17）枝以上。栉齿6~I2个。呼吸管无管基突，指数2.2~2.9，长为基宽的2.2~2.7倍，为尾鞍长的2.9~3.5倍。梳齿5~15个，各具2（1~3）个侧牙。呼吸管毛1-S位近中央，分3-5枝，有细侧芒。尾鞍完全，末缘无明显细刺。腹毛1-X通常分3（2~4）枝；2-X分长短2枝；3-X单枝；4-X 8株，都位于栅区。肛腮可为尾鞍的2倍长，末端圆钝。

[地理分布] 黑龙江、吉林、辽宁。其他记载地区：四川（雷心田，1989a）。国外：日本、朝鲜半岛、俄罗斯（Knight and Stone, 1997）。

[生态习性] 幼虫孳生在树洞、石穴等。

[分类讨论] 黄斑覆蚊是白纹覆蚊亚组的古北界种类。成蚊的翅基前具淡黄弯鳞，加上平衡棒结节具淡色鳞，可以和本属的其他种相区别。幼虫除了通常的星状毛外，与白纹覆蚊、新白纹覆蚊和亚白纹覆蚊比较近似，它们的区别见分种检索表。

本种和我国另一古北界蚊种缘纹覆蚊的区别见后者的分类讨论。

在我国辽南地区，本种有时和白纹覆蚊孳生在一起，调查时应加以注意。

缘纹覆蚊 *Stegomyia galloisi* (Yamada, 1921) [*Aedes galloisi*](图版 15)

Stegomyia galloisi Yamada, 1921, *Ann. Zool. Jap.*, 10: 47. [模式产地：日本本州札幌 (Sapporo, Honshu)]

Aedes (*Stegomyia*) *galloisi* Yamada, 1921. La Casse & Yamaguti, 1950, Mosq. Fauna Japan and Korea, p. 122; Huang, 1972, *Proc. ent. Soc. Wash.*, 74: 253; Tanaka et al., 1979, *Contrib. Am. ent. Inst.*, 16: 376; Lei (雷心田), 1989, Mosq. Fauna Sichuan (四川省蚊类志), p. 118.

［鉴别特征］ 盾片除中央白纵条外，沿盾角有淡色纵条；后跗节 1~5 有基白环，或节 5 全白。雄蚊小抱器膨大部分具长刚毛，腹面有特殊宽刚毛，幼虫有发达的星状毛；头毛 6-C 从基部分 2 枝；胸毛 4-P 和 14-P 通常分 2~3 枝。

［形态描述］ 检视标本：5♀♀，4♂♂，3L。

雌蚊 中型蚊虫。头：头鳞属亚组形式，头侧白鳞区有一黑纵条间断，后头竖鳞淡色。喙和前股接近等长，深褐色。触须约为喙的1/5长，末段1/3~1/2背面白色。胸：前胸前背片和后背片覆盖白宽鳞，后背片上部并有白窄鳞和弯鳞。中胸盾片覆盖深褐细鳞，并有淡色弯鳞形成的中央纵条、前侧纵条和后背中纵条。中央纵条后段略为变窄，在小盾前区分叉；前侧纵条沿盾角并向内弯，与后亚中线相连，伸达小盾片；翅基前有大片宽鳞，延伸到气门之上，其后有一簇弯鳞；侧背片有宽白鳞簇；小盾片中叶无黑鳞，有气门后区和亚气门鳞簇，后者共有2簇。翅：翅鳞深褐色，仅前缘脉基端有小白斑。平衡棒结节具褐色和淡色鳞。足：深褐色到黑色，各足股节都有膝白斑；前股腹面淡色，淡色区基宽末窄；中股腹面淡色，前和后面基部有淡色区；后股除前端和背面深褐色外，大部淡色。前和中跗节1~2有基白环，后跗节1~5有宽基白环。腹：背板深褐色；节Ⅰ侧背片覆盖白鳞，中央可有少数淡色鳞；节Ⅱ~Ⅶ有侧白斑，节Ⅱ~Ⅵ并有窄基白带，有的节Ⅱ的不完全，侧白斑和基白带不相连。节Ⅱ~Ⅵ腹板深褐色且有宽基白带。

雄蚊 触须和喙接近等长，节2~5有白环或白斑。尾器：腹节Ⅸ背板拱凸，中部末缘有细刺和刺瘤毛，侧叶具3~6根刚毛。抱肢基节狭长，背内区有10多根刚毛。抱肢端节比基节略短，末端有几根细毛，指爪位近末端。小抱器火炬状，侧面观膨大部分与干柄几乎成直角；膨大部分有很多末端弯曲的细刚毛，腹面有特殊宽刚毛。

幼虫 头：触角不到头的1/2长，1-A位于中央稍前。头毛6-C从基部分为2枝；7-C分2~3枝。胸腹：有发达的星状毛。胸毛4-P和14-P分2~3枝，少数单枝。腹毛1-Ⅶ和2-Ⅶ都很发达，接近等大，多数分5~7枝，偶有分3~4枝；1-Ⅷ和5-Ⅷ分6~12枝。栉齿6~12个。呼吸管无管基突，指数2.7~3.3，长为基宽的2.6~3.6倍，为尾鞍长的3.1~3.7倍。梳齿9~17个，有侧牙。呼吸管毛1-S位于中央之前，分3~7枝。尾鞍不完全，背内角有细刺。腹毛1-X多数分2（1~4）枝；2-X分长短2枝；3-X单枝；4-X

8株。肛鳃可达尾鞍的3倍长，末端圆钝，背鳃和腹鳃通常不等长。

[地理分布] 吉林、辽宁。国外：日本、朝 鲜半岛（Knight and Stone，1977）、西伯利亚（Tanakas et al., 1979）。

[生态习性] 幼虫孳生在树洞中。

[分类讨论] 早先，Edwards （1932）把本种覆蚊放在C组；后来Mattingly（1965）把它移入了B组；最近，Huang （1972b）才又把它重归回C组的白纹覆蚊亚组。

缘纹覆蚊是覆纹属的古北界代表之一。根据上述特征，成蚊除类缘纹覆蚊和西伯利亚覆蚊外，容易和本属的其他覆蚊相区别。幼虫和我国另一旧北区种黄斑覆蚊都有星状毛，但它头毛6-C从基部分枝以及胸毛4-P和14-P的较少分枝，都是与后者区分的良好特征。

类缘纹覆蚊 *Stegomyia galloisiodes* (Liu and Lu, 1984)

[*Aedes galloisiodes*]（图版16）

Aedes (*Stegomyia*) *galloisiodes* Liu and Lu (刘树忠，陆宝麟), 1984, *Acta Zootaxy. Sin.* (动物分类学报), 9: 76. [模式产地：中国云南昆明]

Lu et al. (陆宝麟等), 1997, Editorial Committee of Fauna Sinica, Academia Sinica Fauna Sinica Insecta Vol. 8 Diptera: Culicidae (中国动物志，昆虫纲，第八卷，双翅目，蚊科), 1: 247-248.

Dong et al. (董学书等), 2010, The Mosquite Fauna of Yunnan China Volume 2: 82-83.

[鉴别特征] 中胸盾片中央有银白纵条，沿盾角侧缘有淡色纵条，后跗节1~4有基白环，节5暗色。雄蚊小抱器膨大部分具众多长刚毛，而腹面有短刚毛。幼虫有发达星状毛，头毛6-C分2枝，胸毛4-P和14-P分2~3枝，腹毛2-X分2枝。

[形态描述] 检视标本：4♀♀，4♂♂，6L。

雌蚊 中型黑褐色而有银白斑纹之蚊。翅长2.8~3.1mm。头：头顶平覆褐色和白色宽鳞，白鳞在中央形成短纵条，前伸至两眼间，两侧深褐，中有白纵条间断，褐鳞区下面平覆白宽鳞，眼后缘有不十分明显的白鳞线。触角梗节内侧密覆银白细鳞。唇基光裸。喙与前股节约等长，一致深褐色。触须约为喙长的1/5，黑褐色，末段背面银白色。胸：前胸前背片和后背片都平覆银白宽鳞，后背片主要分布于下半部，上半部有少量窄白鳞和褐鳞。中胸盾片覆盖黑褐窄鳞，有中央银白纵条，自前端向后伸达小盾前区分叉，侧缘有一弯白鳞线，沿盾角向后伸，与后背中线连接，侧缘翅基前有一宽白鳞簇，翅基上方有少量淡白窄弯鳞，侧背片平覆银白宽鳞。小盾片三叶都平覆银白宽鳞。中胸侧板有气门后区和亚气门鳞簇，腹侧板具上位和下后位鳞簇，后侧板鳞簇长条形，中部前弯。翅：翅型狭长，翅鳞深褐，前缘脉基端有一小白斑，前叉室长于后叉室，前叉室柄较短，叉柄指数1.63。平衡棒结节具淡鳞和褐鳞。足：各足基节都具银白鳞簇，各股节都有膝白斑。前股和中股腹面淡色，前股前面除亚端黑环外淡色，背面基部1/4和后背淡色。各胫节一致暗褐色。前跗节1~2和中跗节1有基白环；中跗节2背面白色；后跗节1~4有基白环，节3~4的白环不超过全节长的1/2，节5暗黑或仅基部面有少量淡鳞。腹：腹节背板黑褐色；节Ⅰ侧背片平覆白鳞；节Ⅲ~Ⅵ背板有基白带和侧白斑，但两者不相连。腹板深褐色，节Ⅱ~Ⅵ有宽的基白带。

雄蚊 触须与喙约等长，节2基部背面有白斑，节3有宽的基白环，节4和节5腹面基部有白斑。尾器：腹节Ⅸ背板中部拱起，其上有细齿和细刺毛，以中部后缘最为发达，侧叶不发达，有3~4根细刚毛。抱肢基节较窄长，背内区有2列短刚毛。抱肢端节略短于基节，末端略膨大，有少量细刚毛；指爪位于近末端，长约端节的1/5。小抱器柄细，末端膨大，并有众多刚毛，其中背面的长而端弯，腹面的短直而端尖，并比背面的略粗。肛侧片发达，末端钝圆。阳茎基部膨大，末端有钝齿。

幼虫 头：头长与宽约相等。头毛1-C细而较短；4-C分7~10枝；5-C单枝；6-C自基部分2枝；7-C单枝或分2枝；8-9C简单。颏板三角形，共有齿23个，顶齿较大，侧齿前8~9较细，排列紧密，后3~4个较粗，端尖，排列稀疏。触角不到头长的1/2，触角毛1-A位于近中央稍前处之背面，单枝，细短。胸：胸、腹有发达的星状毛。胸毛4-P和14-P发育不佳，分2~3枝；5-7P都是单枝；8-P为发达的星状毛。腹：腹毛1-Ⅶ和2-Ⅶ都是发达的星状毛，两毛约等大。栉齿8~12个，各齿基部具细缝。呼吸管指数2.1~2.6，长为基宽的2.0~2.4倍，为尾鞍长的3.1~3.4倍。梳齿9~13个，各齿基腹侧有侧牙1~2个。呼吸管毛1-S位于管腹缘近中部或稍偏后，分3~5枝，分枝具侧芒。尾鞍完全，背内角无刺。腹毛1-X分3~6枝；2-X和3-X均为单枝；4-X 8株，全部位于栅区内，4d-X分2枝，但明显短于4a-X。肛腮宽长，为尾鞍长的3~3.5倍，末端钝圆。

[地理分布] 四川、云南。

[生态习性] 幼虫孳生于树洞。

[分类讨论] 本种覆蚊与分布于我国辽宁、吉林的缘纹覆蚊（*St. galloisi* Yamada，1921）和西伯利亚覆蚊（*St. sibiricus* Danilov et Filippova, 1978）相似，三者主要鉴别特征见表 1。

表 1 三种覆蚊特征比较

Table 1 Features comparison between three *Stegomyia* species

		类缘纹覆蚊 (*St. galloisiodes*)	缘纹覆蚊 (*St. galloisi*)	西伯利亚覆蚊 (*St. sibiricus*)
雌蚊	中足跗节 2	具白环	具白环	背面全白
	后足跗节 3~4	具白环	具白环	全白或接近全白
	后足跗节 5	暗色	具白环	暗色
雄蚊	腹节 IX 背板	具发达的细刺和瘤刺毛	具发达的细刺和瘤刺毛	具细刺毛，瘤刺毛不发达
	小抱器膨大部分	具长刚毛，腹面有较短刚毛	具长刚毛，腹面有宽刺毛	内侧为长刚毛，外为短刺毛
幼虫	尾鞍背内角	光滑	有细刺	光滑
	腹毛 2-X	单枝	分 2 枝	分 2 枝

股点覆蚊模拟亚种 *Stegomyia gardnerii imitator* (Leicester, 1908) [*Aedes gardnerii imitator*]（图版 17~18）

Stegomyia imitator Leicester, 1908, Cul. Malaya, p. 89.(未阅)[模式产地：马来西亚吉隆坡 (Kuala Lumpllr)]

Aedes (*Stegomyia*) *w-albus* (Theobald, 1905) . Feng (冯兰洲) , *Pek. nat. Hist. Bull.* (北京博物学杂志), 12: 294; Meng (孟庆华), 1955, Keys to Chinese Mosq. (中国蚊类检索表) , p. 47.

Aedes (*Stegomyia*) *gardnerii imitator* (Leicester, 1908). Mattingly, 1965, Cul. Mosq. Indomalay. Area, VI: 36; Huang, 1977, *Contrib. Am. ent. Inst.,* 14(1): 50.

Lu et al. (陆宝麟等), 1997, Editorial Committee of Fauna Sinica, Academia Sinica Fauna Sinica Insecta Vol. 8 Diptera: Culicidae (中国动物志，昆虫纲，第八卷，双翅目，

蚊科), 1: 235-236.

Dong et al. (董学书等), 2010, The Mosquite Fauna of Yunnan China Volume 2: 76-77.

[鉴别特征] 成蚊中胸盾片前端有一对左右分离或连成一片的白斑，翅基前有一白斑，小盾片三叶都具白宽鳞。中股前面端 1/3 处有一白斑（或白点），后跗节 1~4 都有基白环或白斑，节 5 暗色。幼虫栉齿着生处无骨片，腹毛 4d-X 很短。

[形态描述] 检视标本：8♀♀，2♂♂，2L。

雌蚊 中型棕褐色而有银白斑纹之蚊。翅长2.8~3.1mm。头：头顶平覆白色和褐色宽鳞，白鳞在中央形成一菱形白斑，前伸至两眼之间，白斑两侧各有一大的褐色宽鳞区，并被一白鳞纵条间隔，头侧平覆银白宽鳞，后头有少量黑褐竖鳞，眼后缘有白鳞线。唇基光裸。触角梗节内侧有细白鳞。触须为喙长的1/4，黑褐色，末段约1/3背面有白鳞。喙与前股节约等长，一致深褐色。胸：前胸前背片和后背片都有银白宽鳞，后背片的上部杂有一些褐色宽鳞和窄鳞。中胸盾片覆盖棕褐或黑褐色窄鳞和细鳞，前端约1/4处有一扁宽的银白窄鳞斑，斑的后缘常内凹呈弧形，有的则左右分离，仅在前端相连，也有完全分离成左右两块。盾片中部两侧各有一短带状白窄鳞斑，与翅基前的宽白鳞斑相连。小盾前区的中央和两侧有淡色窄弯鳞，并常集聚形成短纵线。小盾前区两侧各有一深褐宽鳞区。小盾片三叶都具银白宽鳞。中胸侧背片具白宽鳞。前胸侧板具银白鳞簇；中胸侧板有气门后区、气门下区和亚气门鳞簇；腹侧板具上位和下后位鳞簇，其中上位鳞簇与翅前结节下鳞簇相连，气门后鳞簇有的也连在一起；后侧板鳞簇较短。翅：翅型较短但不钝，翅鳞棕褐，前缘脉基端有一小白斑，前叉室明显长于后叉室，前叉室柄短，叉柄指数1.96。平衡棒结节有黑褐鳞。足：各足基节具银白鳞簇，前股前面基段有白纵条，腹面1/2有白色区；中股前面近中央有一白点或白斑，腹面基段1/2白色；后股前面和腹面除有一亚端黑环外，全部白色。中股和后股都有膝白斑。前胫前面有白纵条。前跗节1~2有基白环，节3背面有白斑；中跗节1~2有基白环，节3有基白环或仅背面有基白斑；后跗节1~3有基白环，节4基背1/2~2/3有白鳞，节5基背1/2有白鳞。腹：腹节背板黑褐色；节Ⅰ侧背片覆盖白鳞；节Ⅱ~Ⅶ有银白基侧斑，节Ⅳ~Ⅶ有和侧斑不相连的基白带，节Ⅲ有的也有白鳞。腹板棕褐色；节Ⅱ~Ⅵ有基白带；节Ⅶ全部暗褐色。尾器：腹节Ⅷ

背板前宽后窄，后4/5密覆羽鳞，端后缘微内凹，有刚毛15~17根，其中6~7根较粗且长，其余短而细。腹节Ⅷ腹板前缘较窄，后端突起，在凸的中央有一“U”字形内凹，凹两侧密生细刺毛，外侧有长短不一的刚毛和鳞片，鳞片在中部较多，两外侧则无鳞。1-4-S纵向排列。腹节Ⅸ背板直条状，前部窄，后部宽，呈“T”字形，后端中央内凹，凹两侧各有2~3根小毛，内侧一根较粗长，外侧短而细。英岛片发达，直条状，前端有瘤突3~4个。上阴唇与下阴唇均为窄带状。上阴片发达，三角形，内伸的顶端尖而色深。受精囊突起宽而圆，针突较多而明显，生殖后叶窄长，由前向后逐渐变窄呈锥形，后1/3处腹面有4对刚毛，纵向排列，最前一对最长，其余3对依次渐短。尾须较短，粗壮，后缘半弧形，端圆，有4~5根粗长刚毛和少量短刚毛，背面有少量羽鳞。受精囊3个，1个较大，2个略小。

雄蚊 触须比喙长，节2背面和节4及节5腹面有白斑，节3有宽的基白环。前胫前面有白纵条，有的中胫后腹面也有白纵条。中跗节3通常暗色，后跗节5仅基背面有白鳞或全部暗色。尾器：腹节Ⅸ背板长条形，中部拱起，侧叶不发达，各有4~6根刚毛；节Ⅸ腹板呈长方形。抱肢基节较为狭长，基背内区有小群短刚毛。抱肢端节较细长，约为基节的3/4长，末端略膨大，端腹面有细毛，指爪较长，位于近末端。小抱器狭长，末端膨大并有众多长刚毛；中部内缘有一小突起，其上有4~5根短刚毛。肛侧片发达，末端钝圆。阳茎基部膨大，末端具齿。

幼虫 头：头长与宽约相等。头毛1-C细而短；4-C发达，分8~12枝；5-C单枝；6-C单枝或分2枝；7-C分2枝；8-9C单枝。颏板较宽，三角形，共有齿21个，顶较高大，侧齿前6~7个较细长，端钝，排列紧密，后3~4个较短粗，端尖，排列稀疏。触角不到头长的 1/2，触角毛1-A位于近中央处背面，细刺状。胸：胸毛9-M分2~3枝；9-T单枝。腹：栉齿8~10个，各齿基部有侧齿，近中部有细缝，全部栉齿不生在骨片上。呼吸管较短粗，无管基突，指数1.8~2.0，长为基宽的2.1倍，为尾鞍长的2.9倍。梳齿8~12个，基腹缘各具1~3 侧牙。呼吸管毛1-S位于管末1/3处，末一个梳齿之后，并与梳齿同在一水平直线上，分2~4枝。尾鞍不安全，后缘钝刺不发达。腹毛1-X分2枝；2-X分2枝；3-X单枝；4-X 8株，位于栅区内，其中4d-X很短。肛腮为尾鞍长2.5倍，末端钝圆。

[地理分布] 云南、海南、广西、湖南（陆宝麟，1957）、台湾（连日清，

1978）、香港（Chau，1982）。国外：柬埔寨、印度、马来西亚、尼泊尔、越南（Huang，977a）。

[生态习性] 幼虫孳生于竹筒、树洞积水。

[分类讨论] 本种覆蚊的鉴别特征比较显著，依据成蚊中胸盾片的鳞饰、中股前面的白点以及幼虫栉齿和腹毛 4d-X 等特征，很容易与本属其他种区别。

本种覆蚊我国过去曾被误定为白 -*w* 覆蚊（Feng，1938；孟庆华，1955；陆宝麟，1957；周树松等，1960），后经新采获地区的标本的上述三个鉴别特征（陆宝麟等，1997），证明它们都是股点覆蚊模拟亚种。

马来覆蚊 *Stegomyia malayensis* (Colless, 1962) [*Aedes malayensis*]（图版 19）

Aedes (*Stegomyia*) *scutellaris malayensis* Colless, 1962, *Proc. Linn. Soc*., N. S. W. 87: 314. [模式产地：新加坡克佩尔港（Keppel Harbour)]

Aedes (*Stegomyia*) *scutellaris malayensis* Colless, 1962. Colless, 1973, *Mosq. Syst*., 5: 225. *Aedes* (*Stegomyia*) *malayensis* Colless, 1962. Huang, 1972, *Contrib. Am. ent. Inst.,* 15 (6) : 5.

Lu & Li (陆宝麟，李蓓思), 1980, *Acta Zool. Sin.* (动物学报), 5 : 321. *Aedes* (*Stegomyia*) *scutellaris* (Walker, 1859). Meng (孟庆华), 1955, Keys to Chinese Mosq. (中国蚊虫检索表), p. 58; Lu (陆宝麟), 1957, *Chinese J. Zool.* (动物学杂志), 1: 104. (误订)

Lu et al. (陆宝麟等), 1997, Editorial Committee of Fauna Sinica, Academia Sinica Fauna Sinica Insecta Vol. 8 Dipera: Culicidae (中国动物志，昆虫纲，第八卷，双翅目，蚊科), 1: 241-242.

Dong et al. (董学书等), 2010, The Mosquite Fauna of Yunnan China Volume 2: 79-80.

[鉴别特征] 成蚊触角鞭分节 1 有白鳞，中胸盾片侧缘有完整的翅上纵线，中胸腹侧板上位与后侧片鳞簇连成一纵条，腹节Ⅲ或Ⅳ ~ Ⅵ背板有亚基白带。雄蚊小抱器膨大部端腹角有一排整齐的刺状毛。幼虫与白纹覆蚊无明显鉴别特征。

[形态描述] 检视标本：11♀♀，4♂♂，4L。

雌蚊 中型棕褐色而众多白色斑纹之蚊。翅长2.7~3.1mm。头：头顶平覆棕褐色宽鳞，中央有银白宽纵条，向前伸至两眼间，头侧有一对银白纵条，下面为褐鳞，褐鳞下面有一银白斑，眼后缘有完整或不完整的白鳞线，后头有少量深褐竖鳞。触角梗节密覆银白宽短鳞，鞭分节1有细白鳞。唇基光裸。触须为喙长的1/5，末段约3/5背面具白鳞。喙与前股节约等长，棕褐色，或在腹面有少量淡白鳞，但不形成纵线。胸：前胸前背片密覆银白宽鳞；后背片中部具银白宽鳞，并成纵条状，与中胸侧背片鳞簇和翅上纵线连在一起，形成一明显的侧缘纵条。中胸盾片棕褐色，正中银白纵条较细，后部细削，后延至小盾前区分叉；叉柄两侧有一对短的中侧纵线，其颜色并非银白，而略带淡黄。前胸侧板具银白鳞簇，中胸腹侧板具上位和下后位鳞，上位鳞簇与后侧板鳞簇上部相连，形成一纵条。无气门后区和亚气门鳞簇。翅：翅型较为狭长，翅鳞深褐，前缘脉基端有一小白斑，前叉室长于后叉室，前叉室柄较短，叉柄指数1.88。平衡棒结节具深褐鳞。足：各足基节均有银白鳞簇，各足股节有明显的膝白斑，前股后腹面和中股腹面有白色纵条，从基部伸达至末端，中股后面也有一短纵条，后股前面有一宽白纵条，从基部伸向末端并逐渐变细，与膝白斑仅由一窄带分开，后面基段也有淡白区。前跗节和中跗节1有基白环，节2和节3有基背白斑，但节3有的不明显；后跗节1~4有完整的基白环，节4白环占全节长的4/5，节5全白色，末端偶有几片暗鳞。腹：腹节背板黑褐色；节Ⅰ侧背片覆有白鳞；节Ⅱ~Ⅶ都有侧白斑，节Ⅱ~Ⅶ并有亚基白带，与侧白斑相连，有的节Ⅲ或节Ⅵ~Ⅶ仅有中央亚基白斑而无完整的白带。腹板黑褐色；节Ⅱ为白色；节Ⅲ~Ⅵ有宽的亚基白带；节Ⅶ黑褐色，或两侧有少量白鳞。

雄蚊 触须为喙约等长，节2~3有基白环，节4~5有基白环或白背斑。腹节Ⅷ腹板大部白色。尾器：腹节Ⅸ背板中部拱起呈弧状，侧叶不发达，各具3~4细刚毛；腹板发达，后缘微凹，无特殊刚毛。抱肢基节狭长，背基内区有小群刚毛。抱肢端节细长，比基节略短，末端略膨大，密生细毛，腹缘并有几根刚毛，指爪较短，为端节长的1/5，位于近末端。小抱器末段向一侧膨大，形如靴状，密生长刚毛，在腹侧中部有一列8~10根排列整齐的宽刺。肛侧片发达，末端钝圆。阳茎侧板有发达的齿。

幼虫 头：头长与宽约相等，并略呈圆形。头毛1-C细长；4-C发育不佳，分6~8枝；5-C和6-C都是单枝；7-C分2枝；8-9C简单。颏板扁宽，共有齿25个，顶齿较大，侧齿前7~8个较细长，排列紧密，后4~5个较粗，端尖，排列稀疏。胸：胸毛4-P

和14-P分2 枝；9-M分3枝；9-T通常分2枝。腹：栉齿8~11个，排列为整齐一行，各齿基部有细缝。呼吸管较短粗，指数2.2~2.4，长为基宽的2.7倍，为尾鞍长的3.1倍。梳齿9~11个，各齿基部有侧牙2~4个。呼吸管毛1-S位于近中央稍偏后，分3~4枝。尾鞍不完全，后缘无刺。腹毛 1-X分2~3枝；2-X分2枝；3-X单枝；4-X 8株，都位于栅区内。肛腮腊肠状，长为尾鞍2.8倍，末端钝圆。

[地理分布] 云南、海南、台湾。国外：广布于东南亚，包括马来西亚、新加坡、泰国、越南等（Huang, 1972b）。

[生态习性] 幼虫孳生于竹筒、树洞积水。

[分类讨论] 本种覆蚊成蚊的特征比较显著，依据中胸盾片侧缘的银白纵条，雄蚊小抱器的形状，不难与本属其他种区别。本种幼虫与白纹覆蚊非常相似，虽然根据 Huang （1972b）的记述，两种覆蚊在胸毛 9-M、腹毛 2- Ⅶ以及腹毛 4c-X 等有一些差别，但白纹覆蚊本身就常有个体变异，因此，这些差别在分类鉴别中缺乏实用意义。

马来覆蚊在我国过去的文献中称作盾纹覆蚊 [*St. scutellatis*（Walker, 1859）]，两者的形态很近似，主要区别在雄蚊小抱器的特征，即后者小抱器膨大部的背侧和腹侧接近平行，并有端腹角。

马立覆蚊 *Stegomyia malikuli* (Huang, 1973) [*Aedes malikuli*]（图版 20~21）

Aedes (*Stegomyia*) *malikuli* Huang, 1973, *Proc. ent. Soc. Wash.*, 75: 225. [模式产地：泰国清迈 (Chiang Mai)]

Lu et al. (陆宝麟等), 1997, Editorial Committee of Fauna Sinica，Academia Sinica Fauna Sinica Insecta Vol. 8 Diptera: Culicidae (中国动物志，昆虫纲，第八卷，双翅目，蚊科), 1: 231-232.

Dong et al. (董学书等), 2010, The Mosquite Fauna of Yunnan China Volume 2: 71-72.

[鉴别特征] 成蚊触须具白鳞，中胸盾片有一前宽后窄的淡白纵条，小盾前区有一对中侧短纵线，小盾片中叶具白鳞，侧叶具褐鳞或淡褐鳞。翅基前有大白斑。后

跗节3全暗，而跗节4全白或大部分白色。幼虫栉齿生在骨片上，尾鞍后缘背内角有发达的尖刺，或杂有少量钝刺。

[形态描述] 检视标本：11♀♀，17♂♂，4L。

雌蚊 中型黑褐或棕褐而有白色斑纹之蚊。翅长2.8~3.1mm。头：头顶平覆白和褐色宽鳞，白鳞在中央形成一纵斑，前伸至两触角梗节间，后延至后头；后头有少量褐色竖鳞，头侧平覆褐色宽鳞，各有2短白纵条，眼后缘有明显的眶白线。喙与前股节约等长，深褐色，端部1/2 腹面有淡色纵线，此线有的不明显。触须为喙长的1/4，黑褐色，末段1/4~1/3背面白色。触角梗节密覆银白细鳞。唇基深褐光裸。胸：前胸前背片和后背片都具银白宽鳞，后背片上缘常有少量褐色窄鳞。中胸盾片覆盖棕褐色窄鳞和细鳞，中央有一前宽而逐渐变细的白纵条，自前端向后伸达至小盾前区分叉，叉的外侧有一对短的中侧纵线，此纵线有的并非白色，而是淡褐色。翅基前和翅基上方有大片宽白鳞，前端几乎与前胸后背片的白鳞相接，后伸至小盾片侧叶前。小盾片中叶白色，侧叶深褐，有的侧叶也有白鳞。前胸侧板具银白鳞簇，中胸侧板有气门后区和亚气门后鳞簇，腹侧板具上位和下后位鳞簇，后侧板鳞簇长条形。翅：翅型较为狭长，翅鳞深褐，前缘脉基端有一个小白斑，前叉室明显长于后叉室，前叉室柄很短，叉柄指数2.04。平衡棒结节具深褐细鳞。足：各足基节均有银白鳞簇，前股基段前面有淡色纵线，腹面具白纵条；中股腹面有白纵条，在基端扩展至背面；后股前面基段2/3白色，端1/3背面和后面褐色，其余白色。中股和后股都有膝白斑。各足胫节基部腹面有一短的白色区。前跗节和中跗节1有基白环，节2有基白环或白斑；后跗节1~2有基白环，节3全暗褐，节4全白色，或在末端腹面有少量褐鳞，节5基部1/2背面白色，或整个基部白色。腹：腹节背板黑褐色；节Ⅰ侧背片覆盖白鳞；节Ⅱ~Ⅶ有银白基侧斑，节Ⅱ~Ⅶ或Ⅲ~Ⅶ有与基侧斑分离的基白带。腹板黑褐色，节Ⅱ~Ⅵ有发达的基白带，节Ⅶ黑褐色。尾器：腹节Ⅷ背板前端较宽，后部较窄，近似方形，后1/2密覆羽鳞，端后缘刚毛稀少，有7~9根较粗长刚毛和9~11根细短刚毛。腹节Ⅷ腹板前缘平齐，后中部后凸，中央有一宽但较浅的裂缝，呈一深的“V”字形，缝两侧密生细刺毛，端后缘缝两端各有9~11根较长刚毛和少量细毛，腹板中部密覆羽鳞。1-4-S纵向排列。腹节Ⅸ背板横宽明显大于纵长，端后缘中部内凹，两侧端后凸成一小尖角，两侧各有一对短刚毛。英岛片纵长略大于横宽，前端有瘤突6~7个。上阴唇和下阴唇均为宽带状。上阴片不发达，短而窄，内伸末端向后突起并增厚，两侧相距很远。受精囊突起大而圆，针突多而明显。生殖后叶较短而窄，后端缘后突呈半圆形，亚端两侧各有一对刚毛，内侧一对较短。尾须内缘平直，外缘中部略外凸呈弧形，后缘端部有5~6根长刚毛，其余有少量短细刚毛，背面无鳞，仅有稀疏的短刚毛。受精囊3个，约等大。

雄蚊 触须略长于喙，节2基部背面及节4和节5内面有白斑，节3有宽的基白环，节4和节5无长毛。腹节背板节Ⅶ无基白带，节Ⅷ背板基部有白鳞。尾器：腹节Ⅸ背板带状，后缘密生细刺毛，侧叶不发达，各有4~6根细刚毛；腹节Ⅸ腹板盒形，无毛。抱肢基节较短粗，长约宽的2倍，背基内区有4~5根细刚毛，端内缘有大丛长刚毛。抱肢端节基段膨大，背面和内面有一片长刚毛群，基外侧有几片窄鳞片，末段分为长短2枝，短枝指头状，末端具一细刚毛，长枝杆状，背侧有2~3细刚毛，末端有2个透明指突和指爪。小抱器简单，末端略膨大，其上有众多的长刚毛，在中部并夹有几根粗刺毛。肛侧片末端钝圆，无基侧臂。阳茎侧板末端具长尖齿，中部侧齿不发达。

幼虫 头：头长与宽约相等。头毛1-C细长而内弯；4-C形小，分4~6枝；5-C单枝；6-C分2枝；7-C分2~3枝；8-9C简单；11-15C简单。颏板扁宽，共有齿25个，顶齿不特别大，侧齿前8~9个细而长，端钝，排列紧密，后部3~4个短粗，端尖，排列稀疏。触角为头长1/2，触角毛1-A位于近中央处之背内侧，微刺状。胸：胸、腹有不发达的星状毛，胸毛 9-M和9-T均为单枝，7-T分2~3枝。腹：栉齿4~7个，生在一骨片上，每齿基外侧有侧刺。呼吸管指数2.8~3.2，长为基宽的2.5~2.8倍，为尾鞍长的3.6~4.1倍。梳齿11~19个，基外侧有2~3个侧牙。呼吸管毛1-S位于末一个梳齿之后，并同在一水平线上，分3~4枝，具细侧芒。尾鞍后缘背内角有发达的尖刺，中间杂有粗长的钝刺。腹毛1-X分2枝；2-X和3-X都是单枝；4-X 8株，均为单枝，全部位于栅区内。肛腮细长，为尾鞍长的3.5~4.2 倍，末端钝圆。

[地理分布] 云南、江西、福建、台湾（Huang，1973）。国外：泰国（Huang，1977b）。

[生态习性] 幼虫孳生于竹筒、树洞积水。

[分类讨论] 本种覆蚊与本亚组的中点覆蚊（*St. mediopunctatus*）和叶抱覆蚊

（*St. perplexus*）非常相似，仅根据雄蚊小抱器的形态才能可靠区别，三者的鉴别特征参见叶抱覆蚊讨论部分。

中点覆蚊 *Stegomyia mediopunctatus* (Theobald, 1905) [*Aedes mediopunctatus*]（图版 22~23）

Stegomyia mediopunctatus Theobald, 1905, *J. Bombay nat. Hist. Soc.*, 16: 240. [模式产地：斯里兰卡佩拉德尼亚 (Peradeniya)]

Aedes (*Stegomyia*) *mediopunctatus* var. *sureilensis* Barraud, 1934, Fauna Br. Ind., Diptera 5: 231.

Aedes (*Stegomyia*) *submediopunctatus* Huang, 1973, *Proc. ent. Soc. Wash.*, 75: 231.

Aedes (*Stegomyia*) *mediopunctatus* (Theobald, 1905). Barraud, 1934, Fauna Br. Ind., Diptera 5: 230; Huang, 1977, *Contrib. Am. ent. Inst.*, 14(1): 36; Chen(陈汉彬), 1987, Mosq. Fauna Guizhou (贵州蚊类志), p. 118.

Lu et al. (陆宝麟等), 1997, Editorial Committee of Fauna Sinica, Academia Sinica Fauna Sinica Insecta Vol. 8 Diptera: Culicidae (中国动物志，昆虫纲，第八卷，双翅目，蚊科), 1: 233.

Dong et al. (董学书等), 2010, The Mosquite Fauna of Yunnan China Volume 2: 73-74.

[鉴别特征] 雌蚊触须末段具白鳞，中胸盾片有前宽后窄的白色纵条，小盾片前区两侧通常无中侧短纵线，小盾片中叶具白鳞，侧叶具褐鳞或淡褐鳞。翅基前有大白斑。后跗节 3 全暗，节 4 全白或大部分白色，节 5 全暗或仅基部有白鳞。幼虫栉齿生在骨片上。尾鞍后缘背内角有粗尖刺或钝刺。

[形态描述] 检视标本：28♀♀，31♂♂，11L。

雌蚊 中型棕褐或黑褐色而有白色斑纹之蚊。翅长2.7~3.3mm。头：头顶平覆白色和褐色宽鳞，白鳞在中央形成一前宽后窄的短纵条，前端伸达两眼间，后延至后头，头侧平覆褐色宽鳞，各有一白纵条，褐鳞下腹面有白鳞斑，并有少量褐鳞，眼后缘有白鳞线。触角梗节密覆银白细鳞。触须为喙长的1/4，黑褐色，末段1/4背面有白鳞。喙与前股节约等长，一致黑褐色或末1/2腹面有白纵线。胸：前胸前背片和后背片密覆白宽鳞，后背片上缘有少量褐窄鳞。中胸盾片棕褐色或黑褐色，中央有一前宽后窄的白色纵条，从前端向后逐渐变细，在小盾前区分叉。翅基前有一大白斑，前伸达气门后，后延至翅基上方，呈前宽后窄。小盾片中叶银白色，侧叶棕褐色。前胸侧板具银白鳞簇；中胸侧板有气门后区和亚气门鳞簇；腹侧板具上位和下后位鳞簇；后侧板鳞簇发达，占后侧板2/3以上。无翅前结节下鳞簇。翅：翅型较为狭长，翅鳞棕褐，前缘脉基端有一小白点，前叉室明显长于后叉室，前叉室柄较长，叉柄指数1.20。平衡棒结节具褐鳞。 足：各足基节具银白鳞簇，前股前面基段1/3有淡色纵线，后腹面有淡白纵条，基段1/2的纵条宽；中股腹面有白纵条，在基段扩展至背面；后股基段2/3白色，端1/3背面和后面褐色，其余为白色。中股和后股有膝白斑，各胫节基部腹面有一短的白色区。前跗节和中跗节1有基白环，节 2有基白环或白斑；后跗节1和节2有基白环，节3褐色，节4大部或全部淡白色，节5褐色或基端背有白鳞。腹：腹节背板黑褐色；节Ⅰ侧背片平覆白宽鳞；节Ⅱ~Ⅶ背板有侧白斑，节Ⅶ的为点状，节Ⅱ背板中央有少量白鳞，节Ⅲ~Ⅶ背板有短的基白带，节Ⅶ的为斑点状，各白带与侧斑分离。腹板黑褐色，节Ⅱ~Ⅵ有发达的基白带，节Ⅶ黑褐色。尾器：腹节Ⅷ背板前端略宽于后端，似正方形，后端缘平直，背板后2/3及两侧密覆羽鳞，端后缘除有羽鳞外，尚有刚毛20余根，其中长刚毛10~11根，无另外的短刚毛。腹节Ⅷ腹板后端明显宽于前端，后端两侧角外突；中部后突，中央裂缝“V”字形，裂缝两侧密生细刺毛。腹板后2/3密覆羽鳞和少量刚毛，端后缘刚毛较多，其中粗长刚毛共12~14根。1-4-S横向排列。腹节Ⅸ背板近似方形，前端较窄，在后端的亚端两侧外突呈角状，前、后平齐，后端两侧各有3根短毛，呈纵向排列，最后一根粗长。英岛片纵长略大于横宽，长方形，瘤突5~6个。上、下阴唇宽带状。上阴片中等发达，基宽端尖，三角形，斜下内伸。生殖后叶基1/2宽大呈弧形，端1/2变窄，端后呈圆形，在亚端部两侧各有3根细毛，排列呈三角形。尾须短宽，纵长为横宽的1.5倍，内缘平直，外缘半弧形，端后缘有粗长刚毛4~5根，细刚毛5~6根。背、腹面均无鳞片。受精囊3个，1大2小。

雄蚊 触须比喙略长，节2基段背内侧有白鳞，节3有宽的基白环，节4和节5基端腹面有白斑，无长毛。腹节Ⅶ背板无基白带或白斑。尾器：腹节Ⅸ背板狭带状，中部后拱呈弧形；侧叶不发达，各具2~4根刚毛；节Ⅸ腹板宽，近似方形。抱肢基节较短粗，背基内侧有小簇短刚毛，端内缘有一簇长刚毛。抱肢端节基段膨大，外侧有羽鳞，背内侧有大片密生刚毛，末段分为长短两枝，短枝指头状，末端有一细刚毛，长枝杆状，一侧有2~3根细刺，末端具爪和2个透明叶片。小抱器末端膨大呈"双叶状"，背侧有长而端弯刚毛和5~6根长刺毛，腹区有众多的长刚毛。肛侧片发达，中度角化。阳茎基部膨大，花瓶状，末端具齿。

幼虫 头：头长与宽约相等。头毛1 - C细长，内弯；4-C分5~8枝；5-C单枝；6-C分2枝；7-C分2~3枝；8-9C简单。颏板扁宽，共有齿25个，顶齿较高大，侧齿前8~9个细长，端钝，后3~4个端尖，排列稀疏。触角不到头长的1/2，触角毛1-A位于近中央之背内侧，细刺状。胸：胸、腹有不发达的星状毛。胸毛9-M和9-T单枝，中胸和后胸侧毛瘤刺发达，端尖。腹：栉齿5~6个，各齿基外侧有侧刺，全部齿生在骨片上。呼吸管指数2.4~2.9，长为基宽的2.8~3.0倍，为尾鞍长的3.8~4.1倍。梳齿8~13个，简单。呼吸管毛1-S位于管末约1/3处，距末一个梳齿较远，分2~4枝，具细侧芒。尾鞍接近完全，后缘背内角有长钝刺，并杂有少数尖刺。腹毛1-X分2~3枝；2-X和3-X都是单枝；4-X 8株，均为单枝。肛腮长为尾鞍的2.5~3.0倍，末端钝圆。

[地理分布] 云南、安徽、福建、江西、广西。国外：印度、菲律宾、斯里兰卡（Huang, 1977a）。

[生态习性] 幼虫孳生于竹筒积水。在野外竹林中，白昼常可遇雌蚊叮人。

[分类讨论] 中点覆蚊与本亚组的其他两个种非常相似，仅能根据雄性小抱器形态才可正确区分，三者的鉴别特征参见叶抱覆蚊讨论部分。

本种早先曾描述有两个亚种，即 *St. mediopunctatus* var. *suhmediopunctatus*（Barraud）和 *St. submediopunctatus* var. *sureilensis*（Barraud），我国广西也曾记载有亚中点覆蚊（*St. mediopunctatus* var. *submediopunctatus*），但根据 Huang（1977a）从斯里兰卡采到的一只雄性证实，以上亚种都是同一个种。

新缘纹覆蚊 *Stegomyia neogalloisi* (Chen et Chen, 2000)

[*Aedes neogalloisi*]（图版 24）

Aedes (*Stegomyia*) *neogalloisi* Chen et Chen, 2000, *Acta Zootaxon. Sin.*, 25(3): 341-

343. (in Chinese). [模式产地：中国河南省]

Qu Feng-yi, Zhu Huai-min. *Chin. J. Parasitol. Parasit. Dis.,* Oct. 2009, Vol. 27, No. 5.

[鉴别特征] 雌蚊后跗节 4 背面全白；雄蚊腹节Ⅸ背板发达，后端缘具发达的刺瘤突，小抱器膨大部背面的长刚毛集中在端部；幼虫胸、腹部具发达的星状毛，头毛 6-C 在亚端部分为 2 枝，腹毛 2-X 单枝。

[形态描述] 检视标本：8♀，1♂，4 L。

雌蚊 黑色中型蚊。头：头顶正中平覆宽鳞，具中央银白纵条，后头具众多竖鳞，两颊平覆白宽鳞。触角梗节具端白鳞。喙全暗，唇基光裸。触须约为喙长的 1/5，黑色，端背白色。胸：前胸的前、后背片均覆白宽鳞。中胸盾片覆以褐黑窄鳞，具一正中银白纵条自前端伸达小盾前区而分叉，侧缘有一弯淡鳞线沿盾角后伸，并和后背中线连接。翅：翅基前有一银白宽鳞簇，翅基裸，背侧片平覆白鳞。小盾片三叶均覆白鳞。胸侧板具气门后和亚气门鳞簇。翅鳞深褐，仅前缘脉有一基白斑。平衡棒结节具淡鳞。足：各足褐黑，均具膝白斑。各股节腹面色淡；前股基前背1/3具淡鳞形成的窄纵条；后股前面除亚端暗斑外色淡，基背1/3和后面1/2 也色淡。胫节一致暗色。前、中跗节1~2有基白环；后跗节1~4有基白环，节4背面近全白，节5基背缀以少数白鳞。腹：腹节Ⅰ侧背片覆白鳞；节Ⅱ背板具侧白斑；节Ⅲ~Ⅶ背板有基白带和侧白斑，节Ⅳ~Ⅵ腹板具基白鳞。

雄蚊 一般特征似雌蚊，区别如下：触须和喙约等长，节2基背面和节4~5基腹面具白斑，节3有基白环。腹节Ⅱ~Ⅵ腹板具基白鳞。尾器：腹节Ⅸ背板呈弧形拱凸，上有发达的细刺和瘤刺毛；抱肢基节长约为宽的3倍，背内区有一列排列不整齐的小刚毛，端节细长，臂状，指爪亚端位；小抱器柄短，膨大部扇状，向后外伸，与柄成150°角，背面端半具一列长刚毛，腹面具较短的刚毛。

幼虫 头：触角光滑，1-A细单枝，位于干中央稍前方。头毛5-C单枝；6-C远离基部分2叉枝；7-C分2枝。胸腹有发达的星状毛。4-P分2枝，14-P分3枝。腹节Ⅷ栉齿6~12个，排成一行，每个栉齿具基侧缝。呼吸管无管基突，指数2.6~3.3，管鞍比值约为4。梳齿9~12个，具侧牙。呼吸管毛1-S近中位，分3~6枝。尾鞍完整，背内角具细刺。腹毛1-X分4~6枝；2-3X不分枝；4-X 8株，4d-X单枝。肛鳃长约为尾鞍的3倍。

本种属盾纹覆蚊组（*St. scutellaris* Group）白纹覆蚊亚组（*St. albopictua* Subgroup），该亚组共有已知种12种。本种与西伯利亚覆蚊（*St. sibiricus* Danilov et Filippova）、缘蚊覆蚊（*St. galloisi* Yamada）及类缘蚊覆蚊（*St. galloisioides* Liu et Lu）相近缘，其主要区别见表2。

表 2　新缘纹覆蚊与其他三种近缘蚊种特征比较

Table 2 Features comparison between *Stegomyia neogalloisi* and the other three counterfeit species

鉴别特征		新缘纹覆蚊（*St. neogalloisi*）	西伯利亚覆蚊（*St. sibiricus*）	类缘纹覆蚊（*St. galloisiodes*）	缘纹覆蚊（*St. galloisi*）
雌蚊	中跗节 2	具基白环	背面全白	背面几乎全白	具基白环
	后跗节 3, 4	具基白环，节 4 背面近全白	全白或近全白	具基白环	具基白环
	后跗节 5	全暗	全暗	全暗	基白环
	平衡棒结节	具淡鳞	具淡鳞	全暗	全暗
雄蚊	Ⅸ背板	具发达的细刺和刺瘤毛	具细刺毛，刺瘤毛不发达	具发达的细刺和刺瘤毛	具发达的细刺和刺瘤毛
	抱肢基节背内区	具一列排列不整齐的短刚毛	具 2 列短刚毛	具 2 列短刚毛	具 2 列短刚毛
	小抱器的膨大部	端角向后外伸，与柄成 150° 角，背面长刚毛集生于端半，腹面仅具较短刚毛	端角内伸，与柄成直角，背面长刚毛集生于端角，其余部分具粗刺状刚毛	端角外伸，与柄成 120° 角，背面具长刚毛，腹面仅具较短刚毛	端角外伸，与柄成直角，背面具长刚毛，腹面具特殊短宽刚毛
幼虫	头毛 6-C	远离基部分 2 叉枝	从基部分 2 叉枝	从基部分 2 叉枝	从基部分 2 叉枝
	腹毛 2-X	单枝	2 分枝	单枝	2 分枝
	4d-X	单枝	单枝	2 分枝	2 分枝
	尾鞍背内角	有细刺	有细刺	光滑	有细刺

[地理分布] 河南省。

[生态习性] 幼虫孳生于树洞。

新白纹覆蚊 *Stegomyia novalbopictus* (Barraud, 1931)

[*Aedes novalbopictus*]（图版 25）

Aedes (*Stegomyia*) *novalbopictus* Barraud, 1931, *Ind. J. med. Res.*, 19: 224. [模式产地：印度比哈尔 (Bihar)]

Aedes (*Stegomyia*) *novalbopictus* Barraud, 1931. Barraud, 1934, Fauna Br. Ind., Diptera 5 : 237 ; Huang, 1972, *Contrib. Am. ent. Inst.*, 9 (1) : 24.

Lu et al. (陆宝麟等), 1997, Editorial Committee of Fauna Sinica, Academia Sinica Fauna Sinica Insecta Vol. 8 Diptera: Culicidae (中国动物志，昆虫纲，第八卷，双翅目，蚊科), 1: 248-249.

Dong et al. (董学书等), 2010, The Mosquite Fauna of Yunnan China Volume 2: 84-85.

[鉴别特征] 成蚊中胸盾片翅基前无宽白鳞簇，仅有略带淡黄色的窄弯鳞；前股和中股前面有散生淡鳞。雄蚊小抱器膨大部腹面的刚毛形粗而高度弯曲。幼虫尾鞍完全，胸毛 14-P 和腹毛 2- Ⅶ通常分 2~3 枝，呼吸管毛 1-S 位于末一个梳齿之后的腹面。

[形态描述] 检视标本：5♀♀，11♂♂，6L。

雌蚊 中型棕褐色而有银白斑纹之蚊。翅长2.7~3.2mm。头：头顶平覆褐色和银白宽鳞，白鳞在中央形成短纵条，前伸至两眼间；头侧有白纵条中断，褐鳞区下腹面有宽白鳞，眼后缘中部有白鳞线。触角梗节具细白鳞。唇基光裸。触须为喙长的1/5，黑褐色末段1/2背面和1/4 腹面银白色。喙与前股节约等长，一致暗褐色，但末段腹面常有散生的淡鳞。胸：前胸前背片和后背片有银白宽鳞，后背片的白鳞通常位于下半部。中胸盾片密覆棕褐细鳞，有较窄的中央银白纵条，自前端向后伸达至小盾前区分叉，分叉前面的纵条很细或中断，其外侧有一对短的中侧纵线，翅基前和翅基上方有一群淡黄色窄弯鳞，侧背片密覆银白宽鳞。小盾片三叶都具银白宽鳞，中叶后缘有褐鳞。前胸侧板具银白鳞簇，中胸侧板有亚气门鳞簇，无气门后区和气门下鳞簇，中胸腹侧板具上位和下后位鳞簇，后侧板鳞簇长条形，中部前弯。翅：翅型较窄但不长，翅鳞棕褐，前缘脉基端有一小白斑，前叉室长于后叉室，前叉室柄较长，叉柄指数1.38。平衡棒结节具褐鳞。足：前足基节有2白鳞簇，中、后足基节各有一发达白鳞簇。各股节末端有显著的膝白斑，前股和中股前面有少量散生淡鳞，腹面有淡色纵条，从基部伸至末端；后股前面基部约3/4有淡宽纵条，后面的白色区占全节长1/2~3/5，基部约1/5全部白色。前胫前面和中胫后面有淡色纵条，后胫后面中部也有少量淡鳞，或集聚成不明显的纵条。前跗节1~2和中跗节1~2 或1~3有基白环或白斑；后跗节1~4有基白环，节5全白色，或末端有几片暗鳞。腹：腹节背板棕褐色；节Ⅰ侧背片具有白鳞；节Ⅱ~Ⅶ有窄的基白带和侧白斑，但两者不相连。腹板Ⅱ~Ⅲ全白；节Ⅳ~Ⅵ黑褐色，有宽的基白带，节Ⅳ腹板除有基白带外，中央还有一短的白纵条；节Ⅶ腹板全暗。

雄蚊 触须与喙约等长，节2基1/2背面白色，节3有宽的基白环，节4~5基段腹面有白斑。尾器：腹节Ⅸ背板中部拱起，两侧叶略为突起，各具4~6根细刚毛。腹节Ⅸ腹板发达，近似方形。抱肢基节较窄，长为宽的3倍多，背基内区有少量刚毛。抱肢端节与基节约等长或略短，指爪位于亚末端。小抱器末端膨大，膨大部腹面有9~11根短粗而高度弯曲的刚毛，背面有众多细而长的刚毛。肛侧片发达，末端钝圆。阳茎端部和中部都有齿。

幼虫 头：头长与宽约相等。头毛1-C细长；4-C发达，分6~9枝；5-C和6-C都是单枝；7-C分2枝；8-9C单枝。颏板三角形，共有齿25个，顶齿较高但不大，侧齿除基部 2~3个远离外，其余各齿排列紧密。触角较短，不到头长的1/2，触角毛1-A位于近中央处之背侧，细单枝。胸：胸毛4-P分3枝，14-P分2~3枝。腹：腹毛Ⅰ~Ⅶ发达，分4~6枝，2-Ⅶ形小，分2枝。栉齿6~8个，各齿排列较为稀疏，基外侧有细缝。呼吸管基宽端窄，指数 2.1~2.5，长为基宽的1.9~2.0倍，为尾鞍长的3.2~3.7倍。梳齿11~14个，各齿基部有2~3个侧牙。呼吸管毛1-S位于末一个梳齿之后或之前的腹侧，分3~4枝。尾鞍完全，后缘无刺。腹毛1-X分2枝；2-X分2枝；3-X单枝； 4-X 8株，都位于栅区内，除4d-X分2枝外，其余都是单枝。肛腮为尾鞍长的3~4倍，末端钝圆。

[地理分布] 海南、云南。国外：印度、泰国（Huang，1972）。

[生态习性] 幼虫孳生于竹筒和树洞积水。

[分类讨论] 新白纹覆蚊成蚊与类黄斑覆蚊（*St. patriciae*）相似，但后者前股和中股前面无散生淡鳞。此外，两者雄蚊小抱器的形态也有明显区别。

幼虫与亚白纹覆蚊（*St. subalbopictus*）相似，但两者腹毛2-X的分枝和呼吸管毛1-S的着生位置不同。根据以上特征，两种容易区别。

类黄斑覆蚊 *Stegomyia patriciae* (Mattingly, 1954)

[*Aedes patriciae*]（图版26）

Aedes (Stegomyia) patriciae Mattingly, 1954, *Ann. trop. Med. Parasit.*, 48: 262. [模式产地：印度索伦 (Solan)]

Aedes (*Stegomyia*) *flavopictus* Yamada, 1921. Barraud, 1931, *Ind. J. med. Res.*, 19: 224; 1934, Fauna Br. Ind., Diptera 5: 239.(误订)

Aedes (*Stegomyia*) *patriciae* Mattingly, 1954. Huang, 1972, *Contrib. Am. ent. Inst.*, 9 (1): 26; Danilov, 1976, *Mosq. Syst.*, 8: 353.

Lu et al. (陆宝麟等), 1997, Editorial Committee of Fauna Sinica, Academia Sinica Fauna Sinica Insecta Vol. 8 Diptera: Culicidae (中国动物志，昆虫纲，第八卷，双翅目，蚊科), 1: 249-250.

Dong et al. (董学书等), 2010, The Mosquite Fauna of Yunnan China Volume 2: 85-86.

[鉴别特征] 中胸盾片翅基前和翅基上方有淡色和淡黄色窄鳞，平衡棒结节具褐鳞，后跗节 1~4 有基白环，节 5 末端腹面有褐鳞。幼虫胸、腹有不发达的星状毛；腹毛 1- Ⅶ和 2- Ⅶ分 4~5 枝；尾鞍不完全。

[形态描述] 检视标本：7♀♀，9♂♂，4L。

雌蚊 中型棕褐色而有银白斑纹之蚊。翅长2.8~3.1mm。头：头顶平覆褐色和银白宽鳞，白鳞在中央形成短纵条，向前伸至两眼间，头侧有一对白纵条，后头有少量褐色竖鳞，眼后缘有细的白鳞线。触角梗节密覆银白细鳞。唇基光裸。触须为喙长的1/6~1/5，末段约1/2白色。喙与前股节约等长或略长，棕褐色，腹面中部有淡鳞，但不形成纵线。胸：前胸前背片和后背片覆盖银白宽鳞，后背片上缘还有褐色窄鳞。中胸盾片覆盖棕褐色窄鳞，具中央银白纵条，纵条在近翅基水平变窄，变为淡黄色，在小盾前区分叉，叉枝两侧有一对淡黄中侧纵条。两侧翅基前有一小群淡黄窄弯鳞，翅基上方也有淡黄窄鳞，盾角上及其前缘有少量淡黄窄鳞。小盾片三叶都有银白宽鳞，中叶后缘还有暗鳞，侧背片覆盖银白宽鳞。前胸侧板具发达银白鳞簇，中胸侧板具亚气门鳞簇而无气门后区鳞簇；腹侧板具上位和下后位鳞簇；后侧板鳞簇长条形，中部前弯呈弧形。翅：翅型较短但不宽，翅鳞棕褐，前缘脉基端有一小白斑，前叉室明显长于后叉室，前叉室柄短，叉柄指数2.08。平衡棒结节具暗褐鳞。足：前足基节有2白鳞斑，中、后足基节具银白鳞斑。各股节均有显著的膝白斑，中股腹面和后面有白色区，基部约1/2宽，端1/2较窄；前股后腹面有一宽的淡色纵条，从基部伸至末端；后股除亚端部和背面有褐色区外全部白色。前胫和中胫腹面有淡色纵条。前跗节和中跗节1~2有基白环或白斑；后跗节1~4有基白环，节5全白。腹：腹节Ⅰ侧背片具白鳞，通常中央有白斑；节Ⅱ背板有或无基白带，节Ⅲ~Ⅵ有基白带，节Ⅱ~Ⅵ有基侧斑，两者不相连；节Ⅶ背板仅有基侧斑而无基白带，至多有一中央白斑。腹板节Ⅱ大部白色；节Ⅲ~Ⅵ深褐色而有宽的基白带；节Ⅶ腹板深褐色。

雄蚊 喙与前股节约等长，腹面常有少量淡鳞。触须与喙等长或略长于喙，节2背内侧有白斑，节3有完整的基白环，节4~5有不完整的基白环或仅为基白斑。尾器：腹节Ⅸ背板中部拱起，两侧叶不发达，各具2~4根细刚毛。抱肢基节较细长，背内基部有一群短刚毛。抱肢端节约为基节的4/5长，末端略膨大，有少量细毛，指爪位于近末端，长约端节长的1/5。小抱器末端膨大，其上有众多的长刚毛和9~12根叶状宽刺毛。肛侧片发育一般，末端钝圆。阳茎末段膨大并有齿。

幼虫 头：头长与宽约相等。头毛1-C细长，色淡；4-C较为发达，分9~13枝；5-C单枝；6-C单枝；7-C自基部分2枝；8-9C单枝。颏板三角形，较宽，共有齿25个，顶齿较大但不高，侧齿前7~8个较长，排列紧密，后4~5个较短而端尖，排列稀疏。触角约为头长的1/2，触角毛1-A位于近中部背面，细单枝。胸：胸、腹有星状毛，胸毛4-P和14-P都分为 3枝。腹：腹毛1-Ⅶ发达，分3~5枝；2-Ⅶ分6~7枝；腹毛1-Ⅷ和5-Ⅷ都分5~6枝。栉齿6~12个，各齿基部有细缕或细刺。呼吸管指数2~2.5，长为基宽的2.6倍，为尾鞍长2.9~3.1倍。梳齿8~12个，各齿基腹缘有2~3个侧牙。呼吸管毛1-S位于末一个梳齿之后，相距较远，并同在一水平线上，分3~5枝。尾鞍不完全，背后缘有几根小刺。腹毛1-X分2 ~3枝；2-X分2枝；3-X单枝；4-X 8株，都位于栅区内。肛腮约为尾鞍长的3倍，末端钝圆。

[地理分布] 云南、台湾（连日清，1978）。国外：印度、泰国、越南（Huang, 1972b）、马来西亚（Knight J，1978）。

[生态习性] 幼虫孳生于竹筒和树洞积水。

[分类讨论] 类黄斑覆蚊与分布于古北界的黄斑覆蚊（*St. flavupictus* Yamada, 1921）很相似，两者可靠的鉴别特征是平衡棒结节的鳞饰，前者为暗鳞，而后者则为淡色鳞，其他特征则无明显区别。

叶抱覆蚊 *Stegomyia perplexus* (Leicester, 1908) [*Aedes perplexus*]（图版 27~28）

Stegomyia perplexus Leicester, 1908, Cul. Malaya, p. 85.（未阅）[模式产地：马来西亚吉隆坡 (Kuala Lumpur)]

Aedes (*Stegomyia*) *mediopunctatus perplexus* (Leicester, 1908). Mattingly, 1965, Cul. Mosq. Indomalay. Area, Ⅵ : 46.

Huang, 1973, *Proc. ent. Soc. Wash.*, 75: 231; Huang, 1977 , *Contrib. Am. ent. Inst.,* 14 (1) ; Lei（雷心田）, 1989, Mosq. Fauna Sichuan（四川省蚊类志）, p. 118.

Lu et al.（陆宝麟等）, 1997, Editorial Committee of Fauna Sinica, Academia Sinica Fauna Sinica Insecta Vol. 8 Diptera: Culicidae（中国动物志，昆虫纲，第八卷，双翅目，蚊科）, 1: 233-234.

Dong et al.（董学书等）, 2010, The Mosquite Fauna of Yunnan China Volume 2: 74-75.

[鉴别特征] 触须末段具白鳞。中胸盾片有前宽后窄的淡色中央纵条；小盾前区无中侧短纵线；小盾片中叶具白鳞，侧叶具褐鳞，或一侧杂有白鳞。翅基前有一大白斑。后跗节 5 除腹面可有褐色纵线外，全部白色。幼虫栉齿生在骨片上，尾鞍后缘背内角有粗尖刺。

[形态描述] 检视标本：19♀♀，18♂♂，8L。

雌蚊 中型棕褐色而有白色斑纹之蚊。翅长2.7~2.9mm。头：头顶平覆褐色和白色宽鳞，白鳞在中央形成一宽短纵斑，前伸至两触角梗节，后延到后头。头侧平覆褐色宽鳞，各有一淡色纵条，褐鳞下面有白鳞斑。眼后缘有白鳞线。触角梗节密覆银白细鳞。触须为喙长的1/4，黑褐色，末段1/4~1/3背面有白鳞。喙与前股节约等长，黑褐色，末1/2腹面常有淡纵线。胸：前胸前背片和后背片都有银白宽鳞，后背片上缘杂有少量褐窄鳞。中胸盾片覆盖棕褐或黑褐色窄鳞和细鳞，中央有由白鳞形成的前宽后窄逐渐变细的纵条，从前端向后伸达至小盾前区分叉。翅基前有一银白大斑。小盾片中叶具银白宽鳞，侧叶具褐宽鳞或杂有少量淡鳞。前胸侧板具银白鳞簇，中胸侧板有气门后区和亚气门区鳞簇，腹侧板具上位和下后位鳞簇，后侧板鳞簇也很发达。翅：翅型较为狭长，翅鳞深褐，前缘脉基端有一小白斑，前叉室明显长于后叉室，前叉室柄短，叉柄指数1.56。平衡棒结节具黑褐细鳞。足：各足基节均有银白鳞簇。前股前面基段有淡色纵线，后腹面具淡白纵条；中股后腹面具白纵条，在基段可扩展到背面；后股基段2/3淡白色，端 1/3背面和后面褐色，其余白色。中股和后股有膝白斑。各胫节基部腹面有一短的白色区。前跗节和中跗节1有基白环，节2有基白环或白斑；后跗节1~2有基白环，节3全暗，节4全白色，节5基部背面白色。腹：腹节背板黑褐色，节Ⅰ侧背片覆有白鳞，节Ⅱ~Ⅶ有银白基侧斑，节Ⅱ~Ⅶ有与基侧斑不相连的基白带。腹节腹板褐色，节Ⅱ~Ⅵ有基白带，节Ⅶ褐色。尾器：腹节Ⅷ背板前端略宽于后端，近似方形；前后缘均为平齐，或后缘微内凹，后4/5密覆羽鳞，后端缘有9~10根排列整齐，并约等长的刚毛，另有少量细毛和羽鳞。腹节Ⅷ腹板前窄后1/3处外凸，后端中部略高，中央处有一宽而较深裂缝，裂缝两侧密生细刺毛，后缘两侧各有6~7根长刚毛，在裂缝两侧中部密覆羽鳞，并生有稀疏的细刚毛。1-4-S纵向排列，并约等长。腹节Ⅸ背板横宽大于纵长，前端较窄，后两侧后凸成三角状，中部内凹，两侧突各有细毛4~5根。英岛片纵长与横宽相等，后端略宽于前端，瘤突3~4个。上阴唇和下阴唇均为宽带状，带宽且长。生殖腔宽大，上阴片发达，条状，平直内伸，有少量网纹，受精囊突起大而圆，针突细而较少，但明显。生殖后叶基部略宽于端部，后缘平齐或略外凸，亚端部两侧各有3根细长刚毛，成三角形排列，其中内侧一根最长。尾须较短，基宽端窄，外缘半弧形，后端缘有5~6根长刚毛和密生的短毛，背、腹面均无鳞片。受精囊3个，1大2小。

雄蚊 触须比喙略长，节2基部背面及节4和节5内腹面有白斑，节4有宽的基白环。腹节Ⅶ背板无基白带，仅有基侧斑，节Ⅷ背板大部白色。后跗节4末端褐色。尾器：腹节Ⅸ背板中部拱弧形，侧叶不发达，各具2~3根细刚毛；腹板近似方形，宽而长。抱肢基节和端节的形态与马立覆蚊相似。小抱器末端膨大，其上有众多刚毛，背区的长，腹区的短，腹区除刚毛外还有8~10根粗刺毛，其中腹面一根长而较粗。肛侧片发达，中度角化，末端钝圆。阳茎基部膨大，末段具齿。

幼虫 形态特征与马立覆蚊和中点覆蚊很近似。头：头毛1-C细长；4-C分5~8枝，5-C单枝；6-C分2枝；7-C分2~3枝。触角约为头长的1/2，触角毛1-A位于近中部背内侧，细刺状。胸腹：有不发达的星状毛。胸毛7-M分2枝，9-M和9-T单枝。栉齿4~6个，生在一骨片上，各齿基部有细侧刺。呼吸管指数2.6~2.9，长为基宽的2.5~2.7倍，为尾鞍长的3.2~3.6倍。梳齿8~12个，基部各有2~5个侧牙。呼吸管毛1-S位于管末1/3处，末一个梳齿之后，并和它在同一水平线上，通常分3~4枝，分枝具细侧芒。尾鞍后缘背内角有尖长刺。腹毛1-X分2~3枝；2-X分2枝；3-X单枝；4-X 8株，位于栅区内。肛腮长，为尾鞍的3~4倍，末端钝圆。

[地理分布] 云南、四川。国外：马来西亚、泰国（Huang，1977a）。

[生态习性] 幼虫孳生于竹筒积水。

[分类讨论] 叶抱覆蚊和马立覆蚊及中点覆蚊很相似，如上所述，三个种的可靠鉴别是雄蚊小抱器的形态，除此之外，根据云南标本，以下特征可供鉴别参考：①马立覆蚊小盾前区有一对短的中侧纵线，其他两种无此纵线。②叶抱覆蚊雄蚊腹节Ⅸ背板大多为拱弧形，其他两种为狭带状。③叶抱覆蚊幼虫尾鞍后缘背内角的粗刺长而尖，很少有钝刺，其他两种则多为钝刺，至少杂有钝刺。

云南标本上述三种覆蚊小盾片侧叶都是覆盖褐鳞，至多在一侧杂有几片淡褐鳞，这与国内其他省的标本有所不同。

伪白纹覆蚊 *Stegomyia pseudalbopictus* (Borel, 1928)

[*Aedes pseudalbopictus*]（图版 29~30）

Stegomyia pseudalbopictus Borel, 1928, *Arch. Inst. Pasteur Indochine*, 7: 85 [模式产地：越南红河]

Aedes (*Stegomyia*) *pseudalbopictus* (Borel), 1928. Barraud, 1931, *Ind. J. med. Res.*, 19: 233; 1934, Fauna Br. Ind., Diptera 5: 235; Huang, 1972, *Contrib. Am. ent. Inst.*, 9 (1): 18; Chen (陈汉彬), 1987, Mosq. Fauna Guizhou (贵州蚊类志), Ⅰ: 124; Lei (雷心田), 1989, Mosq. Fauna Sichuan (四川省蚊类志), p. 119.

Lu et al. (陆宝麟等), 1997, Editorial Committee of Fauna Sinica, Academia Sinica Fauna Sinica Insecta Vol 8 Diptera: Culicidae (中国动物志，昆虫纲，第八卷，双翅目，蚊科), 1: 251-252.

Dong et al. (董学书等), 2010, The Mosquite Fauna of Yunnan China Volume 2: 87-88.

[鉴别特征] 中胸盾片翅基前具银白窄弯鳞，有气门后区和亚气门区鳞簇，小盾片前缘及光裸区两侧有褐色宽鳞。幼虫呼吸管有游离的管基突，栉齿不超过 8 个，

间距较宽。

[形态描述] 检视标本：26♀♀，29♂♂，13L。

雌蚊 中型棕褐色而有银白斑纹之蚊。翅长2.7~3.1mm。头：头顶平覆黑褐色和银白色宽鳞，白鳞在中央形成银白纵条，向前伸至触角梗节间，头侧各有一短白纵条，下腹面有白鳞区，眼后缘有窄的白鳞线，后头有几片褐色竖鳞。触角梗节内缘密覆细白鳞。唇基光裸。触须为喙长的1/5，背面末段1/2和腹面1/4银白色。喙与前股节约等长，腹面中央有少量淡鳞，但不形成明显的纵线。胸：前胸前背片和后背片均有银白宽鳞，后背片上部还有棕褐色窄鳞。中胸盾片棕褐色或棕黄色，正中银白纵条在翅基前突然变细或中断，小盾前区的分叉作倒的"Y"形，叉枝外侧有一中侧短纵线，此纵线有的不清晰或为断断续续，翅基前有一小簇淡白细窄鳞，并常杂有褐色或棕色细窄鳞。小盾片三叶都覆盖银白宽鳞，中叶后缘有褐鳞，小盾片前缘、光裸区两侧有褐色宽鳞。侧背片具一发达的银白鳞簇。前胸侧板具白鳞簇，中胸侧板有气门后区和亚气门区鳞簇，前者与侧背片的鳞簇连在一起；腹侧板具上位和下后位鳞簇；后侧板鳞簇长条形，中部前弯作"＜"形。翅：翅型较短宽，翅鳞棕褐，前缘脉基端有一小白斑，亚基部后缘常有白斑或淡鳞，前叉室长于后叉室，叉柄指数1.40。平衡棒结节具褐鳞。足：前足基节有2白鳞斑，中、后足基节都有白鳞簇。各股节都有膝白斑。前股基段约1/2前面有一淡色纵线，后腹面有基宽端窄白纵条。中股前腹缘有贯穿全长的淡色纵条，后腹面基段1/2有淡鳞区，端1/2为淡色纵线。后股基段除背面有一褐色纵线外全部淡白色，端部1/3~1/2为褐色。前胫腹面有白纵线，中胫腹面有的也有白纵线。前、中跗节1~2有完整或不完整的基白环；后跗节1~4有完整的基白环，节5全白，或末端有少量褐鳞。腹：腹节背板黑褐色；节Ⅰ侧背片具银白宽鳞；节Ⅱ有不完整的基白带；节Ⅲ~Ⅶ有完整的基白带，节Ⅶ有的只是白斑，节Ⅱ~Ⅶ有发达的侧白斑，但与基白带不相连。腹板褐或黑褐色，节Ⅱ~Ⅲ全部或大部淡白色；节Ⅳ~Ⅴ有宽的基白带；节Ⅵ有亚基白带；节Ⅶ仅后缘有少量淡鳞。尾器：腹节Ⅷ背板前端宽后部渐窄，呈"塔"形，后1/2中部有羽鳞及细刚毛，后缘有5~6根较长，其余短而细。腹节Ⅷ腹板前与后约等长宽，后中部略后凸，中央有一较浅的裂缝，裂缝两侧密生细刺毛，腹板后缘有密生、长短不等的刚毛，后3/4中部除有刚毛外，还有羽鳞分布。1-4-S纵向排列，并由前至后逐渐外移。腹节Ⅸ背板密生微刺，前端略窄，后端略宽，两侧向后向外凸出，末端增厚，生有4~5根小毛，后缘中部略呈弧形。英岛片前端略窄，后部较宽，长条形，瘤突4~5个。上阴唇和下阴唇均为带状。上阴片发达，基宽端窄，斜三角形。受精囊突起不甚明显，针突细而密。生殖后叶基部略宽，端部较窄，长方形，端后缘内凹呈弧形，两端各有2根细刚毛，外侧一根较短，内侧一根略长。尾须粗壮，内侧直，外侧弧形，端部后凸，端后缘生有较多的刚毛，其中有5~6根粗而长，其余均为短毛。受精囊3个，1大2小。受精囊孔不明显。

雄蚊 触须比喙略长，节2~3有基白环，节4~5基腹面有白斑。腹节背板节Ⅱ和节Ⅶ无基白带，节Ⅱ有的有中央白斑。尾器：腹节Ⅸ背板中部拱起，侧叶隆起，各具5~9根刚毛；腹板后缘较平直，近似方形。抱肢基节长为宽的3.1~3.5倍，基内侧有一群短刚毛。抱肢端节细长，指爪位于近末端，长为端节的约1/5。小抱器细长，末段削尖，近中部背外侧有一刺状毛，其后部有众多的长刚毛，愈近末端的刚毛愈长。肛侧片发达，末端钝圆。阳茎端部具齿，中央几齿较长。

幼虫 头：头近似椭圆形，长与宽约相等。头毛1-C细但不很长；4-C分7~11枝；5-C单枝；6-C自基部分2枝；7-C分2~3枝；8-9C简单。颏板三角形而较宽，共有齿25个，顶齿较大但不很高，侧齿前9~10个细长，排列紧密，后3~4个端尖，排列稀疏。触角较细，不到头长的1/2，触角毛1-A生于触角近中部之背侧，单枝。胸：胸毛4-P和14-P形小，不到5-P的1/4长，分2枝；7-T分3枝；9-12M和9-12T的瘤刺发达，长而尖。腹：栉齿5~8个，各齿基外侧有细缝。呼吸管有游离的管基突，通常很小，卵圆形，有的不易看到。呼吸管指数2.1~2.5，长为基宽的1.9~2.3倍，为尾鞍长的2.1~3.4倍。梳齿4~7个，排列间距宽而不相等，各齿基腹缘有3~5个侧牙。呼吸管毛1-S位于管末近1/3处腹侧，与末一个梳齿在一水平线上，分3~4枝。尾鞍不完全。腹毛1-X分2~3枝；2-X分2枝；3-X单枝；4-X 8 株，位于栅区内。肛腮宽而厚，为尾鞍长的3~4倍，末端钝圆。

[地理分布] 云南、江苏、浙江、江西、湖南、福建、海南、广西、四川、贵州、安徽。国外：印度、缅甸、马来西亚、印度尼西亚、泰国、越南（Huang，1972）。

[生态习性] 幼虫孳生于竹筒、树洞及各种人工容器积水。伪白纹覆蚊是云南森林地区和河谷地区的常见蚊种，其分布范围和种群数量仅次于白纹覆蚊，季节消

长和密度高峰期也与白纹覆蚊相似。在森林边缘尤其是竹林地区，常遇雌蚊叮人。

[分类讨论] 伪白纹覆蚊的鉴别特征在白纹覆蚊亚组中是比较明显的一种，依据成蚊翅基前的窄白鳞、雄蚊小抱器的形态以及幼虫呼吸管有游离管基突等特征，不难与其他种区别。

本种翅基前的窄白鳞群常有个体变异，有的有明显的窄白鳞簇，有的则仅有少量窄白鳞并杂有棕褐窄鳞。小盾片中叶有的全白色，有的仅后缘有暗鳞或白、暗鳞杂生。

西托覆蚊 *Stegomyia seatoi* (Huang, 1969) [*Aedes seatoi*]（图版 31）

Aedes (*Stegomyia*) *seatoi* Huang, 1969, *Proc. ent. Soc. Wash.*, 71: 234. [模式产地：泰国春武里 (Chon Buri)]

Aedes (*Stegomyia*) *seatoi* Huang, 1969. Huang, 1972, *Contrib. Am. ent. Inst.*, 9 (1): 32; Lei (雷心田), 1989, Mosq. Fauna Sichuan (四川省蚊类志), p. 120.

[鉴别特征] 中胸盾片侧缘翅基前有一宽白鳞簇，盾角和翅基前各有一对窄鳞形成的白斑，腹节Ⅰ背板具中央白斑。幼虫腹毛 2- Ⅶ分 5~8 枝。

[形态描述] 检视标本：2♀♀，2♂♂，1L。

雌蚊 中型蚊虫。头：触须与喙一致暗黑色，约为喙的1/5长，触须前段1/2有白鳞。胸：中胸盾片覆盖暗黑窄鳞，具中央白纵条，从前端伸达中部中断，接着在小盾前区呈倒“丫”形。在中央纵白条两侧各有：①一短后亚中纵线；②后亚中纵线前白窄鳞斑；③盾角白窄鳞斑；④侧缘翅基前宽白鳞簇。前胸后背片具大白宽鳞簇，后背面有暗黑窄鳞。气门后区无鳞簇，气门亚区具淡色鳞。翅：翅鳞全部暗黑，仅在前缘脉基部有一小白点。平衡棒具暗黑鳞。足：各足股节都有膝白斑；前股和中股暗黑，前面有散生白鳞，后面色较淡；后股前面具宽白纵条向基变宽。前跗节和中跗节1~3有基白环；后跗节1~4有基白环，节5全白。腹：腹节Ⅰ侧背片覆盖白鳞；节Ⅱ~Ⅶ背板有基白带，两侧等宽，节Ⅱ具中央白斑。节Ⅰ~Ⅲ腹板大部覆盖白鳞，节Ⅳ~Ⅵ的腹板有基白带。

雄蚊 与雌蚊近似。触须比喙略长，节2~3有白环，但节4~5的白环不完全。腹节背板的基白带接近平齐。尾器：节Ⅸ背板后缘呈圆弧形，无锯齿，侧叶小，各具5~6根刚毛。抱肢基节基内缘有一片刚毛。抱肢端节长，约为基节的3/4长，末端有少数刚毛。指爪亚端位。小抱器杆状，末段1/4密生刚毛，端部的较为粗长。

幼虫 头：触角毛1-A位近中部，单枝。头毛4-C发达；5-6C单枝，6-C位于4-C和5-C之间，而略近5-C；7-C分2枝。胸腹：腹毛2-Ⅶ分5~6枝。栉齿6~10个，排列成单行。呼吸管短，指数1.5，长为基宽的1.3倍，为尾鞍长的2.0倍。无管基突。梳齿8~12个。呼吸管毛1-S分4枝，位于中部之后。尾鞍不完全。腹毛1-X分2~4枝；2-X分2枝；3-X单枝；4-X 8株。肛鳃棱状，比尾鞍长。

[地理分布] 四川、云南。国外：泰国（Huang，1972）、老挝（Dong，2015）。

[生态习性] 幼虫采自铁锅积水（雷心田，1989）、竹筒。国外报道孳生在竹筒和香蕉树叶腋积水（Huang，1972）。

[分类讨论] 本种与白纹覆蚊比较近似。两者的成蚊在中胸盾片侧缘翅基前都有一宽白鳞簇，但后者无盾角和后亚中线前白斑，腹节Ⅱ背板也无中央白斑。此外，白纹覆蚊雄蚊腹节Ⅸ背板峰状，具中央突起，与本种覆蚊完全不同。

两者幼虫的区别在于腹毛2-Ⅱ的分枝，白纹覆蚊的通常单枝，本种的分5~6枝。此外，前者的头毛6-C末段通常分2枝，而后者的为单枝。

西伯利亚覆蚊 *Stegomyia sibiricus* (Danilov et Filippova, 1978)[*Aedes sibiricus*]（图版32）

Aedes (*Stegomyia*) *sibiricus* Danilov et Filippova, 1978, *Parasitologyia*, 12: 170. [模式产地：西伯利亚]

Aedes (*St.*) *sibiricus* Danilov et Filippova, 1978, Lu & Chen (陆宝麟，陈继寅), 1983, *Acta Zootaxy. Sin.* (动物分类学报), 8: 208.

[鉴别特征] 成蚊与缘纹覆蚊近似，但后跗节3~4几乎全白而节5暗色，雄蚊小抱器火炬状，膨大部分有很多细长刚毛和较短宽刚毛，细长刚毛多集中在端角。

幼虫与缘纹覆蚊无明显区别，见分类讨论。

[形态描述] 检视标本：19♀♀，8♂♂，11L。

雌蚊 中型蚊虫。头：头鳞属亚组形式而头侧大部平覆白宽鳞，通常中部有黑色纵条，后头竖鳞深褐、褐色或淡色。喙和前股接近等长，深褐色。触须约为喙的1/5长，末段1/3~3/5背面白色。胸：前胸前背片和后背片覆盖白宽鳞，后背片上部有白色窄鳞。中胸盾片覆盖深褐细鳞和白弯鳞，后者形成一中央纵条，末段稍细，在小盾前区分叉；沿盾角有淡弯弧状前侧纵条，在盾片中部内弯，形成后亚中纵条，伸达小盾片；翅基前有大片银白宽鳞，延伸到气门之上，其后有一簇弯鳞；小盾中叶末端通常无黑鳞；侧背片有宽白鳞簇。有气门后区和亚气门鳞簇，后者发达，并有相连的纵横两簇。翅：翅鳞深褐色，仅前缘脉基端有一白点。平衡棒结节具淡色鳞。足：深褐到黑色，各足股节都有膝白斑。前股腹面、中股后面和腹面有不同程度的白色区；后股前面除亚端暗色区及向基部延伸的背纵线外，大部白色，后面仅基部1/2白色。胫节黑色。前跗节1~2 有基白环或白斑；中跗节1有基白环，节2几乎全白；后跗节1~2有基白环，节3~4几乎全白，节5深褐色。腹：背板深褐色；节Ⅰ侧背片覆盖白鳞，中央有少数淡色鳞；节Ⅱ~Ⅶ有侧白斑，节Ⅲ~Ⅵ并有基白带，基白带不和侧斑相连，节Ⅱ中央也可有少数白鳞。节Ⅱ~Ⅵ腹板深褐色而有宽基白带。

雄蚊 触须和喙接近等长，节2~5有白环或白斑。中跗节2仅有基白环。尾器：腹节Ⅸ背板拱凸，侧叶具几根刚毛；节Ⅸ腹板发达，无特殊构造。抱肢基节长约为宽的3倍，背内区有10多根刚毛。抱肢端节比基节略短，末段有细毛；指爪位近末端。小抱器火炬状，侧面观，膨大部分的外角突出。膨大部分具末端弯曲的细长刚毛和较短的宽刺状刚毛，细长刚毛都位于端角区，与位于其余部分的粗短刚毛分开。这些刚毛的形状和分布是与缘纹覆蚊唯一的明显区别：缘纹覆蚊小抱器的形态虽然类似本种，但细长和粗短刚毛均匀分布，并无如上突出的细长刚毛。

幼虫 头：触角不到头的1/2长，1- A位于中央稍前。头毛6-C从基部分为2枝，7-C分2~3枝。胸腹：有发达的星状毛。胸毛4-P和14-P分2~3枝，很少分4枝；5-Ⅷ分6~22枝。栉齿6~12个。呼吸管无管基突，指数2.7~3.3，长为基宽的2.6~3.6倍，为尾鞍长的3.1~3.7倍。梳齿9~17个，有侧牙。呼吸管毛1-S位于中央之前，分3~7枝。尾鞍完全或不完全，背内角有细刺。腹毛1- X多数分2（1~4）枝；2-X分长短2枝；3-X

单枝；4-X 8株。肛鳃可达尾鞍的3倍长，末端圆钝，背鳃和腹鳃通常不等长。

[地理分布] 黑龙江、吉林、辽宁。国外：苏联（Danilov and Filippova，1978）。

[生态习性] 幼虫孳生在树洞积水。

[分类讨论] 西伯利亚覆蚊与缘纹覆蚊非常近似，但后跗节的白色区和雄蚊小抱器的形态不同，已如上述。两者幼虫无明显区别，虽然据Danilov和Filippova的描述，腹毛1-X比尾鞍长，而缘纹覆蚊的则比尾鞍为短，但由于这毛的长短可有变异，因而正确鉴定尚需检视雄蚊尾器。

亚白纹覆蚊 *Stegomyia subalbopictus* (Barraud, 1931)[*Aedes subalbopictus*]（图版 33~34）

Aedes (*Stegomyia*) *subalbopictus* Barraud, 1931, *J. med. Res.*, 19: 225. [模式产地：印度孟买贝尔高姆](Belgaum, Bombay)

Aedes (*Stegomyia*) *subalbopictus* Barraud, 1931. Barraud, 1934, Fauna Br. Ind., Diptera 5: 238; Huang, 1972, *Contrib. Am. ent. Inst.*, 9(1): 35; Lei (雷心田), 1989, Mosq. Fauna Sichuan (四川省蚊类志), p. 121.

Lu et al. (陆宝麟等), 1997, Editorial Committee of Fauna Sinica, Academia Sinica Fauna Sinica Insecta Vol. 8 Diptera: Culicidae (中国动物志，昆虫纲，第八卷，双翅目，蚊科), 1: 254-255.

Dong et al. (董学书等), 2010, The Mosquite Fauna of Yunnan China Volume 2: 88-90.

[鉴别特征] 中胸盾片翅基前方和上方有窄白鳞；盾片正中银白纵条在翅基附近突然变细为线状，中足股节前面无散生淡鳞。雄蚊小抱器末端向一侧膨大，腹面有一列叶状刺。幼虫尾鞍完全，胸毛 4-P 分 3~4 枝，呼吸管毛 1-S 和末一个梳齿位于同一水平线上。

[形态描述] 检视标本：28♀♀，29♂♂，14L。

雌蚊 中型棕褐色而有白色斑纹之蚊。翅长2.7~3.1mm。头：头顶平覆深褐和银白宽鳞，白鳞在中央形成纵条，前伸达触角梗节，后延至后头，头侧各有一银白短纵斑，下腹面有白鳞区，眼后缘有短的白鳞线，后头有一排褐色竖鳞。触角梗节密覆银白细鳞。唇基光裸。触须深褐色，为喙长的1/6~1/5，端1/2背面和腹面1/4白色。喙与前股节约等长，一致棕褐色。胸：前胸前背片和后背片具银白宽鳞，后背片上缘还有棕褐细鳞。中胸盾片密覆棕褐或黑褐色细鳞和窄弯鳞，具较宽的中央银白纵条，后伸至翅基附近水平骤然变为略带黄色的细线，在小盾前区分叉，在叉枝外侧有一对同样颜色的短纵条。小盾片三叶都密覆银白宽鳞，中叶后缘有少量暗鳞。翅基前和翅基上方有淡色窄鳞，并常相连形成一短的纵条，但不与侧背片和其他鳞簇相连。盾角上及其前缘常有几片淡色细鳞。前胸侧板具银白鳞簇；中胸侧板有亚气门鳞簇，无气门后鳞簇；腹侧板具上位和下后位鳞簇；后侧板鳞簇长条形，中部前弯；侧背片密覆银白鳞簇。翅：翅型较为短钝，翅鳞棕褐，前缘脉基端有一小银白斑，前叉室明显长于后叉室，前叉室柄短，叉柄指数1.69。平衡棒结节具褐鳞。足：前足基节有2白鳞斑，中、后足基节都有鳞簇，各股节均有显著的膝白斑。前股前面基段约1/3有一短淡色纵线，后腹面全部淡白色；中股腹面淡白色，基段的白色区可扩展至前面；后股末端前面约1/4，后面约1/2褐色，基段除有一褐色背线外全部淡白色。前胫腹面淡白色，中、后胫一致褐色。前跗节1~2和中跗节1~2有基白环；后跗节1~4 有宽的基白环，节5全白色，或在末端有几片褐鳞。腹：腹节背板黑褐色；节Ⅰ侧背片具银白宽鳞；节Ⅱ~Ⅶ背板通常都有侧白斑，节Ⅱ~Ⅵ背板有基白带。但各背板的白带变化很大，通常有以下几类：①节Ⅱ~Ⅲ褐色，节Ⅳ~Ⅵ有完整的基白带，节Ⅶ具基白斑；②节Ⅱ仅中央有少量淡鳞，节Ⅲ~Ⅵ有不完整的基白带，节Ⅶ具基白斑；③节Ⅱ基部有少量淡鳞，节Ⅲ有不完整的基白带，节Ⅳ~Ⅵ有完整的基白带，节Ⅶ具基白斑；④节Ⅱ中央有白鳞，节Ⅲ~Ⅵ有完整的基白带。腹板棕褐色，节Ⅱ~Ⅵ有宽的基白带，节Ⅶ棕褐色。尾器：腹节Ⅷ背板前宽后窄，前、后缘均为平行，或后缘微凸，周边及背面仅有少量刚毛，其中后缘有5~6根长刚毛，后部1/4处有少量羽鳞。腹节Ⅷ腹板前、后端约等宽，后部中央有一深裂缝，长为腹节Ⅷ纵长的1/2以上，裂缝两侧及后端密生刺毛，其中后缘有粗而较长的刚毛18~20根，其余为短刺毛，在腹板中部两侧有少量羽鳞。1-4-S横向排列。腹节Ⅸ背板与圆斑覆蚊近似。英岛片发达，后端略宽，前端较窄，瘤突4~5个。上阴唇与下阴唇带状。上阴片短但较宽，内伸的端部有网纹。受精囊突起宽而圆，针突较少但明显。生殖后叶基1/2宽，端1/2窄，端后缘后突呈弧形，两侧各有一对内、外排列的长刚毛。尾须较短，内缘直，外缘中部外凸呈弧形，后端及外缘有较多的刚毛，其中后缘有4~5根粗长刚毛，其余部分有短刚毛，背面中部有几片羽鳞。受精囊3个。

雄蚊 触须与喙约等长，节2~3有基白环，节4~5有基白环或白斑。腹节Ⅷ背板银白色。尾器：腹节Ⅸ背中部拱起呈弯弧状，末缘有细毛，无细刺。侧叶隆起，各具5~6根刚毛。腹板近似方形。抱肢基节较细长，基段较宽，端段较窄，近中部内缘有一隆起，其上有4~6根刚毛。抱肢端节细长，为基节的3/4长，末端有少量细刚毛，指爪位于亚端部，约为端节长的1/5。小抱器干柄粗壮，末端向一侧膨大，并有众多端弯的刚毛；腹面有一列叶状刺毛，各毛具明显的毛基，有的端尖，有的端钝呈棒状，并约等长。肛侧片发达，端部膨大，末端钝圆。阳茎基窄端宽，端部具齿，中部有侧齿。

幼虫 头：头毛1-C细而长；4-C分6~9枝；5-C和6-C单枝；7-C分2~3枝；8-9C单枝。颏板三角形，较窄，共有齿23个，除基部的一齿端尖而较小外，其余各齿约等大并等距排列。触角不到头长的1/2，触角毛1-A位于近中部背侧，单枝。胸：胸毛4-P分4~5枝，具侧芒；14-P形小，分2枝。腹：腹毛1-Ⅶ通常2~3枝，2-Ⅷ也分2~3枝。栉齿6~9个，各齿基部有细缝。呼吸管指数2.1~2.4，长为基宽的1.8~2.2倍，为尾鞍长的2.8~3.3倍。梳齿6~11个，各齿基腹缘有侧牙2~4个。呼吸管毛1-S位于末一个梳齿之后，并同在一水平线上，分3~4枝。尾鞍完全，后缘有不明显的细刺。腹毛1-X分2~3枝；2-X单枝或分2枝，若分2枝则为一长一短； 3-X单枝；4-X 8株，全部位于栅区内。肛腮肥厚，长为尾鞍的2.5~3.0倍，末端钝圆。

[地理分布] 云南、海南、四川。国外：印度（Barraud，1934）、老挝（Dong，2015）。

[生态习性] 幼虫孳生于树洞、竹筒及各种人工容器积水，并常与白纹覆蚊、伪白纹覆蚊共生。

亚白纹覆蚊也是云南山区、河谷及森林地区的常见蚊种，其地理分布与季节消长与白纹覆蚊相似，但种群数量较少。据 1994~1996 年在勐腊、景洪两地的调查，8~9 月的捕获数占捕获覆蚊总数的 8.2%~11.4%。在竹林地区白天也常遇雌蚊叮人。

[分类讨论] 亚白纹覆蚊成蚊的外部形态与伪白纹覆蚊近似，两者中胸盾片翅基前和翅基上方都有淡色或白窄弯鳞，但伪白纹覆蚊中胸侧板有气门后鳞簇，小盾片前缘及光裸区两侧有褐色宽鳞，加之幼虫呼吸管有游离管基突，根据这些特征，两者不难区别。

本种幼虫与新白纹覆蚊相似，两种的主要区别在于腹毛 2-X 的分枝数和呼吸管毛 1-S 的着生位置。前者 2-X 单枝，1-S 位于末一个梳齿之后并同在一水平线上；后者 2-X 分 2 枝，1-S 位于末一个梳齿腹面。

双柏覆蚊 新种 *Stegomyia shuangbaiensis* New Species（图版 35~36）

[鉴别特征] 成蚊中胸盾片正中纵条在小盾前区突然间断，翅基前有宽白鳞和细小白鳞。雌蚊尾器生殖后叶端后中央有一凹陷。雄蚊尾器小抱器有 9~11 根宽刺。幼虫胸、腹部有发达的星状毛。

[形态描述] 检视标本：19♀♀，14♂♂，21L。

雌蚊 中型黑色而有银色斑纹之蚊。翅长3.2~3.7mm。头：头顶平覆黑褐宽鳞，中央银色纵条明显，自后头直伸至两触角梗节之间，眼后缘有闪光的细鳞线，与两侧的白纵条相连，两颊具白鳞斑。触角梗节外被银色细宽鳞。唇基黑褐色，光裸。触须端部1/2~2/3 银白色。喙黑褐色。胸：前胸前背片和后背片均密覆银白宽鳞，中胸盾片密覆黑褐色细鳞和深色刚毛，翅上区细鳞略淡，银色正中纵条较宽，前伸至盾片后2/3处突然间断，光裸区两侧的白色短纵线和后背亚中短纵线细而不明显，有的标本此纵线仅被少数淡鳞所代替。小盾片三叶都密覆银白宽鳞，中叶后端有少量暗鳞，盾片侧缘无完整银色纵条。前胸后背片鳞簇与侧背片鳞簇有明显间隔。前胸侧板、中胸前侧板及后胸侧板均有发达的银白鳞簇，但无气门后鳞簇。翅基前上位具银色宽鳞和小宽鳞。翅：前缘脉基端具白鳞斑，腋瓣后缘具暗色羽鳞，前缘脉、亚前缘脉具暗色宽鳞，其余各纵脉具暗色窄羽鳞。足：前中股节腹面1/3 ~1/2淡色，后股基部1/4完全淡色，背面端4/5和腹面1/2各有一暗色纵条，各股节末端背面均有明显的膝斑。前跗节1~2具基白斑，节3~5全暗；中跗节1~2具基白环，节3~5 全暗；

后跗节1~4具宽的基白环，其中节4基白环为节4全长的2/3~4/5，节5全白色。平衡棍结节具暗色细鳞。腹：腹节背板密覆黑褐色宽鳞；节Ⅱ基中有少量淡鳞，节Ⅲ~Ⅵ具较窄的基白带，节Ⅶ基中有少量淡鳞，节Ⅷ全暗，节Ⅱ~Ⅶ背板具侧白斑并与基横带相连。节Ⅱ~Ⅶ 腹板具宽基白横带，并在两侧后延形成侧斑，节Ⅱ~Ⅶ的基横带中部后凸与侧斑共形成一“T”字形白斑。尾器（图版36）：腹节Ⅷ背板较窄，后缘弧形，有稀疏的少量刚毛和羽鳞；腹板宽于背板，近似方形，后端中央有一“U”字深凹，其深度占腹节纵长的1/2，深凹两侧密集细刚毛和少量羽鳞，腹板后缘的刚毛较短而细，中部有少量羽鳞，刚毛稀疏。生殖后叶“塔”形，后缘中央有一“U”形小凹，凹的外及前侧各有一长刚毛，前部背面有8~10根短刚毛，有基中内突，副腺管基粗厚色深。上阴唇、下阴唇发达。上阴片内伸部分厚薄不均。受精囊针突细而密。英岛片有瘤突。受精囊3个，1个较大，2个较小。尾须较短，前宽后窄，无鳞。腹节Ⅸ背板，前窄后宽，两侧叶不发达，后端具细毛4~5根。

雄蚊 一般外部形态与雌蚊相似。尾器：腹节Ⅸ背板发达，中央后凸，山峰状，侧叶发达，各具4~5根小毛。 肛侧片发达，后端色深。阳茎两侧板各具端齿11~13个，无基侧齿。小抱器发达，肘状，中部略内凹，腹面具一行粗扁刺，9~11根，端部2~3根特长，并下弯，背面具密的细长毛和短毛。抱肢基节发达，基背内侧有一群细刚毛。抱肢端节末端明显膨大，背缘和腹面各具一排发达的细刺毛。指爪亚端位，长约端节全长的1/5。

幼虫 头：头毛1-C细长，毛状；4-C细小，自基部分6~9枝，枝细而软；5-C和6-C单长枝，6-C偶分两枝；11-C、14-C、15-C为星状毛。触角细长，无刺，触角毛1-A微刺状，位于触角近中内侧。颏板“钟”形，除中齿外，两侧各有齿11~12个，后4~5个排列稀疏，端尖。胸：胸毛1-P分为3长枝；2-3P较短，2-P单枝，3-P分2枝；4-P分4~5枝；5-6P单长枝；7-P分2~3枝；8-P星状毛；9-12P短而较细；13-14P各分5~7短枝。胸毛1-M为发达星状毛；2-4M短单枝；5-M长单枝；6-M分3长枝；7-M单长枝；8-M分3长枝；13-14M星状毛。 胸毛1-T、4-5T、13-T为发达的星状毛。腹：腹节腹毛1、2、5、13-Ⅰ~Ⅵ和腹毛1、2、8、 13-Ⅶ以及腹毛1、5-Ⅷ为发达的星状毛。栉齿8~10个，列为一行，各齿基部膨大，基外侧具少量细齿及细缝，端部为一强中刺，无细齿和缝。呼吸管色深，指数为2.2~2.5。梳齿9~11个，列为一行，由基至端逐个增大，各齿基腹侧有1~2个侧牙。呼吸管毛1-S位于管末近1/3处腹缘，分

4~5枝，距末一个梳齿较远，分枝具侧芒。腹节X尾鞍不完全。腹毛1-X细小，单枝；2-X分长短两枝；3-X粗长，单枝；4-X分4株，每株均为单枝。肛腮发达，长为尾鞍的2.5~3.5倍。

[地理分布] 云南。

[生态习性] 幼虫孳生于树洞积水。

[分类讨论] 覆蚊属（Genus *Stegomyia* Theobald，1901）是伊蚊族中种类比较多的一个属，为Theobald 1901年建立，但长期以来一直被作为伊蚊属的一个亚属。Reinert等（2004）恢复了原覆蚊属的属级阶元。覆蚊属现已知正式记录128种，被分成若干组和亚组，我国迄今共记录23种分属于其中的埃及覆蚊组（*St. aegypit* Group），白-*w*覆蚊组（*St. w-albuis* Group）和盾纹覆蚊组（*St. scutellaris* Group）。本新种根据成、幼虫特征，隶属于盾蚊覆蚊组中的白纹覆蚊亚组（*St. albopictus* Subgroup），与白纹覆蚊近似，但两者成蚊、幼虫均有明显区别，详见表3。

表3　双柏覆蚊与白纹覆蚊的主要鉴别特征

Table 3 Main features to distinguish *Stegomyia shuangbaiensis* New Species from *Stegomyia albopictus*

特征	双柏覆蚊 新种 (*Stegomyia shuangbaiensis* New Species)	白纹覆蚊 (*Stegomyia albopictus*)
雌蚊		
盾片中央纵条	在盾片中部有间断	盾片中部无间隔
翅基前鳞簇	有宽鳞和细鳞	仅有宽鳞
生殖后叶	在端后有一凹陷	后端无凹陷
腹节Ⅸ背板	侧叶不发达	侧叶发达
雄蚊		
小抱器	有9~11根宽刺	仅有长和短的刺毛
幼虫		
胸和腹	有发达的星状毛	无星状毛
栉齿基部	有细齿和缝	仅有缝

第四章

覆蚊属分类检索

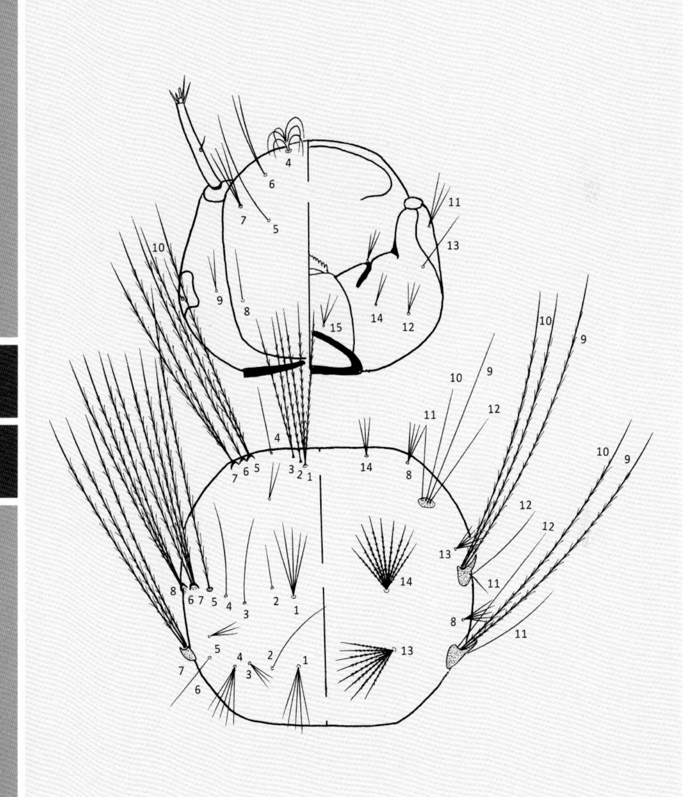

第一节

成蚊分类检索图

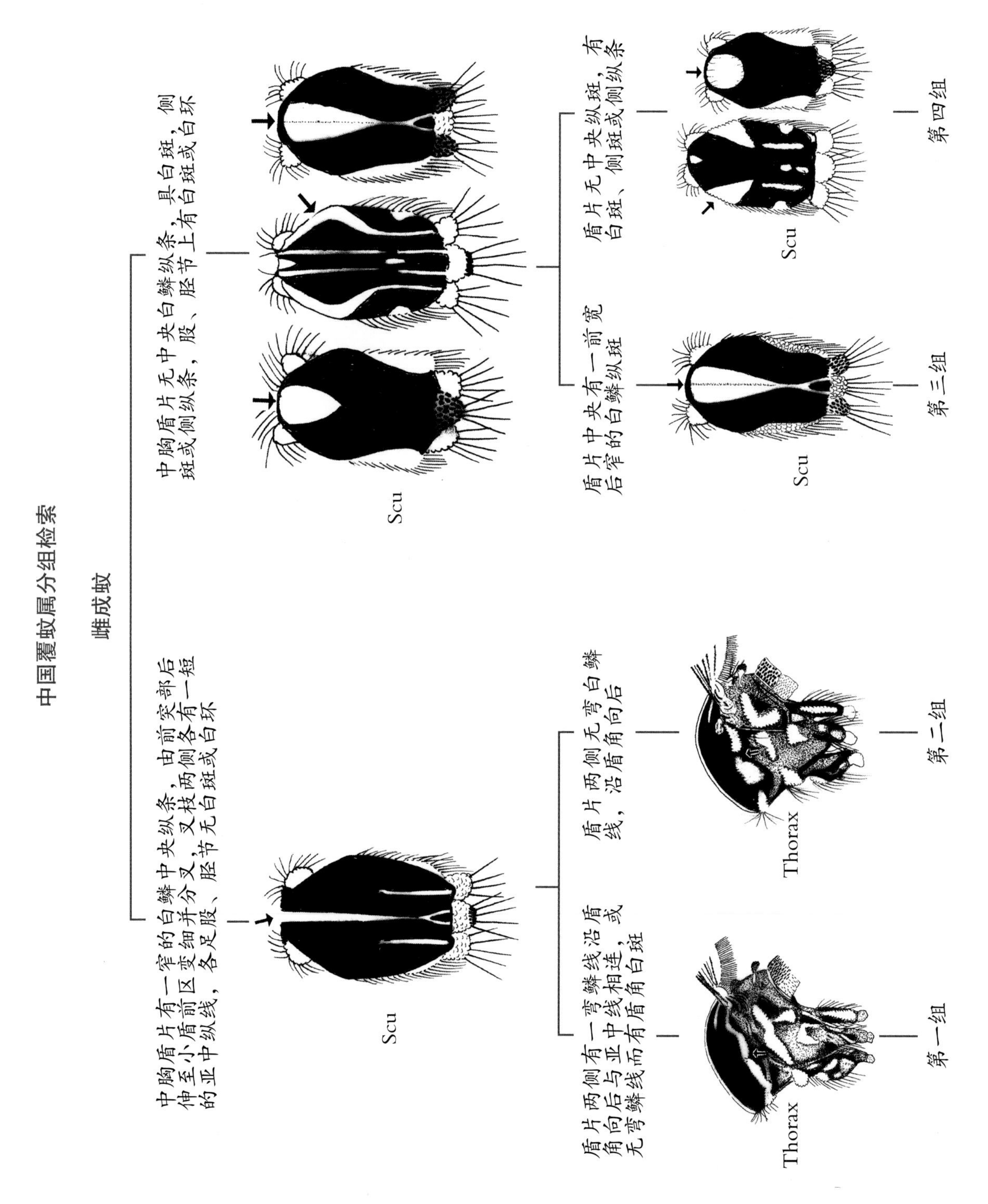

中国覆蚊属分组检索
雌成蚊
中胸盾片有一窄的白鳞中央纵条，由前突部后伸至小盾前区变细并分叉，叉枝两侧各有一短的亚中纵线，各足股、胫节无白斑或白环
Scu
中胸盾片无中央白鳞纵条，具白斑，侧斑或侧纵条，股、胫节上有白斑或白环
Scu
盾片两侧有一弯鳞线沿盾角向后与亚中线相连，或无弯鳞线而有盾角白斑
Thorax
第一组
盾片两侧无弯白鳞线，沿盾角向后
Thorax
第二组
盾片中央有一前宽后窄的白鳞纵斑
Scu
第三组
盾片无中央纵斑，有白斑、侧斑或侧纵条
Scu
第四组

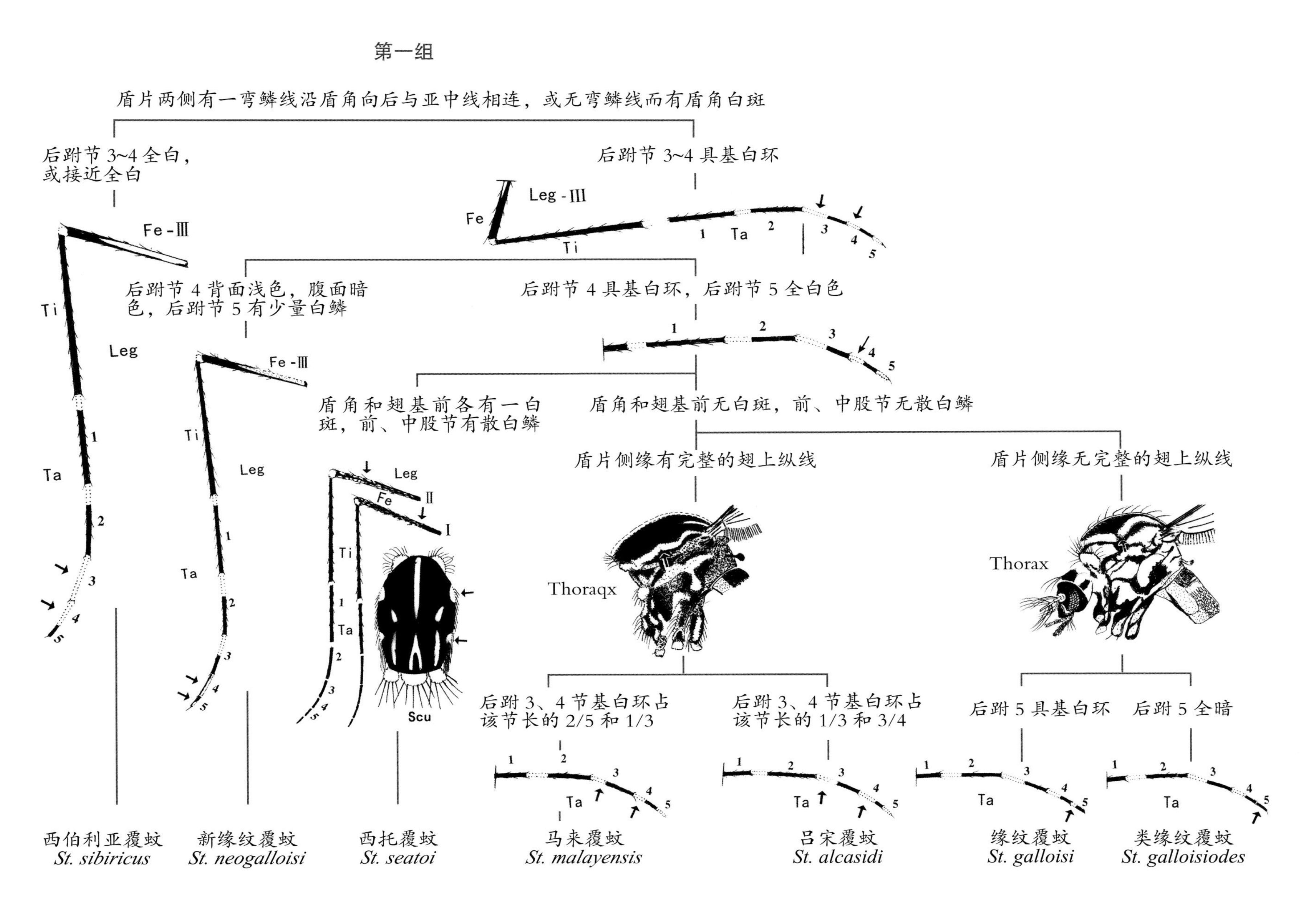
第一组
盾片两侧有一弯鳞线沿盾角向后与亚中线相连，或无弯鳞线而有盾角白斑
后跗节3~4全白，或接近全白
后跗节3~4具基白环
Leg-III
Fe
Ti
Ta
Fe-III
Leg
后跗节4背面浅色，腹面暗色，后跗节5有少量白鳞
后跗节4具基白环，后跗节5全白色
盾角和翅基前各有一白斑，前、中股节有散白鳞
盾角和翅基前无白斑，前、中股节无散白鳞
盾片侧缘有完整的翅上纵线
盾片侧缘无完整的翅上纵线
II
I
Scu
Thoraqx
Thorax
后跗3、4节基白环占该节长的2/5和1/3
后跗3、4节基白环占该节长的1/3和3/4
后跗5具基白环
后跗5全暗
西伯利亚覆蚊
St. sibiricus
新缘纹覆蚊
St. neogalloisi
西托覆蚊
St. seatoi
马来覆蚊
St. malayensis
吕宋覆蚊
St. alcasidi
缘纹覆蚊
St. galloisi
类缘纹覆蚊
St. galloisiodes

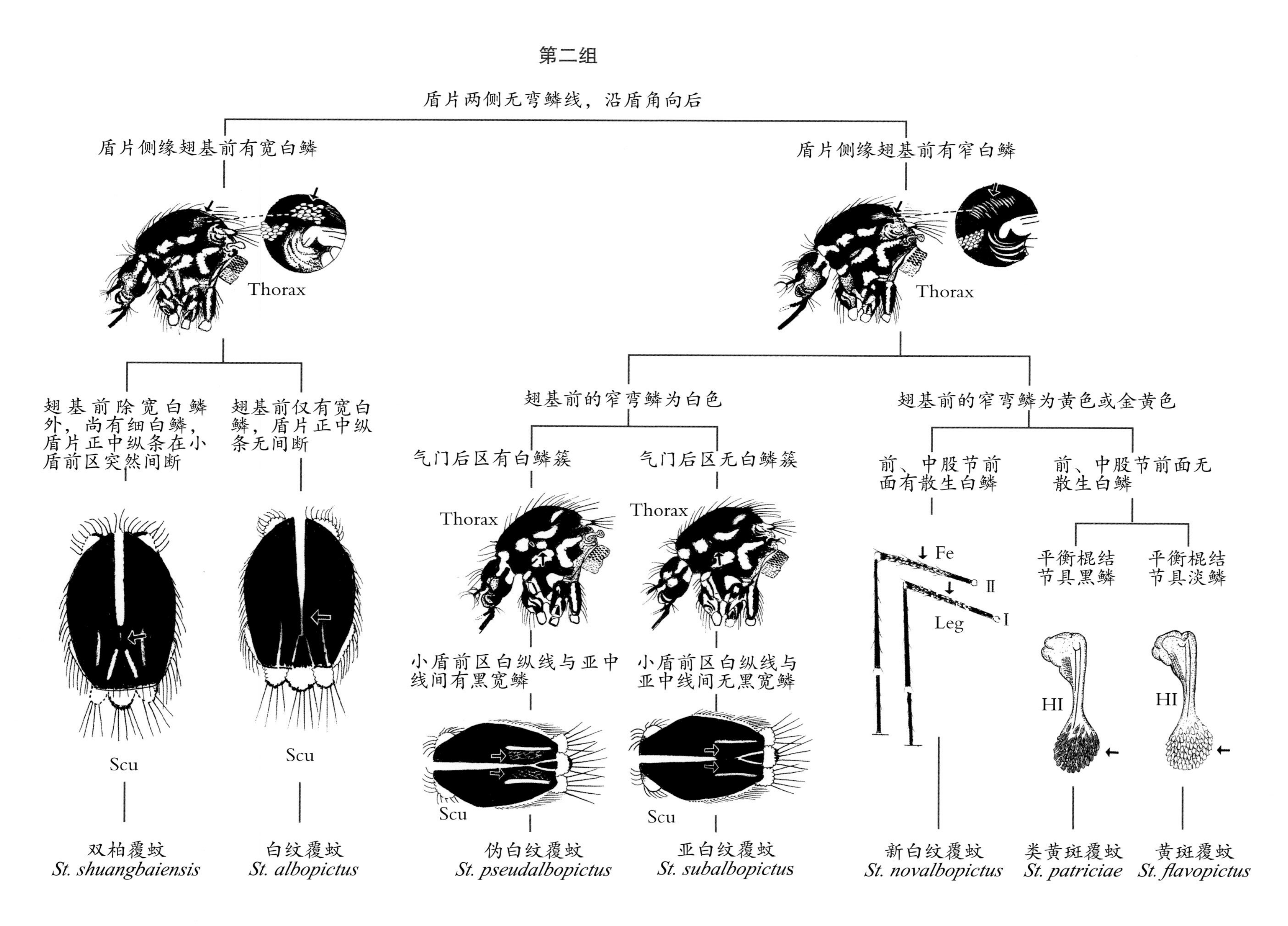

第二组
盾片两侧无弯鳞线，沿盾角向后
盾片侧缘翅基前有宽白鳞
盾片侧缘翅基前有窄白鳞
Thorax
Thorax
翅基前除宽白鳞外，尚有细白鳞，盾片正中纵条在小盾前区突然间断
翅基前仅有宽白鳞，盾片正中纵条无间断
翅基前的窄弯鳞为白色
翅基前的窄弯鳞为黄色或金黄色
气门后区有白鳞簇
气门后区无白鳞簇
前、中股节前面有散生白鳞
前、中股节前面无散生白鳞
Thorax
Thorax
Fe
II
I
Leg
平衡棍结节具黑鳞
平衡棍结节具淡鳞
小盾前区白纵线与亚中线间有黑宽鳞
小盾前区白纵线与亚中线间无黑宽鳞
HI
HI
Scu
Scu
Scu
Scu
双柏覆蚊
St. shuangbaiensis
白纹覆蚊
St. albopictus
伪白纹覆蚊
St. pseudalbopictus
亚白纹覆蚊
St. subalbopictus
新白纹覆蚊
St. novalbopictus
类黄斑覆蚊
St. patriciae
黄斑覆蚊
St. flavopictus

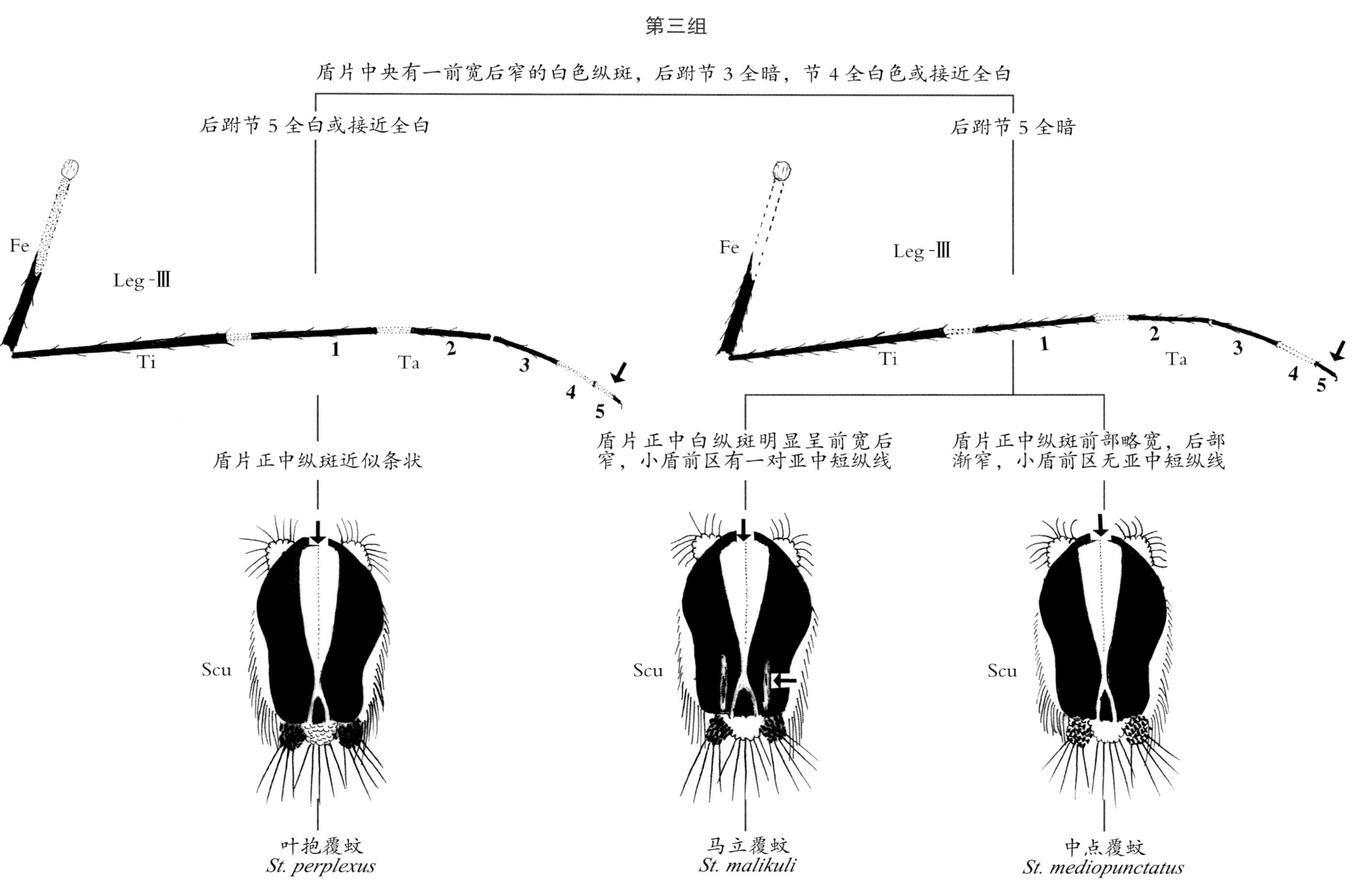
第三组
盾片中央有一前宽后窄的白色纵斑，后跗节 3 全暗，节 4 全白色或接近全白
后跗节 5 全白或接近全白
后跗节 5 全暗
Fe
Leg-Ⅲ
Ti
Ta
1
2
3
4
5
Fe
Leg-Ⅲ
Ti
Ta
1
2
3
4
5
盾片正中纵斑近似条状
盾片正中白纵斑明显呈前宽后窄，小盾前区有一对亚中短纵线
盾片正中纵斑前部略宽，后部渐窄，小盾前区无亚中短纵线
Scu
Scu
Scu
叶抱覆蚊
St. perplexus
马立覆蚊
St. malikuli
中点覆蚊
St. mediopunctatus

第四组

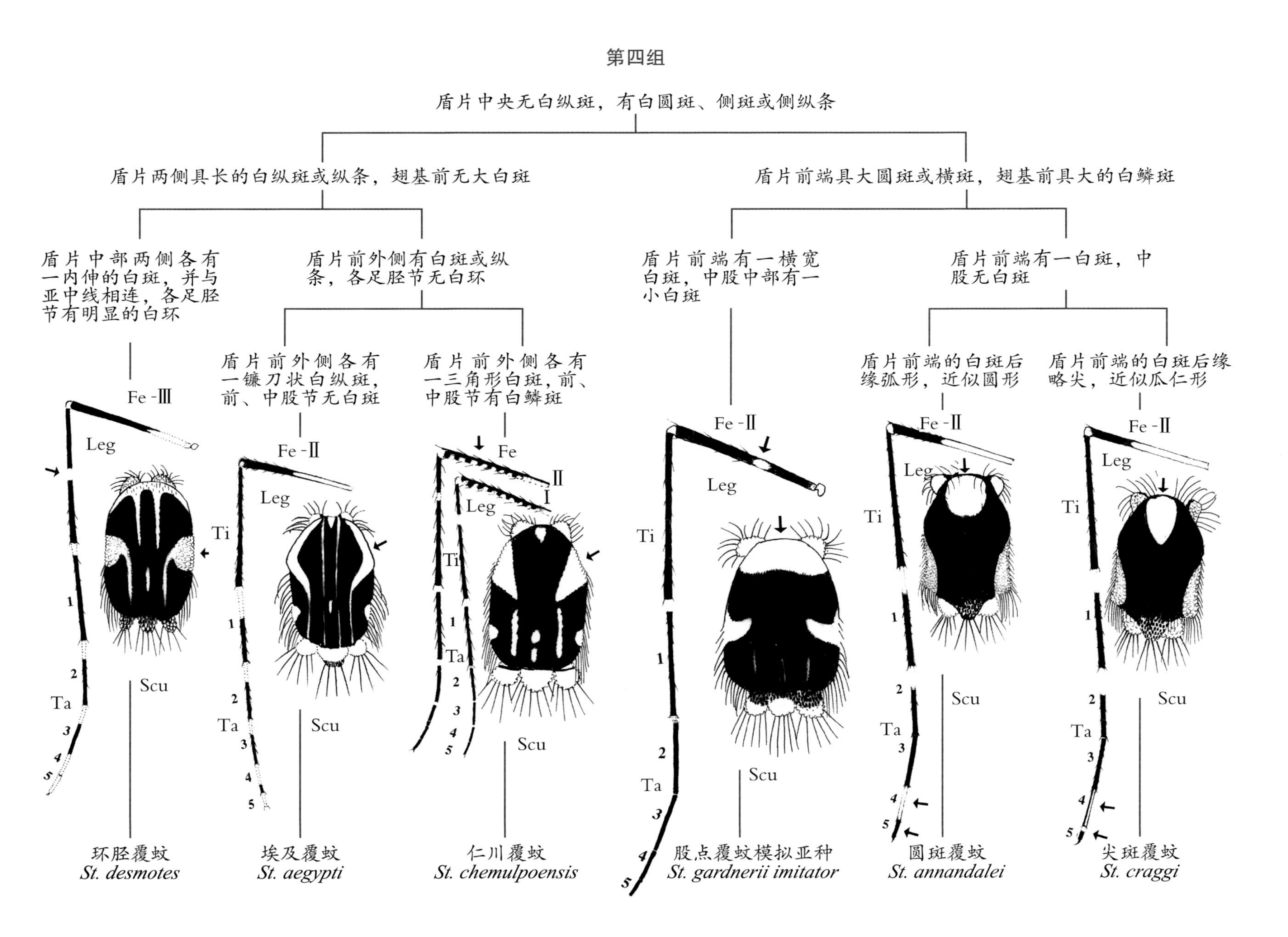

盾片中央无白纵斑，有白圆斑、侧斑或侧纵条
盾片两侧具长的白纵斑或纵条，翅基前无大白斑
盾片前端具大圆斑或横斑，翅基前具大的白鳞斑
盾片中部两侧各有一内伸的白斑，并与亚中线相连，各足胫节有明显的白环
盾片前外侧有白斑或纵条，各足胫节无白环
盾片前端有一横宽白斑，中股中部有一小白斑
盾片前端有一白斑，中股无白斑
盾片前外侧各有一镰刀状白纵斑，前、中股节无白斑
盾片前外侧各有一三角形白斑，前、中股节有白鳞斑
盾片前端的白斑后缘弧形，近似圆形
盾片前端的白斑后缘略尖，近似瓜仁形
Fe -Ⅲ
Fe -Ⅱ
Fe
Ⅱ
Ⅰ
Leg
Ti
Ta
Scu
1
2
3
4
5
环胫覆蚊
St. desmotes
埃及覆蚊
St. aegypti
仁川覆蚊
St. chemulpoensis
股点覆蚊模拟亚种
St. gardnerii imitator
圆斑覆蚊
St. annandalei
尖斑覆蚊
St. craggi

第二节

幼虫分类检索图

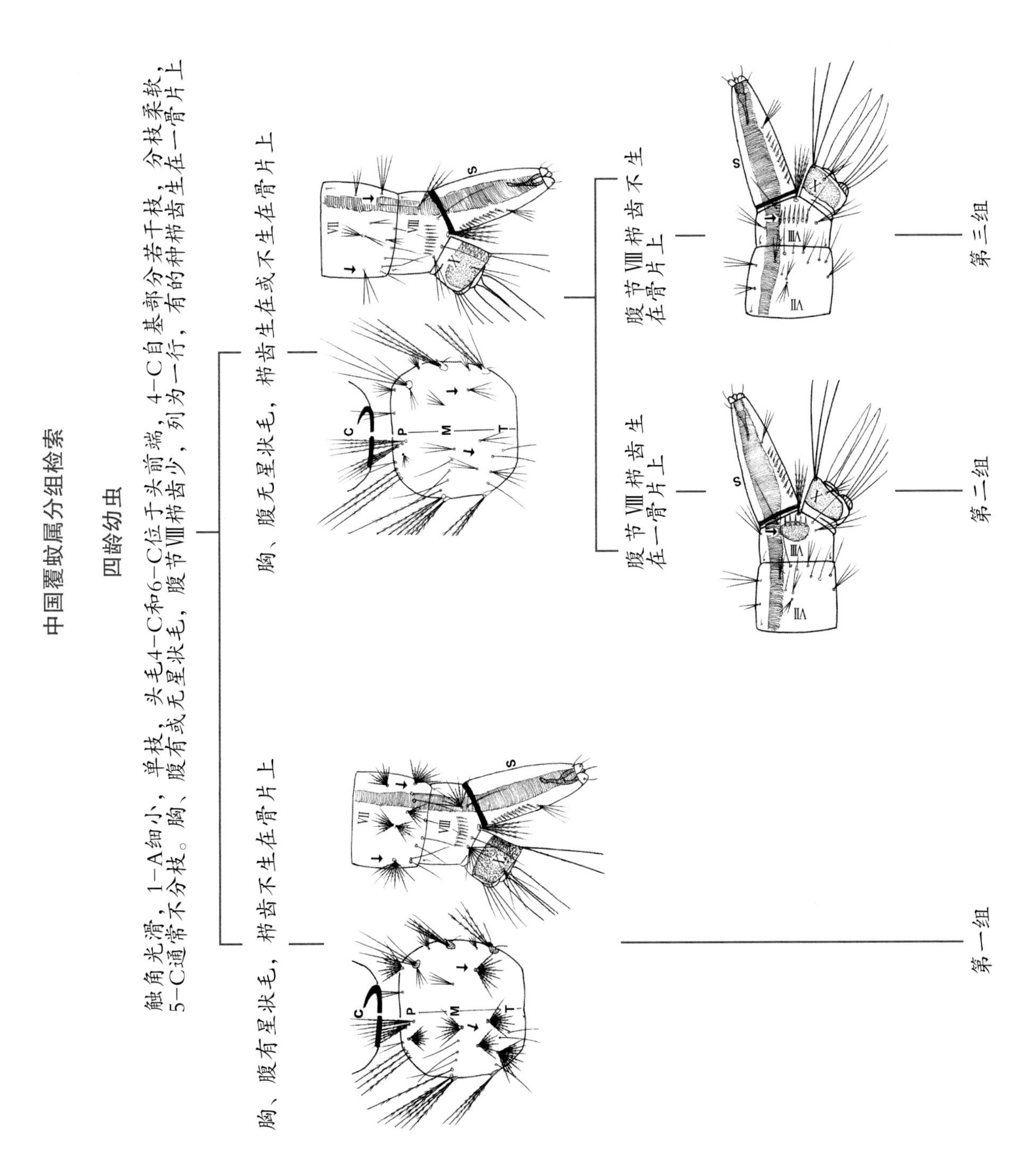

中国覆蚊属分组检索
四龄幼虫
触角光滑，1-A细小，单枝，头毛4-C和6-C位于头前端，4-C自基部分若干枝，分枝柔软，5-C通常不分枝。胸、腹有或无星状毛，腹节Ⅷ栉齿少，列为一行，有的种栉齿生在一骨片上
胸、腹有星状毛，栉齿不生在骨片上
胸、腹无星状毛，栉齿生在或不生在骨片上
腹节Ⅷ栉齿生在一骨片上
腹节Ⅷ栉齿不生在骨片上
第一组
第二组
第三组
C
P
M
T
S
Ⅶ
Ⅷ
X

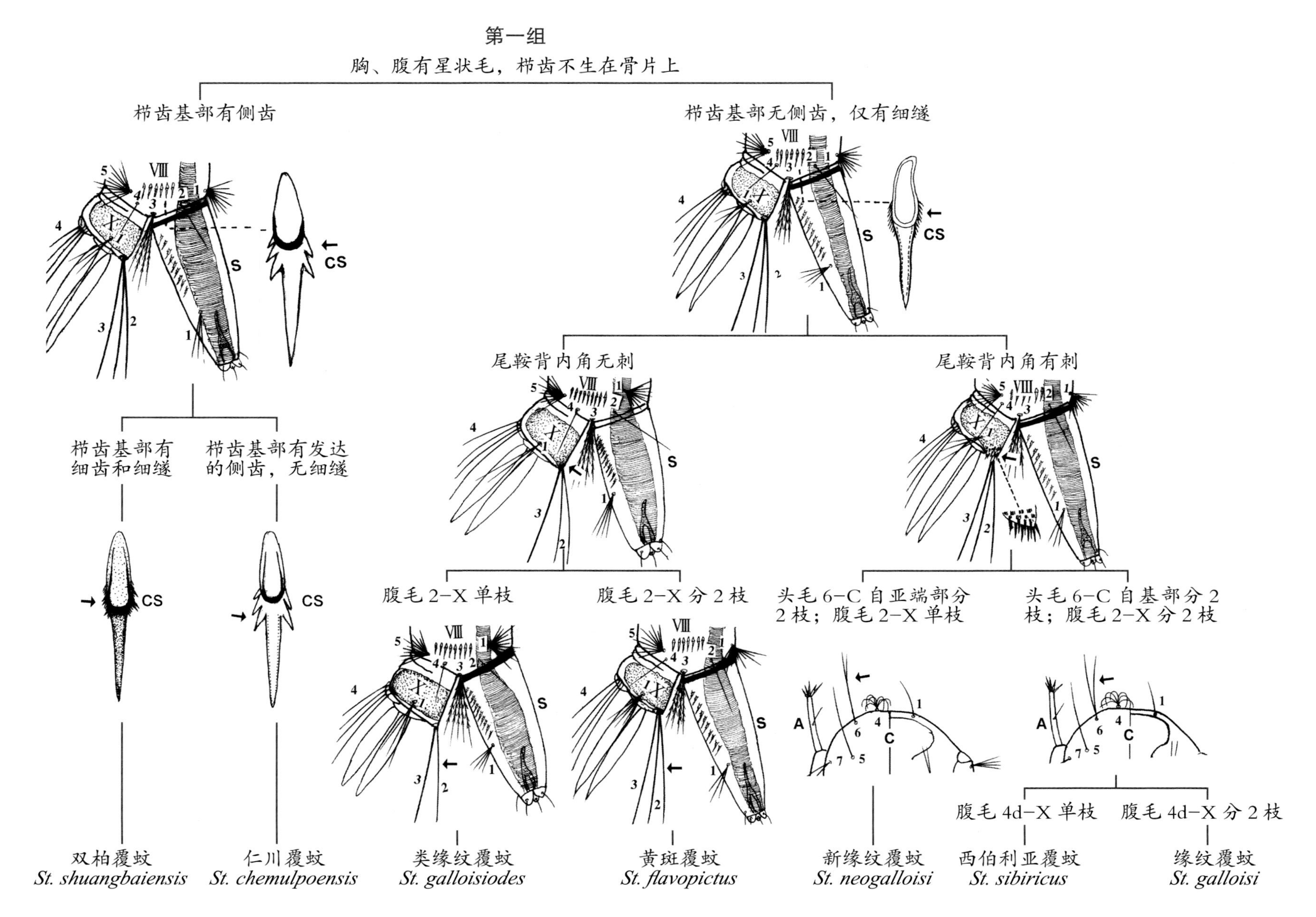
第一组
胸、腹有星状毛，栉齿不生在骨片上
栉齿基部有侧齿
栉齿基部无侧齿，仅有细缝
S
CS
栉齿基部有细齿和细缝
栉齿基部有发达的侧齿，无细缝
尾鞍背内角无刺
尾鞍背内角有刺
腹毛 2–X 单枝
腹毛 2–X 分 2 枝
头毛 6–C 自亚端部分 2 枝；腹毛 2–X 单枝
头毛 6–C 自基部分 2 枝；腹毛 2–X 分 2 枝
A
C
腹毛 4d–X 单枝
腹毛 4d–X 分 2 枝
双柏覆蚊
St. shuangbaiensis
仁川覆蚊
St. chemulpoensis
类缘纹覆蚊
St. galloisiodes
黄斑覆蚊
St. flavopictus
新缘纹覆蚊
St. neogalloisi
西伯利亚覆蚊
St. sibiricus
缘纹覆蚊
St. galloisi

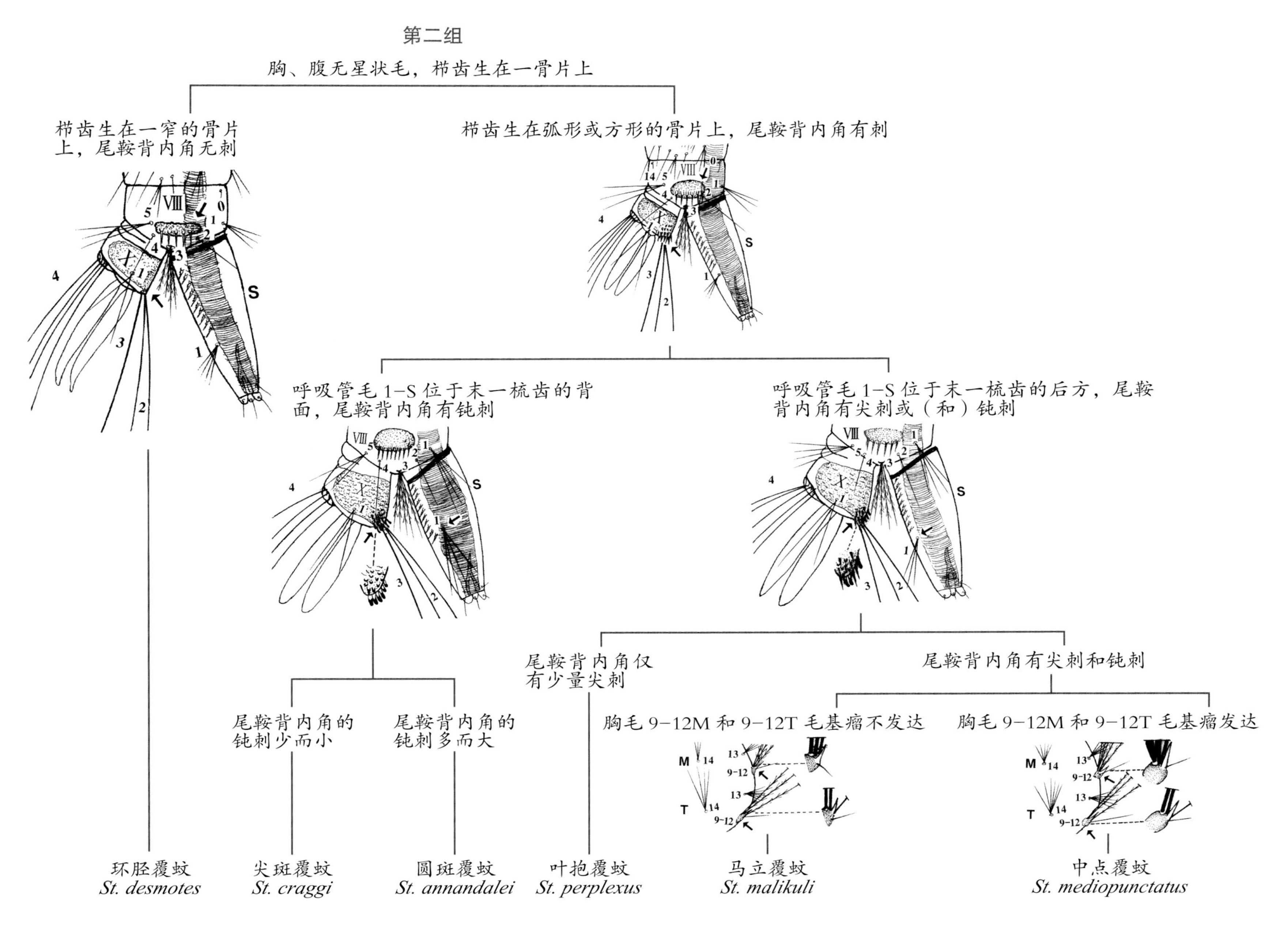
第二组
胸、腹无星状毛，栉齿生在一骨片上
栉齿生在一窄的骨片上，尾鞍背内角无刺
栉齿生在弧形或方形的骨片上，尾鞍背内角有刺
呼吸管毛1–S位于末一梳齿的背面，尾鞍背内角有钝刺
呼吸管毛1–S位于末一梳齿的后方，尾鞍背内角有尖刺或（和）钝刺
尾鞍背内角的钝刺少而小
尾鞍背内角的钝刺多而大
尾鞍背内角仅有少量尖刺
尾鞍背内角有尖刺和钝刺
胸毛9–12M和9–12T毛基瘤不发达
胸毛9–12M和9–12T毛基瘤发达
环胫覆蚊
St. desmotes
尖斑覆蚊
St. craggi
圆斑覆蚊
St. annandalei
叶抱覆蚊
St. perplexus
马立覆蚊
St. malikuli
中点覆蚊
St. mediopunctatus

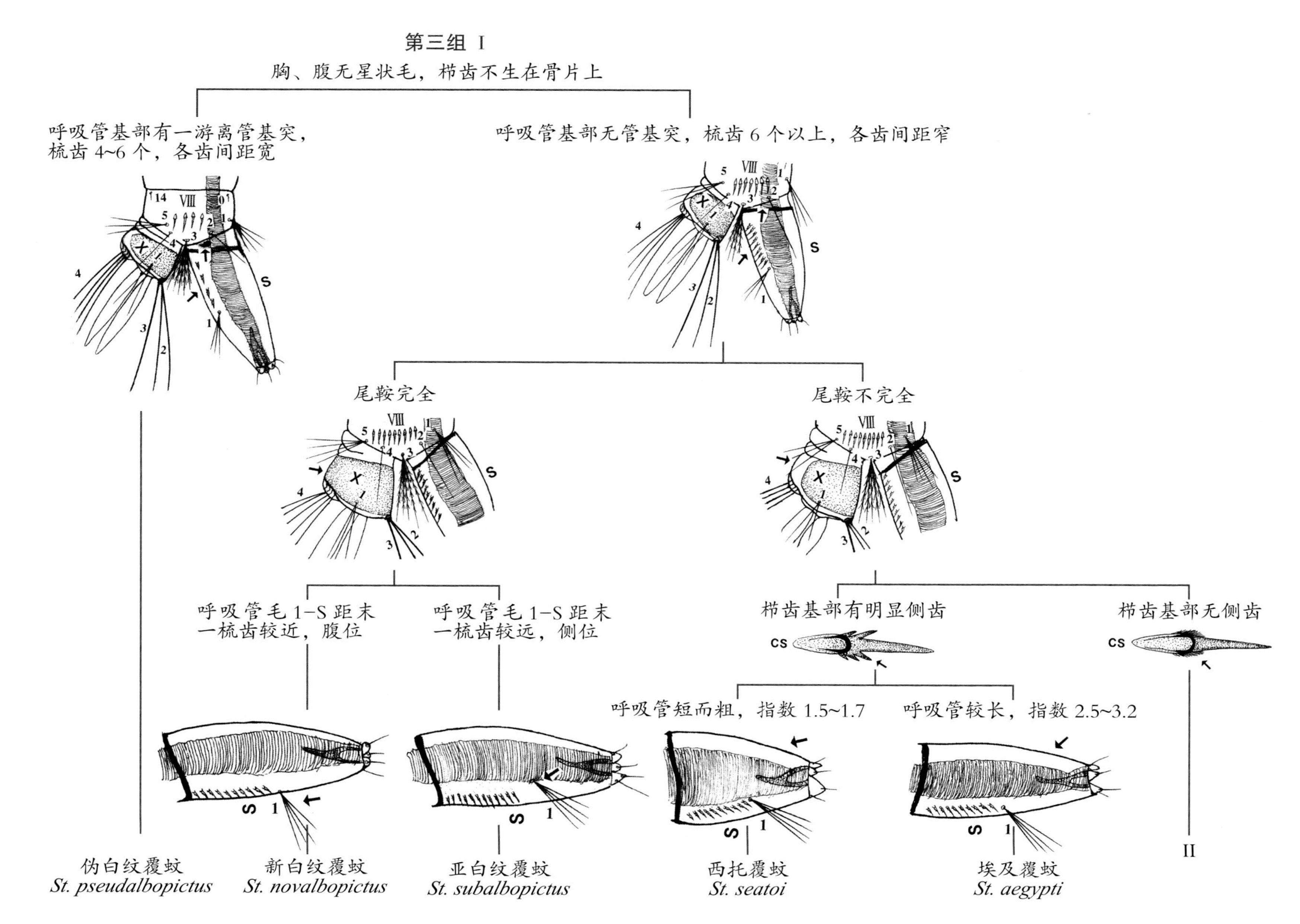
第三组 I
胸、腹无星状毛，栉齿不生在骨片上
呼吸管基部有一游离管基突，梳齿 4~6 个，各齿间距宽
呼吸管基部无管基突，梳齿 6 个以上，各齿间距窄
尾鞍完全
尾鞍不完全
呼吸管毛 1–S 距末一梳齿较近，腹位
呼吸管毛 1–S 距末一梳齿较远，侧位
栉齿基部有明显侧齿
栉齿基部无侧齿
呼吸管短而粗，指数 1.5~1.7
呼吸管较长，指数 2.5~3.2
II
伪白纹覆蚊
St. pseudalbopictus
新白纹覆蚊
St. novalbopictus
亚白纹覆蚊
St. subalbopictus
西托覆蚊
St. seatoi
埃及覆蚊
St. aegypti

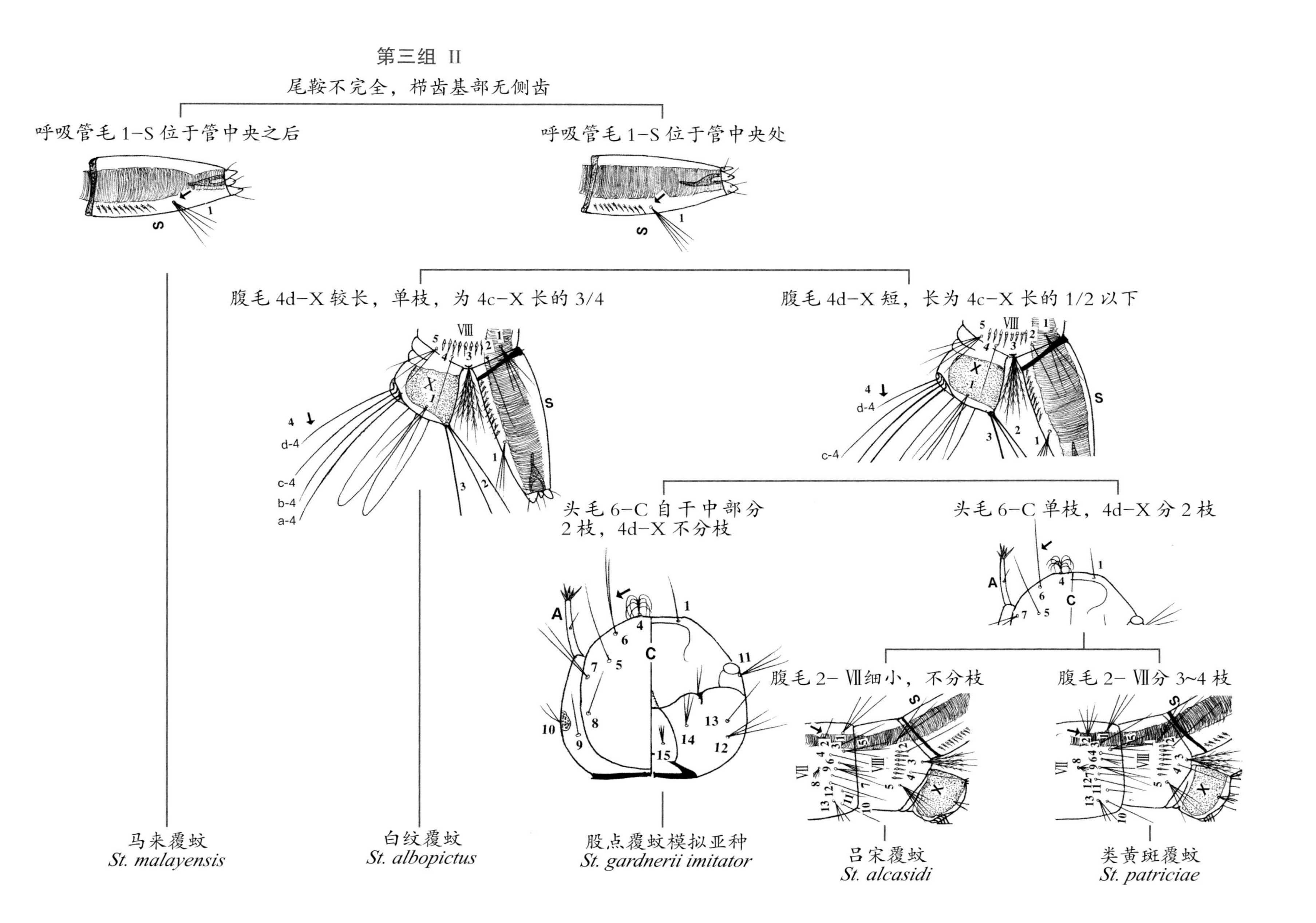

第三组 II
尾鞍不完全，栉齿基部无侧齿
呼吸管毛 1–S 位于管中央之后
呼吸管毛 1–S 位于管中央处
腹毛 4d–X 较长，单枝，为 4c–X 长的 3/4
腹毛 4d–X 短，长为 4c–X 长的 1/2 以下
头毛 6–C 自干中部分
2 枝，4d–X 不分枝
头毛 6–C 单枝，4d–X 分 2 枝
腹毛 2– Ⅶ细小，不分枝
腹毛 2– Ⅶ分 3~4 枝
马来覆蚊
St. malayensis
白纹覆蚊
St. albopictus
股点覆蚊模拟亚种
St. gardnerii imitator
吕宋覆蚊
St. alcasidi
类黄斑覆蚊
St. patriciae

第三节

雌蚊尾器分类检索表

1 生殖后叶基部较宽，向后逐渐变窄呈锥形 ……………………………………………2

生殖后叶基 1/2 宽，端 1/2 窄，呈方形或半圆形，端后缘中部内凹、平齐或后凸 ……………………………………………………………………………………3

2（1）生殖后叶中央后端有窄的小凹，腹节Ⅷ腹板后中裂缝深，占腹板纵长 1/2，腹节Ⅷ背板后缘弧形（图版 36）…………………… 双柏覆蚊 *St. shuangbaiensis*

生殖后叶端后缘后凸无内凹，腹节Ⅷ腹板端后中央无裂缝，仅为内凹呈“U”字形。腹节Ⅷ背板后缘平齐，密覆羽鳞（图版 18）… 股点覆蚊模拟亚种 *St. gardnerii imitator*

3（1）生殖后叶端后缘中央内凹或微凸 ……………………………………………4

生殖后叶端后缘中央平齐或外凸 ……………………………………………7

4（3）生殖后叶端后缘中央微凹，上阴片不发达，短而窄，腹节Ⅸ背板纵长大于横宽，前窄后宽，后缘中部平直（图版 7）……………………… 圆斑覆蚊 *St. annandalei*

生殖后叶端后缘中央内凹，上阴片发达，宽而长，腹节Ⅸ背板横宽大于纵长，或约相等，后缘中部内凹或后凸 ……………………………………………5

5（4）腹节Ⅷ背板前、后端约等宽，近似方形，密覆羽鳞。腹节Ⅸ背板横宽明显大于纵长（图版 11）……………………………………… 尖斑覆蚊 *St. craggi*

腹节Ⅷ背板前宽后窄，三角形，鳞片稀少。腹节Ⅸ背板横宽略大于纵长或等长 ……………………………………………………………………………………6

6（5）腹节Ⅷ腹板后中裂缝深，占腹板纵长的 1/2 以上。上阴片平直，条状（图版 4）……………………………………………… 白纹覆蚊 *St. albopictus*

腹节Ⅷ腹板后中裂缝浅，占腹板纵长的1/4以下，上阴片斜三角形（图版30）
…………………………………………………………………………………… 伪白纹覆蚊 *St. pseudalbopictus*

7（3）生殖后叶后缘平齐，呈方形 ……………………………………………………………8

生殖后叶后缘外凸，呈弧形或半圆形 ……………………………………………………9

8（7）腹节Ⅷ腹板纵长略大于横宽，端后缘中央无裂缝，仅有一“U”字形内凹，

尾须背面有羽鳞（图版13）………………………………………… 环胫覆蚊 *St. desmotes*

腹节Ⅷ腹板前窄后宽，后端缘中央有一深裂缝，尾须背面无鳞（图版28）……
………………………………………………………………………………………… 叶抱覆蚊 *St. perplexus*

9（7）生殖后叶端后缘仅外凸呈弧形。腹节Ⅷ背板前宽后窄呈三角形…………10

生殖后叶端缘外凸成半圆形，腹节Ⅷ腹板前端略宽于后端，近似方形…………11

10（9）腹节Ⅷ腹板后中裂缝很深，占腹板纵长的1/2以上，腹节Ⅸ背板后端略宽于前端，后端中部平齐（图版34）………………………… 亚白纹覆蚊 *St. subalbopictus*

腹节Ⅷ腹板后中裂缝浅，占腹板纵长的1/3以下。腹节Ⅸ背板前窄后宽，后端中部内凹，呈“U”字形（图版2）…………………………………………… 埃及覆蚊 *St. aegypti*

11（9）尾须较短，后端半圆形，背面有鳞。腹板Ⅷ腹板端后缘中部仅有小而浅的内凹。腹板Ⅸ背板两侧端各有细毛9~10根（图版9）… 仁川覆蚊 *St. chemulpoensis*

尾须较长，后端半弧形，背面无鳞，腹板Ⅷ腹板后缘有较浅的裂缝，腹节Ⅸ背板两侧端各2~3根细毛 ……………………………………………………………………12

12（11）生殖后叶基1/2宽大，端1/2呈半圆形。腹节Ⅸ背板后部略宽于前端，

近似方形（图版23）…………………………………………… 中点覆蚊 *St. mediopunctatus*

生殖后叶基部略宽于前端，后缘弧形。腹节Ⅸ背板后部明显宽于前部，后端中部内凹（图版21）……………………………………………………… 马立覆蚊 *St. malikuli*

注：本检索表仅包括上述13种覆蚊，其余因标本不全，未列入本表。

第四节

雄蚊尾器分类检索图

中国覆蚊属雄蚊尾器分类检索　第一组

盾片两侧有一弯白鳞线沿盾角向后

- 腹节 IX 背板后缘有锯齿和细刺（IX-T）
  - 小抱器膨大部与柄成 90°角，腹面有叶状毛 10~12 根 —— 缘纹覆蚊 *St. galloisi*（CL）
  - 小抱器膨大部与柄不成直角，腹面无叶状毛
    - 小抱器膨大部扇状，背面的长刚毛在端 1/2 处较多 —— 新缘纹覆蚊 *St. neogalloisi*（CL）
    - 小抱器膨大为双叶状，腹面的刚毛直而较短，背面刚毛长而略弯 —— 类缘纹覆蚊 *St. galloisiodes*（CL）
- 腹节 IX 背板后缘无锯齿或细刺（IX-T）
  - 小抱器长杆状，端 1/4 处内侧密集细毛和 4~5 根粗毛 —— 西托覆蚊 *St. seatoi*（CL）
  - 小抱器非长杆状
    - 小抱器火炬状，在端角有长的刚毛簇，其余部分为叶状毛 —— 西伯利亚覆蚊 *St. sibiricus*（CL）
    - 小抱器鞋状，抱肢基节内侧有一群细刚毛
      - 小抱器端部腹面有细叶状毛 6~7 根，端部有一簇长刚毛 —— 吕宋覆蚊 *St. alcasidi*（CL）
      - 小抱器端部腹面有叶状毛 8~10 根，端部为刚毛丛 —— 马来覆蚊 *St. malayensis*（CL）

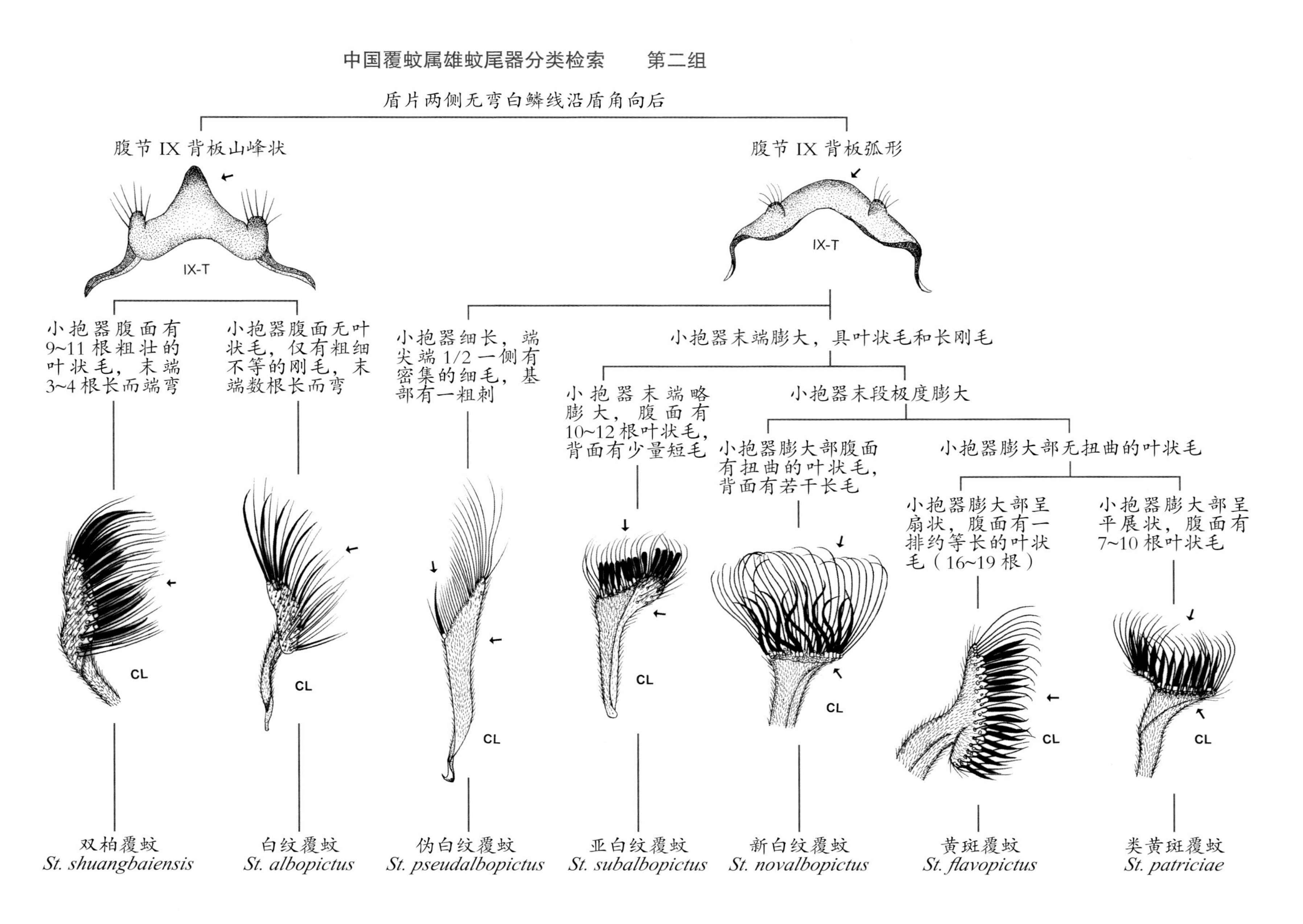
中国覆蚊属雄蚊尾器分类检索 第二组
盾片两侧无弯白鳞线沿盾角向后
腹节 IX 背板山峰状
腹节 IX 背板弧形
IX-T
IX-T
小抱器腹面有9~11根粗壮的叶状毛，末端3~4根长而端弯
小抱器腹面无叶状毛，仅有粗细不等的刚毛，末端数根长而弯
小抱器细长，端尖端1/2一侧有密集的细毛，基部有一粗刺
小抱器末端膨大，具叶状毛和长刚毛
小抱器末端略膨大，腹面有10~12根叶状毛，背面有少量短毛
小抱器末段极度膨大
小抱器膨大部腹面有扭曲的叶状毛，背面有若干长毛
小抱器膨大部无扭曲的叶状毛
小抱器膨大部呈扇状，腹面有一排约等长的叶状毛（16~19根）
小抱器膨大部呈平展状，腹面有7~10根叶状毛
CL
双柏覆蚊
St. shuangbaiensis
白纹覆蚊
St. albopictus
伪白纹覆蚊
St. pseudalbopictus
亚白纹覆蚊
St. subalbopictus
新白纹覆蚊
St. novalbopictus
黄斑覆蚊
St. flavopictus
类黄斑覆蚊
St. patriciae

中国覆蚊属雄蚊尾器分类检索　第三组

中胸盾片有一前宽后窄的白鳞纵斑，抱肢端节末段分叉

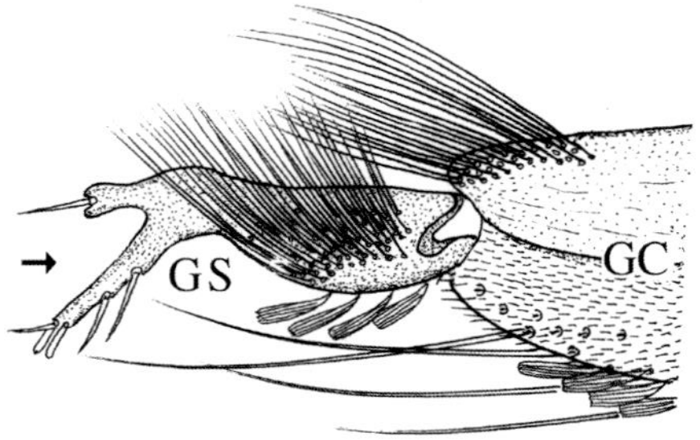

GS GC

- 小抱器末端略为膨大，腹面有 7~11 根叶状毛，背面有长刚毛群 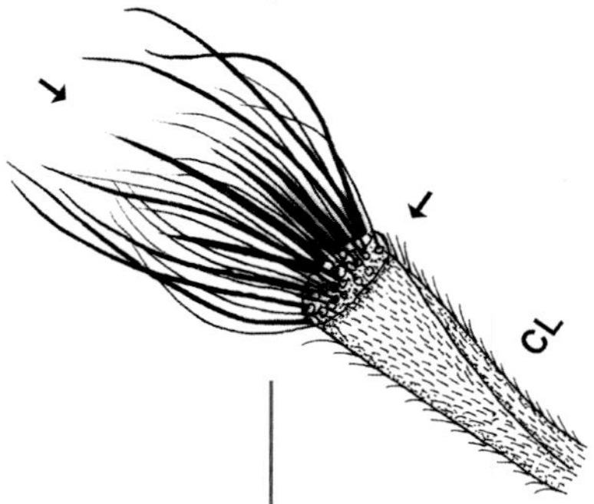 —— 马立覆蚊 *St. malikuli*
- 小抱器末端明显膨大
  - 小抱器膨大部分呈双叶状，腹面有 4~5 根粗而特长的刺毛，背面有细而短的刚毛群 —— 中点覆蚊 *St. mediopunctatus*
  - 小抱器膨大部分平展，腹面有 7~10 根叶状毛，无特长刺毛，背面有一排整齐的刚毛 —— 叶抱覆蚊 *St. perplexus*

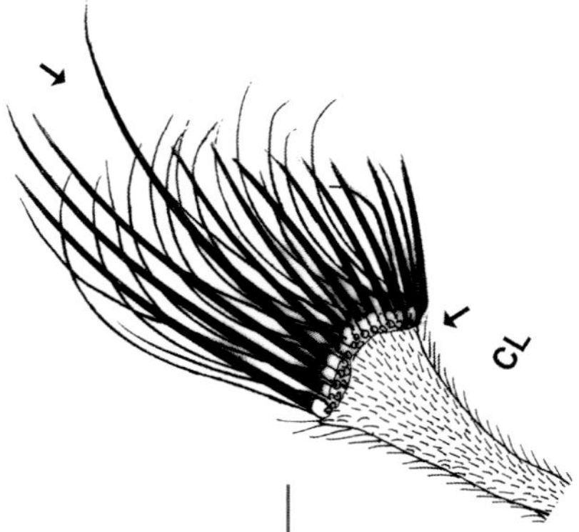

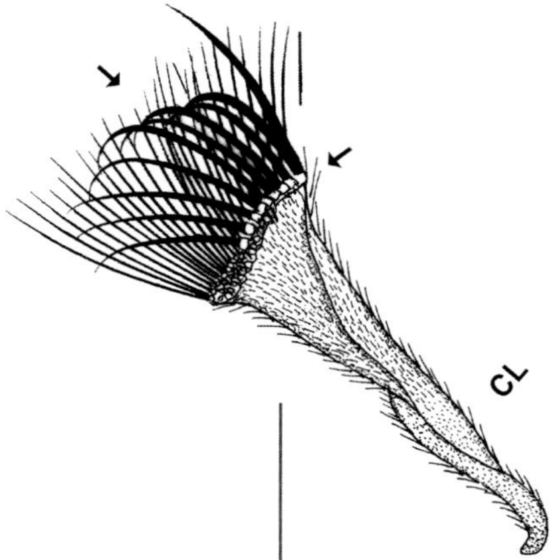

CL CL CL

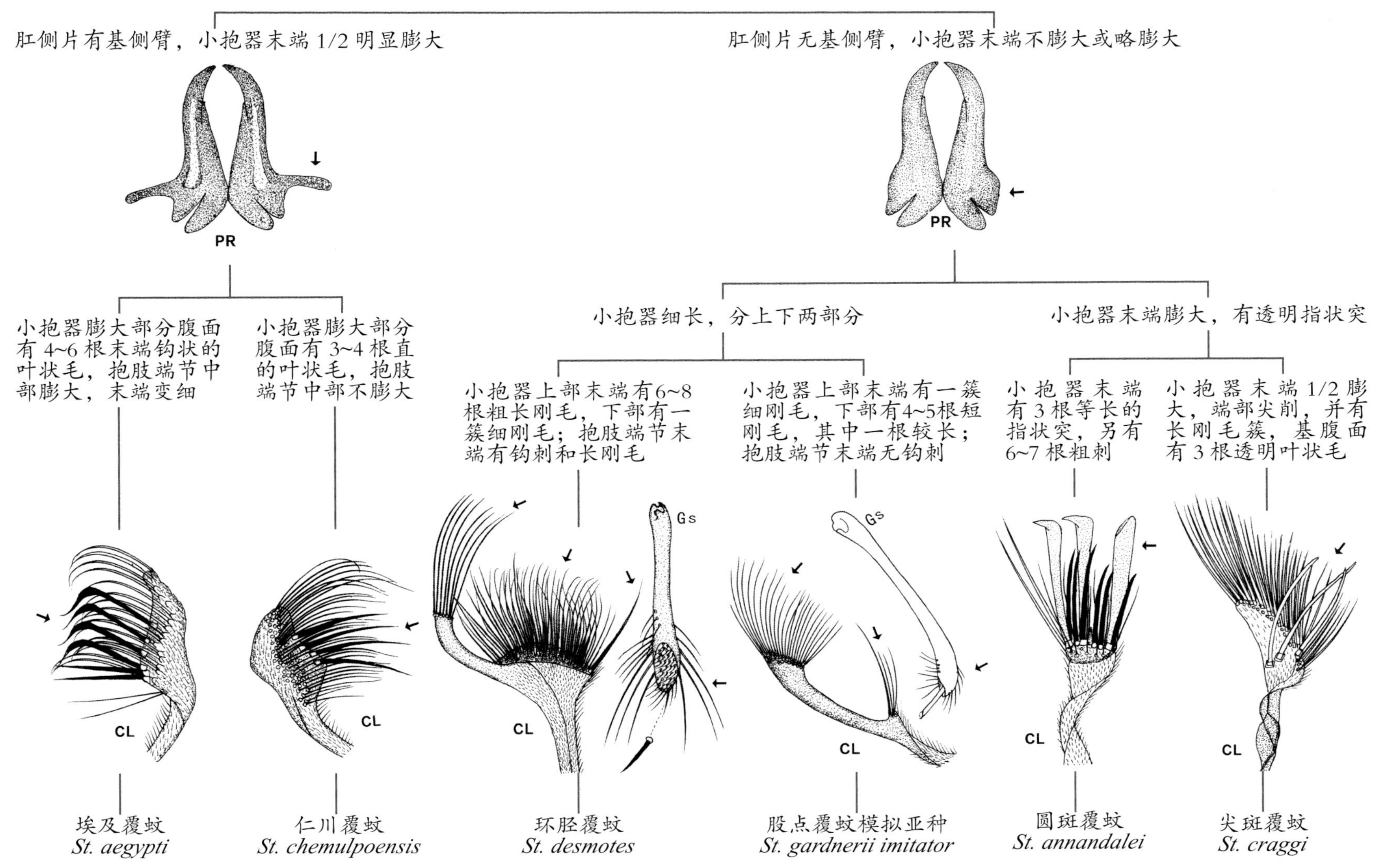

中国覆蚊属雄蚊尾器分类检索　第四组
中胸盾片无中央纵条或纵斑，有圆斑、侧斑或侧纵条
肛侧片有基侧臂，小抱器末端 1/2 明显膨大
肛侧片无基侧臂，小抱器末端不膨大或略膨大
PR
PR
小抱器膨大部分腹面有 4~6 根末端钩状的叶状毛，抱肢端节中部膨大，末端变细
小抱器膨大部分腹面有 3~4 根直的叶状毛，抱肢端节中部不膨大
小抱器细长，分上下两部分
小抱器末端膨大，有透明指状突
小抱器上部末端有6~8根粗长刚毛，下部有一簇细刚毛；抱肢端节末端有钩刺和长刚毛
小抱器上部末端有一簇细刚毛，下部有4~5根短刚毛，其中一根较长；抱肢端节末端无钩刺
小抱器末端有 3 根等长的指状突，另有 6~7 根粗刺
小抱器末端 1/2 膨大，端部尖削，并有长刚毛簇，基腹面有 3 根透明叶状毛
Gs
Gs
CL
CL
CL
CL
CL
CL
埃及覆蚊
St. aegypti
仁川覆蚊
St. chemulpoensis
环胫覆蚊
St. desmotes
股点覆蚊模拟亚种
St. gardnerii imitator
圆斑覆蚊
St. annandalei
尖斑覆蚊
St. craggi

第五章

中国覆蚊属生态生物学

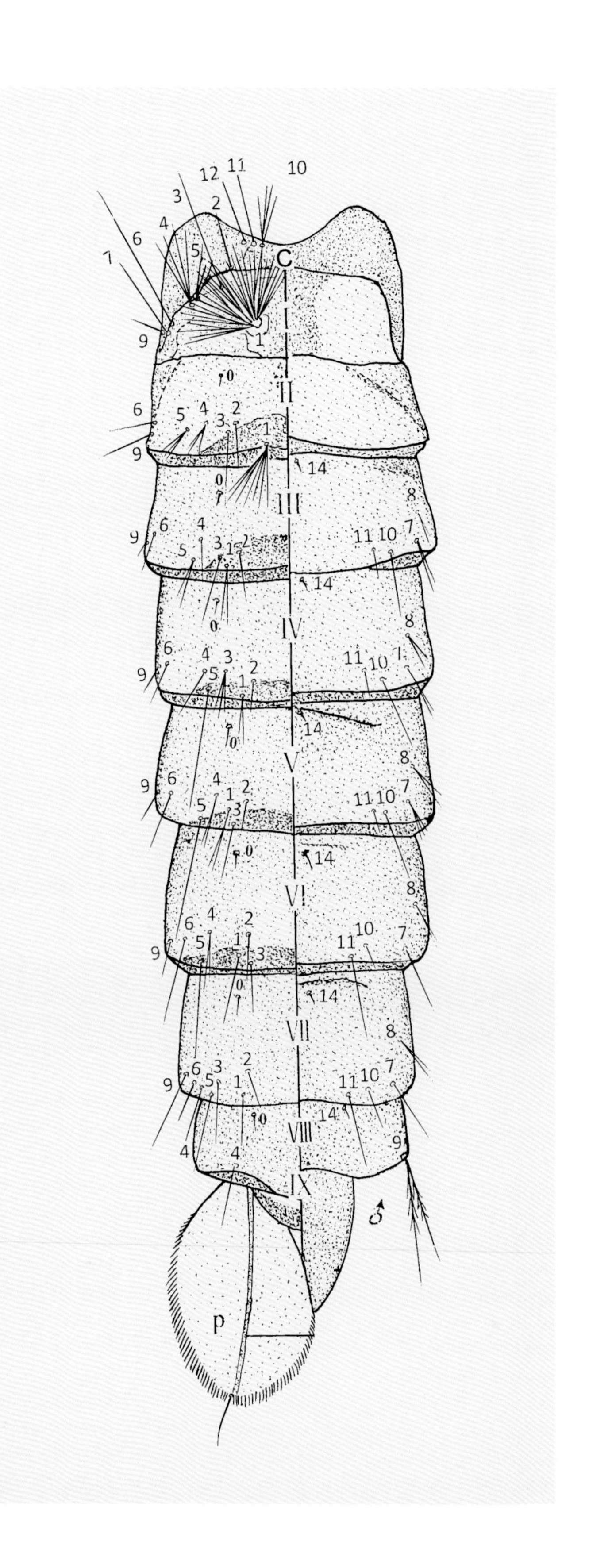

覆蚊属是伊蚊族中与疾病流行关系最密切的蚊属，其中许多种是多种传染病的传播媒介，如埃及覆蚊、白纹覆蚊等。因此，对其生态习性的调查研究，已是过去和当今媒介蚊种研究的重要内容。我国是开展蚊类研究较早的国家，早在20世纪30年代初期就有著名的学者冯兰洲、姚永政、周钦贤、吴征镒、许世钜等，先后在云南、浙江等省的局部地区进行过蚊类调查，限于当时的历史条件和技术水平，调查仅限于局部地区的标本采集，蚊属和蚊种的分类，或媒介蚊种的调查，所获的技术资料远不能说明我国蚊类的客观实际，但是为以后调查研究提供了可贵的线索。

中华人民共和国成立后，为了蚊媒传染病防治工作的需要，云南、贵州、四川、广西、广东、福建、江苏、安徽、浙江、河南、辽宁等省（区）先后开展不同内容、不同范围的蚊类调查。其中云南省组成专业蚊类调查组，自1979年至1985年对云南境内的45个县、市不同海拔、不同纬度、不同植被的地区，进行蚊类标本采集及相关生态习性的调查，经7年多全面系统的调查，共发现云南蚊类为3亚科，19属，28亚属，302种，其中覆蚊属16种。四川省自1981年至1986年，对全省不同地区的县、市进行蚊类标本采集，并收集以往各县市的标本记录，共发现全省蚊类为3亚科，11属，19亚属，122种，其中覆蚊属9种。贵州省经过10余年的调查，对全省81个县、市200余个调查点的标本采集及相关生态生物学的调查，共发现蚊类11属，19亚属，83种，其中覆蚊属6种。

广东、广西、福建、陕西、浙江、辽宁等省（区）的调查均是阶段性，并以媒介蚊种白纹覆蚊或埃及覆蚊为主要调查对象，其余蚊属均为附带标本采集。广东省1980年至1981年组成调查组，专题对埃及覆蚊、白纹覆蚊进行标本采集，以及相关生态的调查，调查地区包括海南、湛江、佛山、韶关、惠阳、汕头、珠海、西沙群岛等地。其中埃及覆蚊发现于海南及湛江地区的20个县、市；白纹覆蚊发现于上述地区的60余个县、市。广西壮族自治区1981年对全区的埃及覆蚊、白纹覆蚊分布和种群数量进行抽样调查，在全区范围内选择不同海拔、不同地理位置的40个县，每个县根据具体情况抽样数个调查点，进行标本采集及相关生态的调查。结果在防城港市、合浦、北海等5个州、市发现有埃及覆蚊，其分布范围仅限于北部湾沿海的8个调查点，而白纹覆蚊在调查的40个县均有发现，属全区性分布。陕西省于1979年至1982年，采用不定期标本采集和分布放竹筒诱蚊产卵的方法，对白纹覆蚊在陕西的分布进行调查，调查地区包括陕北地区、关中地区、陕南地区、西安市、铜川市等共20个县、市。结果发现在上述地区均有白纹覆蚊分布，其中汉中地区的阳平关是陕西白纹覆蚊分布西界，关中地区的铜川市和韩城市是该蚊虫分布的北界，分布海拔422 ~1191m。辽宁省于1974年至1982年，对全省覆蚊属的分布进行调查，选择全省12个地、市有代表性的28个调查点采集卵、幼虫、成蚊标本进行分类鉴定。调查结果发现辽宁省的覆蚊属共有4个种，即白纹覆蚊、黄斑覆蚊、缘纹覆蚊和西伯利亚覆蚊，其中白纹覆蚊多见于沿海的城镇，幼虫孳生于旧轮胎和船内积水，而其余3种则多见于山区和林区，幼虫主要孳生于树洞。

第一节 地理分布

地理分布与种群数量是蚊类生态生物学研究的重要组成部分，各蚊属的分布特点及数量的多寡与分布地区的纬度、海拔、温度、湿度、植被、雨量、水系、光照等自然因素有着直接的关系。中国幅员辽阔，横跨东洋界和古北界两大动物区系，蚊属、蚊种十分丰富，其地理分布也复杂多样。中国覆蚊属的地理分布，经全国有关省、市多年调查研究，至今已基本清楚，在迄今已知的23种覆蚊中，根据各蚊种的分布特点及分布地区的自然概况，可分为广布型、次广布型、窄布型和地区型四类。广布型分布范围北纬22°~北纬47°，有白纹覆蚊、仁川覆蚊；次广布型分布范围北纬23°~北纬41°，其蚊种有圆斑覆蚊、白纹覆蚊、尖斑覆蚊、马立覆蚊、叶抱覆蚊、中点覆蚊、股点覆蚊模拟亚种；窄布型包括分布于北纬40° 以北的缘纹覆蚊、黄斑覆蚊、西伯利亚覆蚊和分布于北纬25° 以南的环胫覆蚊、马来覆蚊、新白纹覆蚊、亚白纹覆蚊、类缘纹覆蚊；地区型蚊种包括分布于云南和四川省的西托覆蚊，分布于台湾地区的吕宋覆蚊，分布于云南省的双柏覆蚊和分布于河南省的新缘纹覆蚊。

第二节 种群数量

覆蚊属蚊种在自然界的种群数量调查研究，我国报道甚少，多见者均为媒介蚊种，如白纹覆蚊、埃及覆蚊在某些区域幼虫的房屋指数、容器指数、布雷图指数等。

云南省在进行全省性蚊类调查过程中，先后于1979~1982年，1986~1988年，1994~1996年，以及1998~2000年，对北纬26°以南的西双版纳、临沧、德宏、普洱、保山等5个州、市20个县库蚊亚科（Subfamily Culicinae）常见蚊种的地理分布、种群数量、季节消长进行观察研究，采用定时、定点、定量和不定时、不定点、不定量的抽查相结合的方法。成蚊调查分白天捕蚊和夜晚捕蚊，前者主要针对伊蚊族蚊种，后者则主要针对库蚊族蚊种。捕蚊方法分为人工捕蚊，人、动物诱捕，两种方法均以人工小时为密度计算单位。于蚊类密度高峰季节，每个县选择2个调查点，每个点每月捕蚊2次，白天捕蚊选择村寨的树林边缘或竹林边缘，设置人工诱蚊点；夜晚则选择村房内的畜厩进行人工捕蚊。白天捕蚊共53次，共捕获伊蚊属、覆蚊属、阿蚊属、领蚊属、杵蚊属等9属35种，其中覆蚊属9种，各种的密度及百分组成见表4。夜间捕蚊59次，共捕获库蚊属、伊蚊属、曼蚊属、阿蚊属、覆蚊属、纷蚊亚属等11属（亚属）共44种。

表 4 显示，云南省南部地区覆蚊属蚊种中，白纹覆蚊和圆斑覆蚊的种群数量占绝对优势，伪白纹覆蚊也有相当数量，其余种类数量较少，有的种如中点覆蚊、叶抱覆蚊等属少见蚊种。以上调查结果虽为云南省南部地区的情况，不能完全代表我国覆蚊属的现状，但依据其地理分布，以及我国南部各省（区）的地理概况与云南基本相似，因此有一定的代表性，可作为我国南部地区覆蚊属种群数量的参考。

表 4　云南省南部地区覆蚊属蚊种密度及百分组成

Table 4 Mosquito density and percentage of the genus *Stegomyia* in southern Yunnan Province

蚊种	捕获蚊数	平均密度	百分组成（%）
白纹覆蚊	8586	162.00	31.58
圆斑覆蚊	5476	103.00	20.14
伪白纹覆蚊	3797	71.64	13.98
尖斑覆蚊	198	5.48	0.72
亚白纹覆蚊	131	2.51	0.48
股点覆蚊模拟亚种	116	2.18	0.42
环胫覆蚊	55	1.03	0.20
叶抱覆蚊	43	0.82	0.16
中点覆蚊	16	0.30	0.05

第三节

季节消长

季节消长是蚊类适应自然环境的主要表现形式之一，它受温度、雨量、地形地势、孳生地等自然因素的直接影响。我国覆蚊属蚊种大部分分布于热带和亚热带地区，少部分分布南温带。这些地区自然环境适于覆蚊的孳生繁殖，但在不同地区，不同蚊种的季节分布有明显差异，如在热带和亚热带地区，白纹覆蚊、埃及覆蚊、伪白纹覆蚊等全年均可繁殖，只在冬季繁殖速度变慢，包括吸血次数减少，或暂停吸血，幼虫发育速度变慢等，而中点覆蚊、西托覆蚊、类黄斑覆蚊等则是活动季节短的蚊种，通常只在每年的9月或10月能捕到成蚊。根据云南省南部地区的调查，在所捕获的16种覆蚊成蚊中，其季节分布可分为3种类型：一类是全年活动，密度高峰季节7~10月或8~10月；第二类是活动时间较长，自雨季开始直至10月雨季结束，共约7~8个月，密度高峰季节为9~10月；第三类为活动季节短的蚊种，每年8~9月或9~10月才可捕到成蚊，数量少，分布局限，没有密度高峰期。详见表5。

表 5 云南省南部地区覆蚊属成蚊季节分布
Table 5 Adult seasonal distribution of the genus *Stegomyia* in southern Yunnan Province

蚊种	捕获月份	密度高峰月份
白纹覆蚊	2~12 月	7~10 月
埃及覆蚊	2~12 月	5~7 月
圆斑覆蚊	3~11 月	7~10 月
伪白纹覆蚊	4~11 月	8~10 月
尖斑覆蚊	4~10 月	9~10 月
亚白纹覆蚊	4~10 月	9~10 月
股点覆蚊模拟亚种	4~11 月	9~10 月
环胫覆蚊	6~10 月	9 月
叶抱覆蚊	7~10 月	9~10 月
中点覆蚊	9 月	—
西托覆蚊	10 月	—
类缘纹覆蚊	8~9 月	—
马立覆蚊	9~10 月	—
类黄斑覆蚊	9 月	—
马来覆蚊	9~10 月	—
仁川覆蚊	8 月	—

表 5 显示，属于第一类型的蚊种为白纹覆蚊、埃及覆蚊等 4 种；第二类型有亚白纹覆蚊、尖斑覆蚊等 5 种；其余 7 种属第三类型。

鉴于埃及覆蚊和白纹覆蚊为登革热、乙型脑炎等病毒病的重要媒介，其生态习性的调查研究在国内外越来越受到重视，我国相继开展了许多观察研究，其中广东省、海南省、云南省开展较为系统的专题研究。云南省自2013年起，对登革热流行区埃及覆蚊和白纹覆蚊进行长年定期的密度、季节消长的监测，内容包括布雷图指数、容器指数、房屋指数等。根据景洪市2016年及2017年1~5月的调查结果，上述三种指数的季节分布基本一致。1~3月很低，自4月开始直线上升，至6月达最高峰，8月后开始逐渐下降，高峰季节为5~7月，峰幅较窄、密度上升快，而下降则相对缓慢。这与海南省儋州市的埃及覆蚊季节分布有明显不同，该市的密度高峰季节为5~10月，持续近6个月。两地的差异主要在于幼虫孳生地的不同，海南省居民有将饮用水储存在室内的习惯，这正是埃及覆蚊的主要孳生场所。而云南省南部地区居民大多数没有这种习惯，埃及覆蚊的孳生地是在室内外废弃的容器积水，而这些容器积水的形成，与是否降雨有直接关系。因此，云南南部地区埃及覆蚊的密度高峰是在雨季开始后的5~7月，7月以后因雨量加大，孳生地被冲刷而减少，幼虫密度逐渐下降，但仍维持在一定的水平，全年均可捞获幼虫，待来年雨季来临，密度又开始上升（详见表6，图13~14）。而在海南省的儋州市，孳生地的形成与降雨有一定关系，但不如云南南部那么重要，幼虫密度的升降与降雨量不完全呈正比。

表 6 云南省景洪市埃及覆蚊幼虫密度及季节消长

Table 6 Larvae density and seasonal fluctuation of *Stegomyia aegypti* in Jinghong, Yunnan Province

年份	调查时间	调查户数	阳性户数	调查容器数	幼虫阳性数	幼虫指数		
						BI	CI	HI
2016 年	1	250	1	214	1	0.40	0.47	0.40
	2	250	3	227	4	1.60	1.76	1.20
	3	250	1	296	1	0.40	0.34	0.40
	4	250	8	278	11	4.40	3.96	3.20
	5	550	36	591	46	8.36	7.78	6.55
	6	500	53	574	84	16.18	14.53	10.60
	7	500	43	493	63	12.60	12.73	8.60
	8	500	31	315	37	7.40	11.75	6.20
	9	500	30	361	34	6.80	9.42	6.00
	10	500	24	436	32	6.40	7.34	4.80
	11	500	7	339	9	1.80	2.65	1.40
	12	250	1	131	1	0.40	0.76	0.40
2017 年	1	250	6	193	11	4.40	6.36	2.40
	2	250	10	288	14	5.60	4.86	4.00
	3	250	4	177	4	1.60	2.26	1.60
	4	500	30	473	34	6.80	7.19	6.00
	5	500	28	346	38	7.60	10.98	5.60

1981~1982年，广西壮族自治区组成专业调查组，对防城白纹覆蚊的季节分布进行观察研究，观察点设在野生竹林内。幼虫采用人工竹筒积水诱其产卵繁殖，定期观察竹筒幼虫数，以一个竹筒内幼虫数作为密度计算单位；成蚊采用人帐诱蚊法每旬观察一次，每次诱捕20分钟为一密度计算单位，于日落3小时前进行捕蚊。通过一年的观察，得出全年成、幼虫的密度变化。白纹覆蚊在该地区全年均可孳生繁殖；幼虫密度2月开始上升，至4月呈一高峰，7~8月较低，10月又有一高峰。成蚊的密度消长形式与幼虫基本相似，也是双峰型，但在7~10月的高峰期中，由于降雨量加大，孳生地受影响，成蚊密度时高时低，呈现多峰型，此种现象在新加坡也有报道。（详见图15~16）。

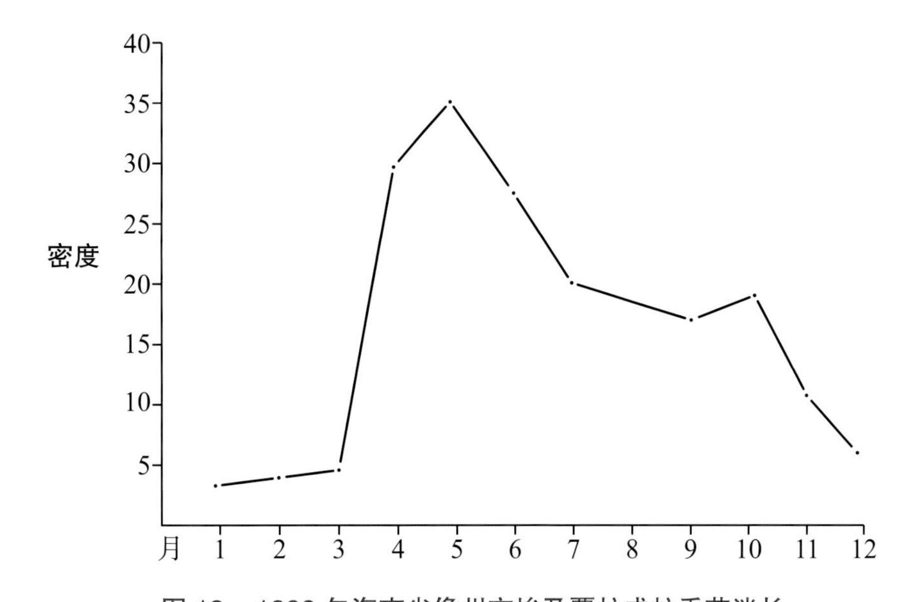

图 13　1999 年海南省儋州市埃及覆蚊成蚊季节消长
Fig. 13 The seasonal fluctuation of adult *Stegomyia aegypti* in Danzhou , Hainan Province in 1999

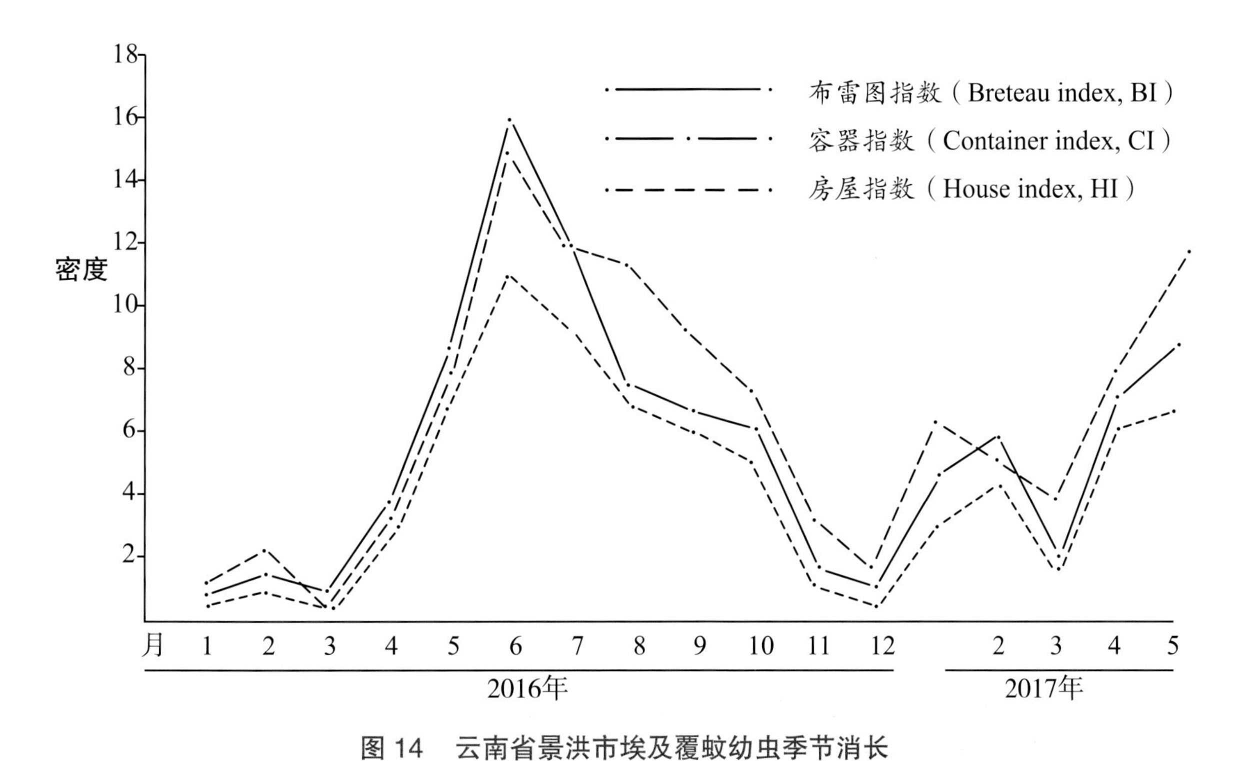

图 14　云南省景洪市埃及覆蚊幼虫季节消长
Fig. 14 Larvae seasonal fluctuation of *Stegomyia aegypti* in Jinghong, Yunnan Province

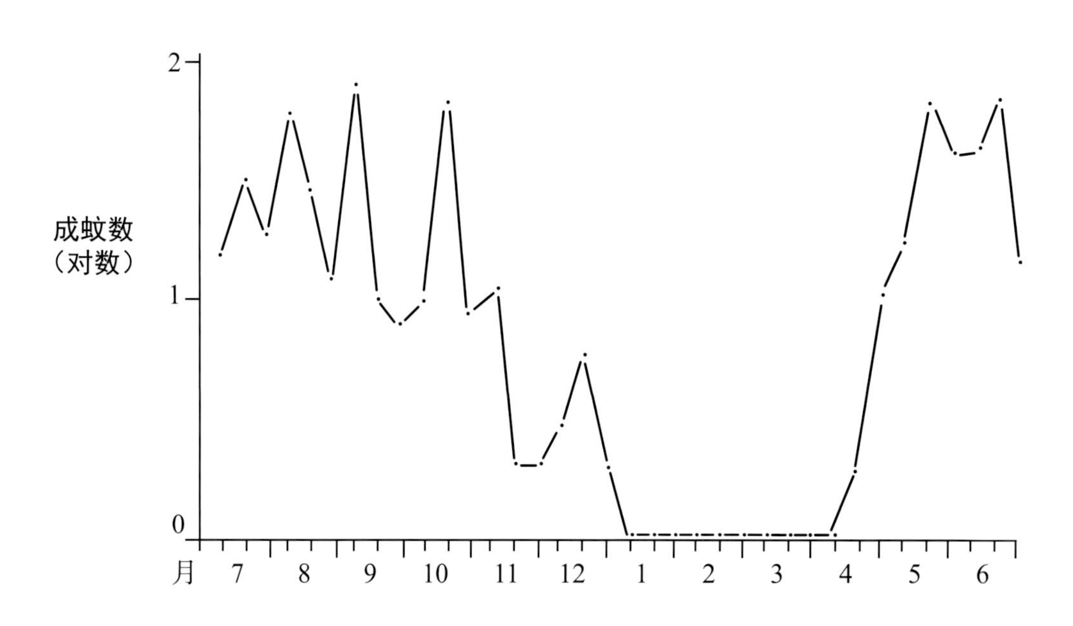

图 15　1981~1982 年广西壮族自治区防城市白纹覆蚊成蚊季节消长
Fig. 15 Adult seasonal fluctuation of *Stegomyia albopictus* in Fangcheng, Guangxi Autonomous Region from 1981 to 1982

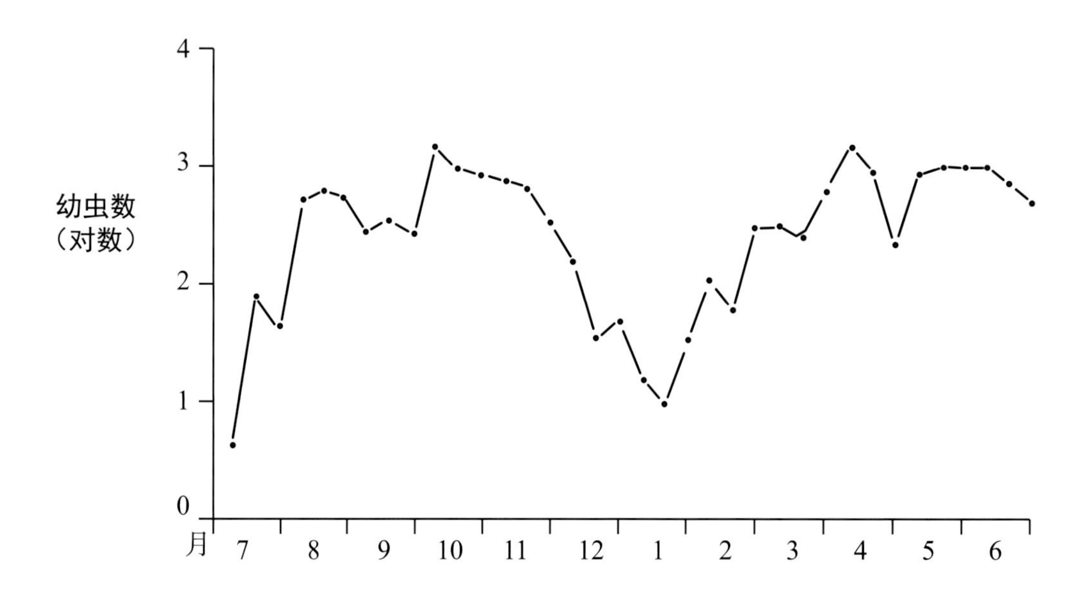

图 16　1981~1982 年广西壮族自治区防城市白纹覆蚊幼虫季节消长
Fig. 16 Larvae seasonal fluctuation of *Stegomyia albopictus* in Fangcheng, Guangxi Autonomous Region from 1981 to 1982

第四节

幼虫孳生习性

覆蚊属幼虫孳生地复杂多样，各蚊种的孳生特点受多种自然因素的影响，其中重要的因素有水温、水质（浑浊度、pH值）、水态（净水、缓流、水体大小）、光照、植被等，对孳生蚊种及其数量有直接的关系。调查资料表明，每种覆蚊幼虫对孳生地都有一定的选择性，在自然条件允许的情况下，这种选择显得很严格，然而决定某种幼虫孳生的主要特点，首先是自然条件，其次才是幼虫的生物学特征。普遍认为白纹覆蚊在野外主要是孳生于竹筒、树洞、叶腋等积水内，但在非雨季节，自然水体也可发现其幼虫孳生。1998年12月，作者曾在普洱市坝边的小水塘内捞获数十条白纹覆蚊和圆斑覆蚊幼虫。这说明幼虫对孳生地的选择性是相对的，而适应环境则是绝对的。

覆蚊属幼虫孳生地的种类繁多，根据各省（区）、市的调查，以及国外的有关报道，大致可分为两类：一类为自然积水，包括竹筒、树洞、叶腋、花瓣（热带森林中姜科植物Zingiberaceae）、椰子壳、石穴、森林边缘的水坑，以及落叶积水、腐木形成的各种凹、穴等积水；另一类为人工积水，包括人类行为造成的各种大、小积水，如缸、罐、盆、盒、瓶、碗、水桶、橡胶林中的接胶碗、轮胎以及废弃的可积水的各种容器。在现知的23种覆蚊中，大部分种的幼虫都孳生于第一类的孳生地，后一类型孳生地主要是埃及覆蚊和白纹覆蚊幼虫孳生。覆蚊属孳生地的分布与各地的自然环境、当地居民的生活习惯有直接关系，例如我国南部的云南、贵州、四川、福建、广东、广西、浙江、江苏、湖南等省（区）的山区和平坝地区边缘，都有种植的或野生的各种竹子砍伐后遗留下的竹筒，便是覆蚊属幼虫的主要孳生地。据云南省1980~1987年的调查，在所发现的16种覆蚊中，除了西托覆蚊、仁川覆蚊、类缘纹覆蚊仅捞获于树洞外，其余13种在竹筒中均可捞获，并有相当多的数量。在西双版纳勐腊县，远离居民点5km外的野外竹林中，仍可捞获大量的白纹覆蚊、圆斑覆蚊等幼虫。辽宁省1982年调查所发现的4种覆蚊，除白纹覆蚊主要孳生于沿海城区的旧轮胎外，其余3种均捞获于山区和森林地区的树洞积水。此外，泰国报道白纹覆蚊大量存在于远离人群的森林地区。马来西亚在沙捞越的调查结果发现，白纹覆蚊为海岛森林带的优势蚊种。但在新加坡埃及覆蚊和白纹覆蚊孳生于家庭内积水幼虫，占幼虫孳生地95%。日本冲绳等地，曾报道白纹覆蚊孳生于稻田内。以上报道说明，不同的地理环境、自然气候，覆蚊属幼虫的孳生地有明显差异。

第五节 成蚊栖息习性

覆蚊属的栖息习性，因蚊种不同和地理环境的差异，各蚊种的栖息特征有明显的差异。根据调查资料，可分为以下类型：

1. 家栖型

此类覆蚊的生活史几乎都在居民点内或居民点周围完成，包括雌雄交配、吸血、卵巢发育、产卵、幼虫发育，直至成蚊羽化。代表种为埃及覆蚊。

2. 半家栖型

此类覆蚊的特点是吸血在居民点内或居民点外，而雌雄蚊交配则多在居民点外进行，吸血后有的就在吸血场所附近停息，有的则飞离吸血场所，到更远的草丛、灌木林停息，消化血液，待卵巢发育成熟后，又飞回居民点内或其附近孳生地产卵。完成生活史的过程不完全在居民点内，卵巢发育阶段是在野外进行。代表种有伪白纹覆蚊、白纹覆蚊。

3. 野栖型

我国的覆蚊属蚊种大多属于这一类，此种类型又可分两类：一类是自吸血到产卵的整个过程都在野外进行，从不进入居民点；另一类为在野外血源动物缺乏时，部分饥饿的雌蚊会进入居民点内吸血，吸血后很快飞离居民点，到野外栖息。前一类代表种如中点覆蚊、马立覆蚊；后一类代表种为股点覆蚊、仁川覆蚊、环胫覆蚊、圆斑覆蚊。

覆蚊属的栖息习性受到自然环境及季节变化的影响，当自然环境、气候条件都适宜的时候，上述三种栖息特征才能充分显示出来，否则其原有的栖息特征也会变化。

蚊类，无论是家栖型或野栖型，都会选择在阴暗、潮湿、避风的地点停息。覆蚊属也不例外，家栖的埃及覆蚊多停息在卧室床底、蚊帐内外、墙角、深色悬挂物的背面，以及深色家具的背面。在农村除上述地点外，畜厩内外及其周围的草丛也是主要的停息地。野栖的种类则多停息在低矮的灌木丛、草丛、土坎、石缝、树洞、竹林的低矮处等。

第六节

雌蚊嗜血习性

雌蚊成蚊除了少数有自育（Autogeny）特点的蚊种外，绝大部分雌蚊都必须吸食动物血液，其卵巢才能发育成熟，产卵。在自然界，雌蚊吸不到动物血液，吸食植物叶汁、花蜜也能存活，但卵巢不能发育产卵。因此，雌蚊为了繁殖后代，必须寻找吸血对象吸血，发育卵巢，然后产卵，完成生活史的三个时期。吸血、卵巢发育、产卵，这三个不同时期，通常被称为雌蚊的生殖营养环（Gonotrophic Cycle）。雌蚊的一生就是不断完成生殖营养环的一生。

雌蚊吸血习性可因血源动物种类、自然环境、自然气候等因素而不同。在血源动物充足的情况下，据国内外的相关报道，埃及覆蚊、白纹覆蚊主吸人血，兼吸猪、马、牛等家畜血，而仁川覆蚊、圆斑覆蚊、尖斑覆蚊则主吸牛、羊、马、猪血，兼吸人血。而当血源动物不够充足的时候，这一习性也会随之改变。国外文献报道，白纹覆蚊能在人、牛、犬、猪、猫、蝙蝠、松鼠、地鼠、家鼠和小鸡身上吸血，甚至吸食蛇血和蛙血。1985年，云南省寄生虫病防治所在进行全省蚊类调查中，曾在西双版纳勐腊县麻木树乡远离居民点的牛栏内，捕获相当数量的白纹覆蚊、圆斑覆蚊、中点覆蚊等6种已吸饱血的雌蚊。上述调查表明，雌蚊吸血对血源动物的选择是相对的，而适应当时当地的自然环境则是绝对的。

雌蚊吸血活动的时间及其规律，不同的蚊类各不相同。按蚊族（Tribe Aaopheini）、库蚊族（Tribe Culicini）大多在夜间进行吸血，伊蚊族（Tribe Aedini）大多在白天进行吸血。而各蚊种之间的吸血活动也有差异，这种差异除了蚊种本身的生物学特征外，自然环境中的温度、湿度、风速、光照等因素，也可影响吸血活动。据各地的观察，埃及覆蚊、白纹覆蚊、伪白纹覆蚊、圆斑覆蚊以白天吸血为主，也有少数在夜晚吸血。海南省儋州市的埃及覆蚊有两个活动高峰，即早晨8~9时，下午18~20时。江苏省宜兴市的白纹覆蚊全天都有吸血活动，以白天为主，夜间有一定数量，全天有两个活动高峰，第一高峰在日出后1小时，第二高峰在日落前2小时。高峰期会因自然气候变化而变化。晴天峰高而窄，阴天峰宽而低，小雨不影响吸血活动，中午过强光照和高温或低温，对吸血活动有明显抑制作用。国外学者对白纹覆蚊的吸血活动规律也有许多研究报道，但结果不尽相同。日本报道一天只有一个活动高峰，即下午16~18时；菲律宾报道昼夜都有吸血活动，主要在早晨；毛里求斯报道吸血活动主要在中午；马来西亚观察到白纹覆蚊吸血最理想地点是在树荫处，在森林区大量白纹覆蚊会飞来叮人。

雌蚊吸血后会很快飞离吸血对象，到野外或就在吸血地附近栖息，消化血液，发育卵巢，待产卵后再次吸血。这是绝大多数蚊类雌蚊的生殖营养规律，但现已证实，埃及覆蚊有重复吸血的习性，吸饱血后可立即再次吸血，这不仅使其增加传播病原次数，还可造成直接感染的危险。

第七节

埃及覆蚊雌蚊生殖营养环及生理龄期

雌蚊有两种龄期，即生理龄期及日龄。生殖营养环是指雌蚊吸血、卵巢发育、产卵、再吸血的过程。生理龄期是指雌蚊一生中，完成几次生殖营养环，就有几个生理龄期。日龄是指雌蚊一生中存活的天数，是20天或1个月。雌蚊存活时间的长短，完成生理龄期的次数多与少，除了蚊种本身生物学特征外，与温度的高低有着直接的关系。根据在滇南地区的观察，在22~28℃的温度期间，完成一次生殖营养环只需要8~10天，而在14~16℃的秋冬季，完成一次生殖营养环则需18~22天。对于埃及覆蚊在登革热流行病学中意义，以及对其预防控制效果的评价，了解其日龄并不十分重要，重要的是了解它的生理龄期。

雌蚊的卵巢成熟排卵后，卵巢管逐渐收缩，最后形成一小的膨大部，每排出一次卵就遗有一个膨大部，而膨大部不会因卵巢再次发育而消失。因此，有几个膨大部，证明产过几次卵，也就是有几个生理龄期（图17）。

雌蚊一次吸饱血后，通常其卵巢便开始发育，逐渐变大，直到卵成熟。在适宜的温度（22~24℃）下，一次卵巢发育所需时间为44~46小时。吸血→消化血液→卵巢发育成熟→产卵，这种吸血与卵巢发育的正常关系，称为生殖营养协调；若并不能吸饱血，或因其他原因，卵巢不能完全发育成熟，称为生殖营养失调；若完全不吸血，或吸血后因低温或高温的影响、杀虫剂的影响，卵巢完全不发育，称为生殖营养分解。

1920年，Cella氏根据雌蚊吸血后腹部的外部形态，将胃血消化的过程分为7个阶段，称之为谢拉氏胃血消化分期。在24℃恒温下，埃及覆蚊的谢拉氏分期如下（图18~19）：

Ⅰ期：未吸血，空腹，卵巢不发育。

Ⅱ期：刚吸饱血，腹部充满血液，血呈鲜红色，仅2.5~3个背片无血。

Ⅲ期：吸血后8~10小时，血液很多，血色变深，4个背片、2个腹片无血。

Ⅳ期：吸血后12~18小时，腹部仍然膨大，血色变黑，5个背片、3.5~4个腹片无血。

Ⅴ期：吸血后20~27小时，腹部渐小，血少黑色，6.5个背片、4.5个腹片无血。

Ⅵ期：吸血后30~36小时，血液很少，仅残留在腹部底面，7个背片、6个腹片无血。

Ⅶ期：吸血后38~44小时，胃血完全消化，偶有一线黑血残留腹部底面，卵巢发育成熟，腹部缩小。

雌蚊吸饱血后，随着血液被消化吸收，卵巢便开始发育长大直至成熟，卵巢发育的这一过程，Christopher 根据卵巢及卵泡囊的大小、形态变化，以及卵巢内卵黄颗粒（Vitelline）的多少，分为7个阶段，即Christopher卵巢发育分期（克氏分期）。埃及覆蚊的分期如下（图20~21）：

Ⅰ期：卵巢很小，透明，卵泡囊圆形，内含生殖细胞及营养细胞（Egg Cell, Nurse Cell）。

Ⅱ期：卵巢开始发育，卵泡囊渐大，椭圆形，卵细胞周围出现卵黄颗粒，占卵体积的1/3。

Ⅲ期：卵巢及卵泡囊明显增大，卵泡囊内的卵黄颗粒，占卵体积的1/2 。

Ⅳ期：卵巢及卵泡囊继续增大，卵泡囊内的卵黄颗粒，占卵体积的2/3。

Ⅴ期：卵巢急速增大，卵泡囊增大且逐渐变长，卵黄颗粒占卵体积的4/5，营养细胞被挤向一端。

Ⅵ期：卵巢继续增大，卵泡囊变长，卵黄颗粒占卵体积的绝大部分，充满整个卵泡，仅顶端有少量营养细胞。

Ⅶ期：卵巢已发育成熟，除体积增大外，卵已呈纺锤形，卵外壳已出现粒状突起，整个卵充满卵黄颗粒，仅有少量营养细胞的残遗物被挤压在卵外端部。

雌蚊吸血在适宜温度下，每次都是吸得很饱，足以使卵巢发育成熟。在饲养的埃及覆蚊中，经常可见到其产卵后，胃底仍有一定量未消化完的血液，但若再次喂血仍然凶猛吸血，直到吸得很饱才会停止，充分显示其重复吸血的特性。

在正常的条件下，血液消化（谢拉氏期）与卵巢发育（克氏期）的关系如下：

谢拉氏期	克氏期
I	I
II	II
III	III
IV	IV
V	V~VI
VI	VI~VII
VII	VII

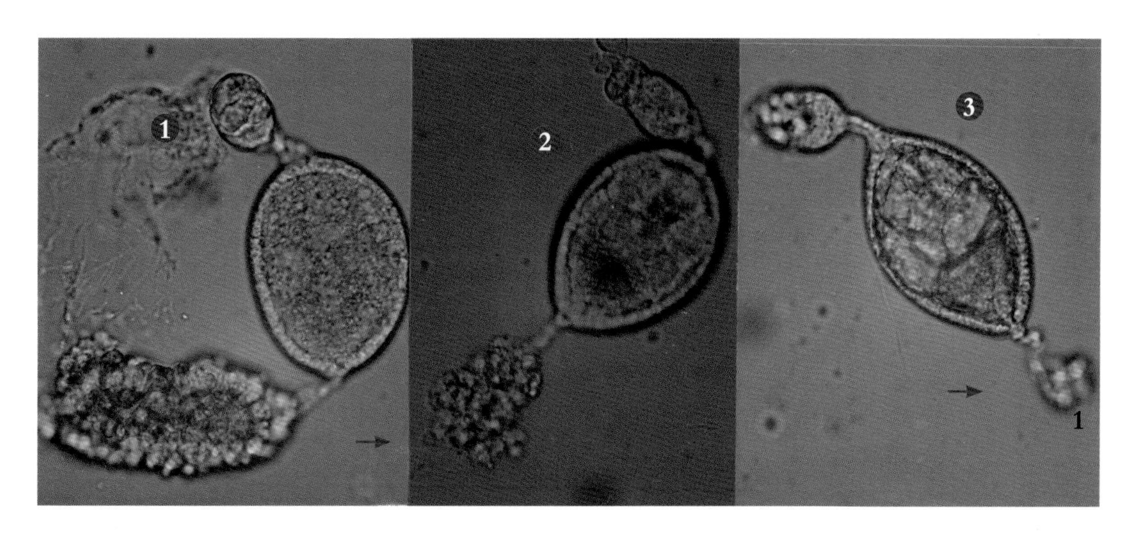

正在形成的膨大部　　　　产卵一次

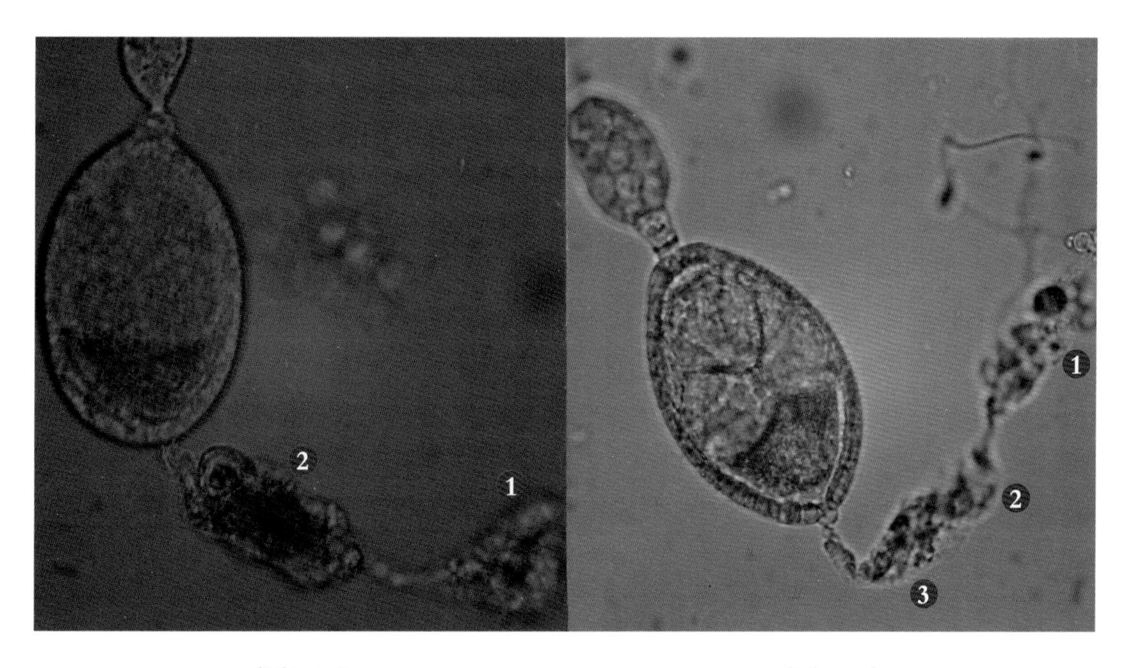

产卵二次　　　　产卵三次

图 17　埃及覆蚊卵小管膨大部形成及产卵次数
Fig. 17 Formation of ovarioles inflation and times of eggs oviposition of *Stegomyia aegypti*

Ⅰ期 未吸血

Ⅱ期 刚吸饱血

Ⅲ期 吸血后
8~10 小时

Ⅳ期 吸血后
12~18 小时

图 18 埃及覆蚊雌蚊胃血消化谢拉氏（Cella）分期（一）
Fig. 18 Cella periodzition of gastric blood digestion of female *Stegomyia aegypti* (1)

Ⅴ期 吸血后
20~27 小时

Ⅵ期 吸血后
30~36 小时

Ⅶ期 吸血后
38~44 小时

发育成熟的卵巢

图 19 埃及覆蚊雌蚊胃血消化谢拉氏（Cella）分期（二）
Fig. 19 Cella periodzition of gastric blood digestion of female *Stegomyia aegypti* (2)

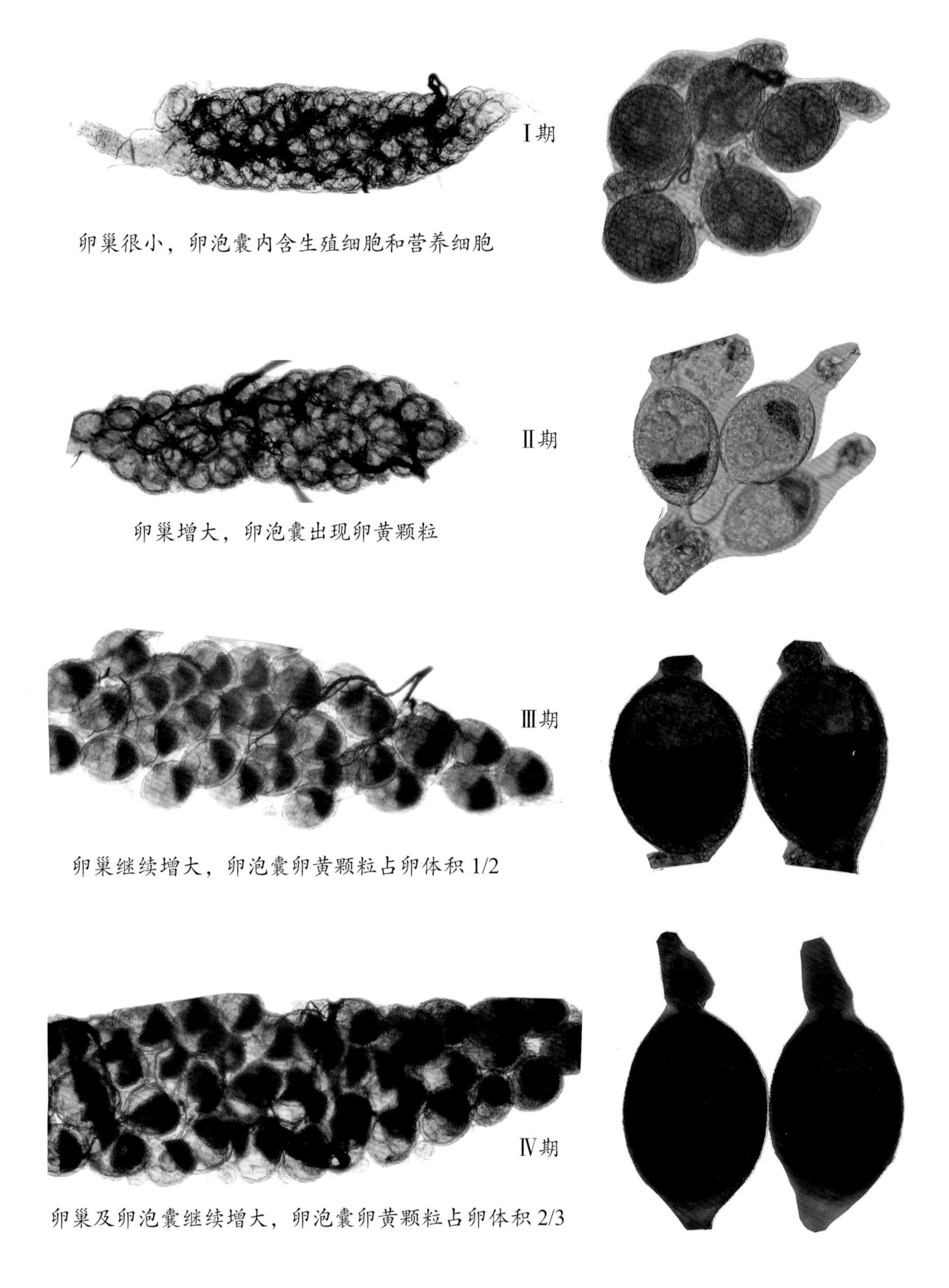

Ⅰ期
卵巢很小，卵泡囊内含生殖细胞和营养细胞
Ⅱ期
卵巢增大，卵泡囊出现卵黄颗粒
Ⅲ期
卵巢继续增大，卵泡囊卵黄颗粒占卵体积 1/2
Ⅳ期
卵巢及卵泡囊继续增大，卵泡囊卵黄颗粒占卵体积 2/3

图 20　埃及覆蚊雌蚊卵巢发育克氏（Christophers）分期（一）
Fig. 20 Christophers periodzition of ovarian development of female *Stegomyia aegypti* (1)

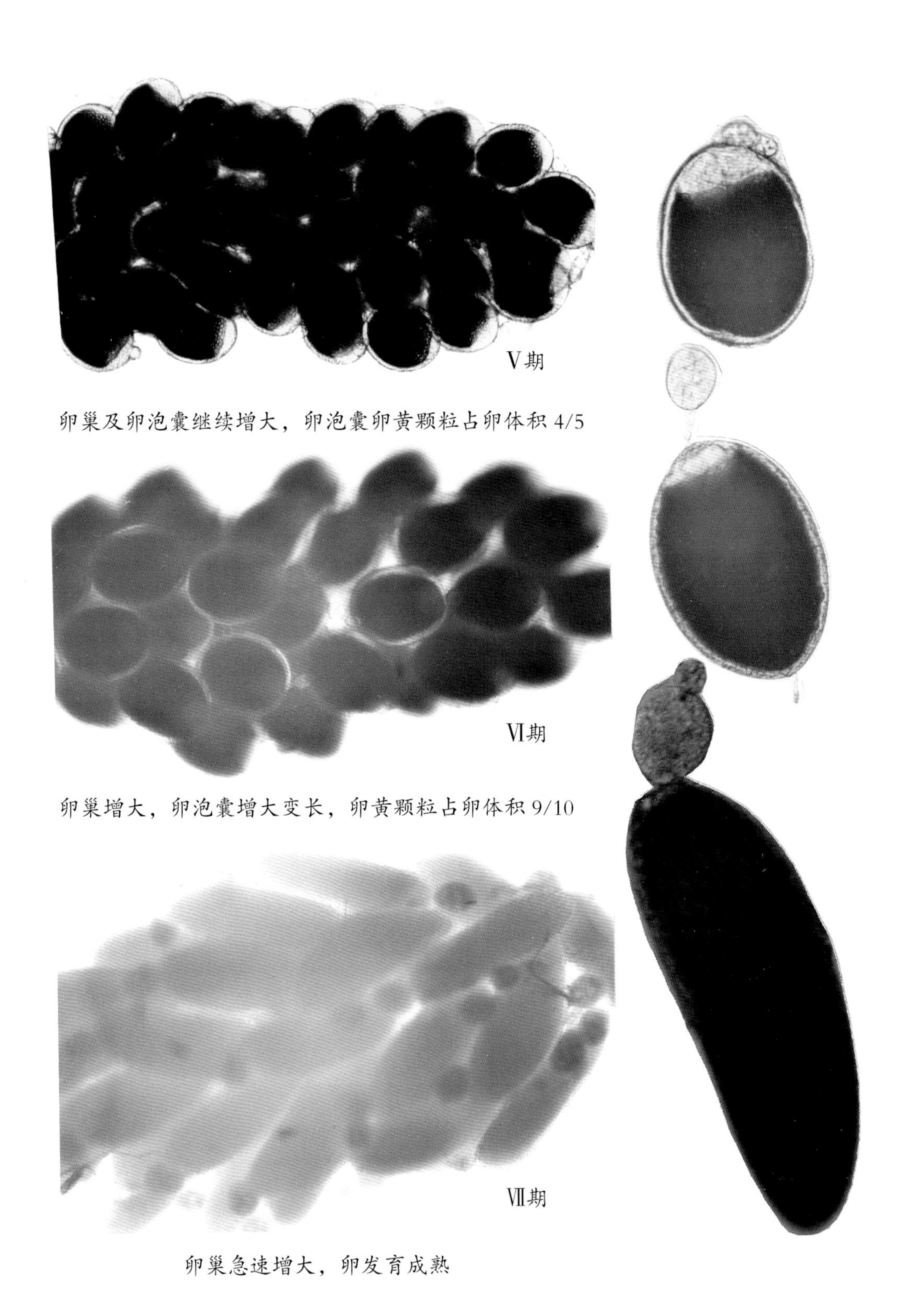

Ⅴ期
卵巢及卵泡囊继续增大，卵泡囊卵黄颗粒占卵体积 4/5
Ⅵ期
卵巢增大，卵泡囊增大变长，卵黄颗粒占卵体积 9/10
Ⅶ期
卵巢急速增大，卵发育成熟

图 21 埃及覆蚊雌蚊卵巢发育克氏（Christophers）分期（二）
Fig. 21 Christophers periodzition of ovarian development of female *Stegomyia aegypti* (2)

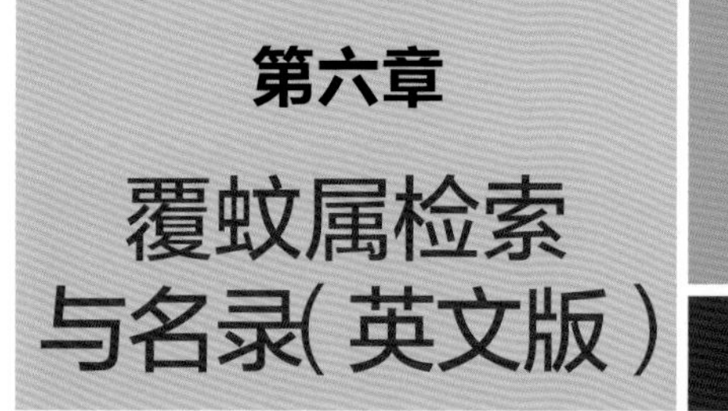

第六章
覆蚊属检索与名录（英文版）

第一节

中国覆蚊属蚊种鉴别特征与检索

Sector 1 The Keys for Adult Female Identication of *Stegomyia* in China

ILLUSTRATED KEYS TO THE GENUS *STEGOMYIA* OF CHINA

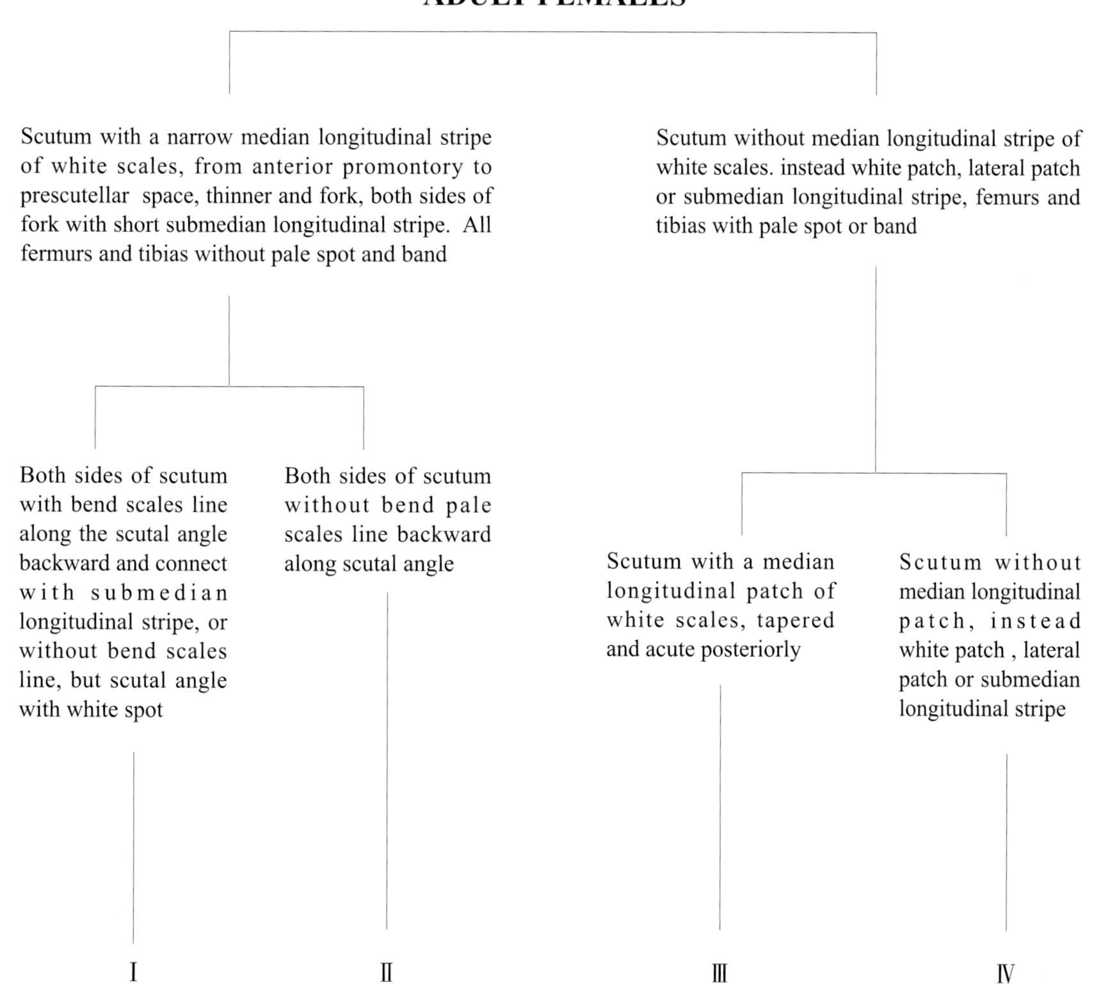
ADULT FEMALES
Scutum with a narrow median longitudinal stripe of white scales, from anterior promontory to prescutellar space, thinner and fork, both sides of fork with short submedian longitudinal stripe. All fermurs and tibias without pale spot and band
Scutum without median longitudinal stripe of white scales. instead white patch, lateral patch or submedian longitudinal stripe, femurs and tibias with pale spot or band
Both sides of scutum with bend scales line along the scutal angle backward and connect with submedian longitudinal stripe, or without bend scales line, but scutal angle with white spot
Both sides of scutum without bend pale scales line backward along scutal angle
Scutum with a median longitudinal patch of white scales, tapered and acute posteriorly
Scutum without median longitudinal patch, instead white patch , lateral patch or submedian longitudinal stripe
Ⅰ
Ⅱ
Ⅲ
Ⅳ

Group Ⅰ

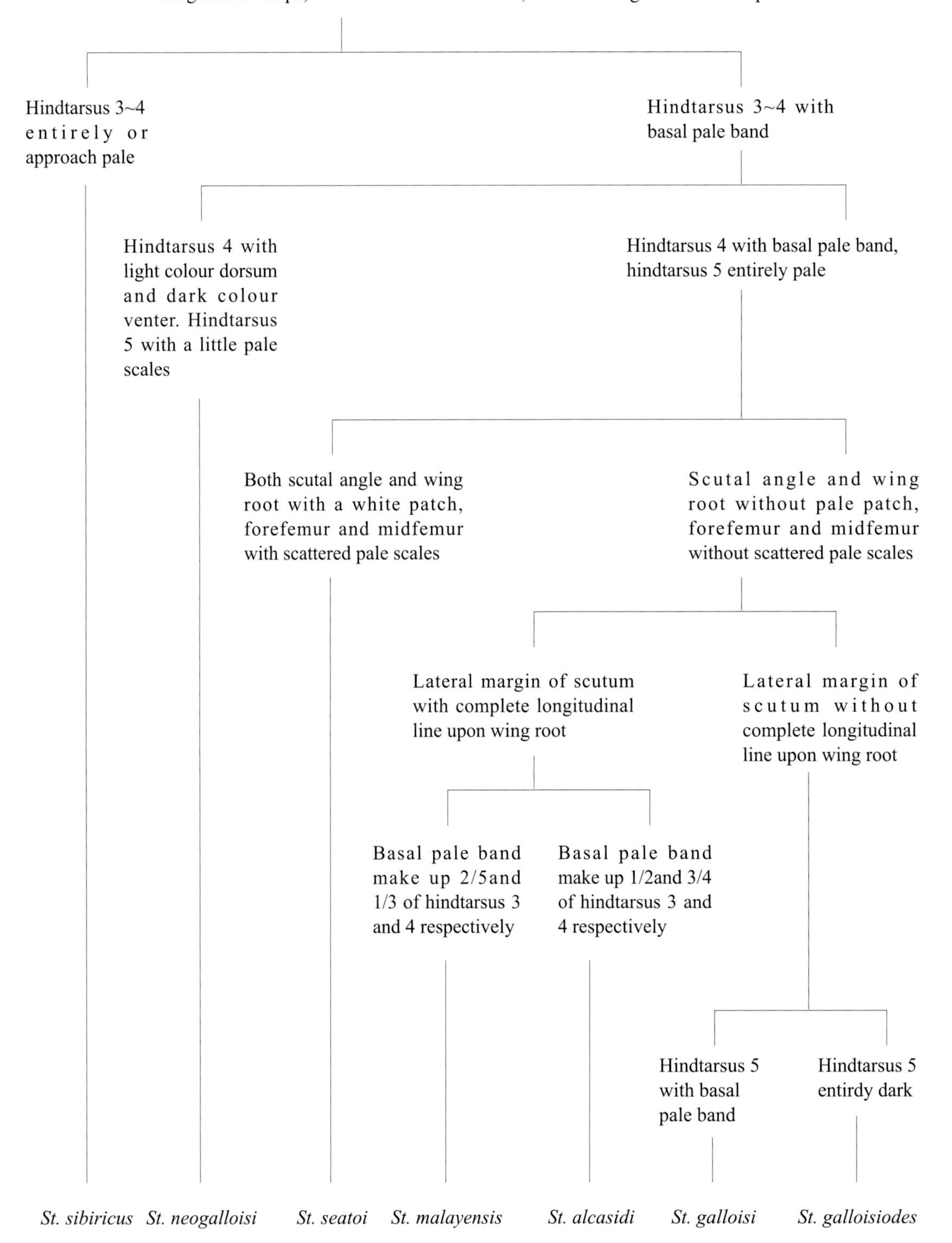
Both sides of scutum with a bend scales line along the scutal angle backward and connect with the submedian longitudinal stripe, or without bend scales line, but scutal angle with white spot
Hindtarsus 3~4 entirely or approach pale
Hindtarsus 3~4 with basal pale band
Hindtarsus 4 with light colour dorsum and dark colour venter. Hindtarsus 5 with a little pale scales
Hindtarsus 4 with basal pale band, hindtarsus 5 entirely pale
Both scutal angle and wing root with a white patch, forefemur and midfemur with scattered pale scales
Scutal angle and wing root without pale patch, forefemur and midfemur without scattered pale scales
Lateral margin of scutum with complete longitudinal line upon wing root
Lateral margin of scutum without complete longitudinal line upon wing root
Basal pale band make up 2/5and 1/3 of hindtarsus 3 and 4 respectively
Basal pale band make up 1/2and 3/4 of hindtarsus 3 and 4 respectively
Hindtarsus 5 with basal pale band
Hindtarsus 5 entirdy dark
St. sibiricus
St. neogalloisi
St. seatoi
St. malayensis
St. alcasidi
St. galloisi
St. galloisiodes

Group Ⅱ

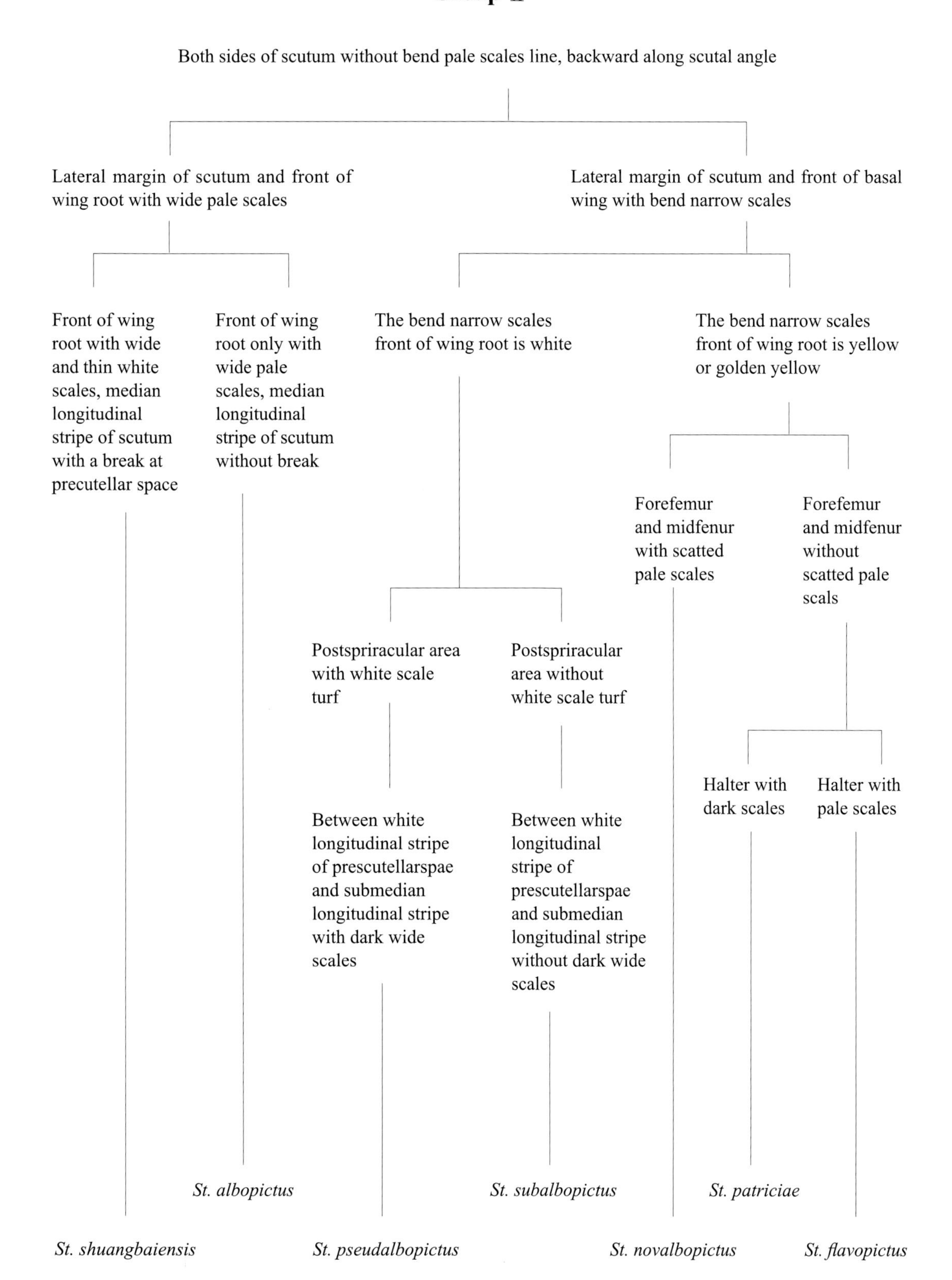

Both sides of scutum without bend pale scales line, backward along scutal angle
Lateral margin of scutum and front of wing root with wide pale scales
Lateral margin of scutum and front of basal wing with bend narrow scales
Front of wing root with wide and thin white scales, median longitudinal stripe of scutum with a break at precutellar space
Front of wing root only with wide pale scales, median longitudinal stripe of scutum without break
The bend narrow scales front of wing root is white
The bend narrow scales front of wing root is yellow or golden yellow
Forefemur and midfenur with scatted pale scales
Forefemur and midfenur without scatted pale scals
Postspriracular area with white scale turf
Postspriracular area without white scale turf
Halter with dark scales
Halter with pale scales
Between white longitudinal stripe of prescutellarspae and submedian longitudinal stripe with dark wide scales
Between white longitudinal stripe of prescutellarspae and submedian longitudinal stripe without dark wide scales
St. albopictus
St. subalbopictus
St. patriciae
St. shuangbaiensis
St. pseudalbopictus
St. novalbopictus
St. flavopictus

Group Ⅲ

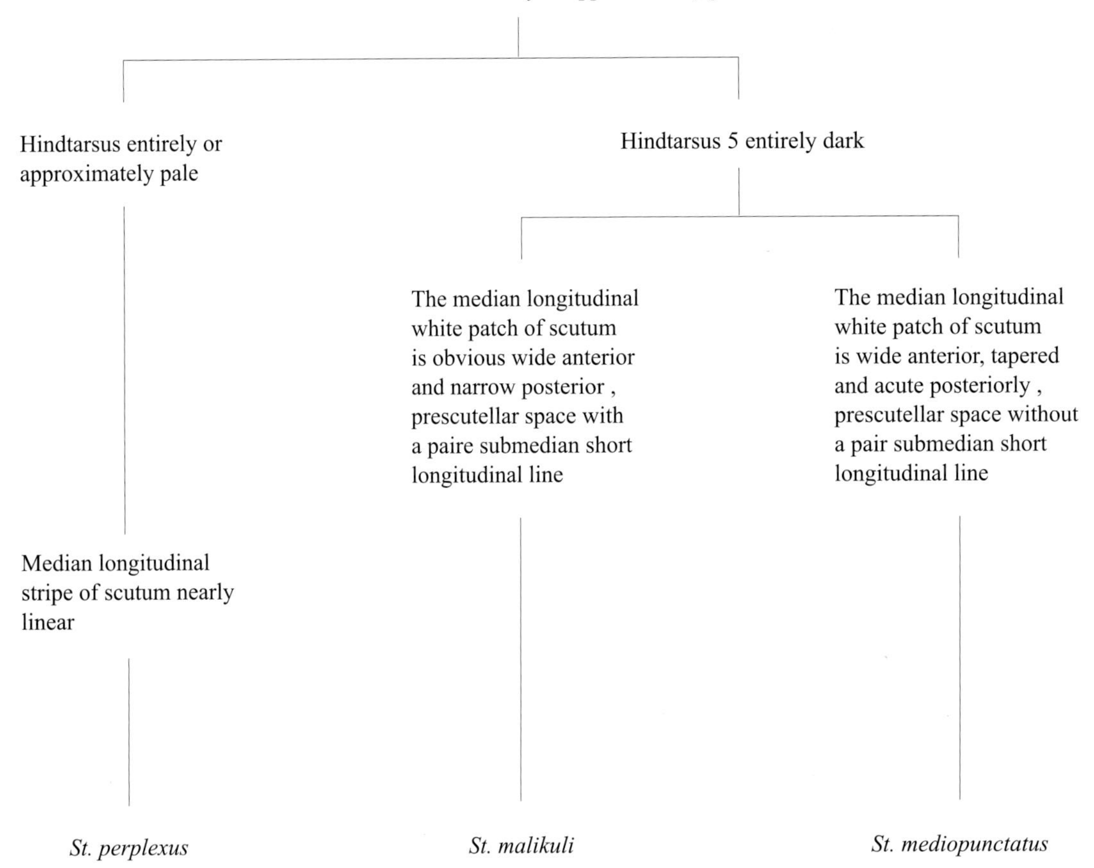
Scutum with a median longitudinal patch of white scales, tapered and acute posteriorly, hindtarsus 3 entirely dark, hindtarsus 4 entirely or approximately pale
Hindtarsus entirely or approximately pale
Hindtarsus 5 entirely dark
The median longitudinal white patch of scutum is obvious wide anterior and narrow posterior , prescutellar space with a paire submedian short longitudinal line
The median longitudinal white patch of scutum is wide anterior, tapered and acute posteriorly , prescutellar space without a pair submedian short longitudinal line
Median longitudinal stripe of scutum nearly linear
St. perplexus
St. malikuli
St. mediopunctatus

Group Ⅳ

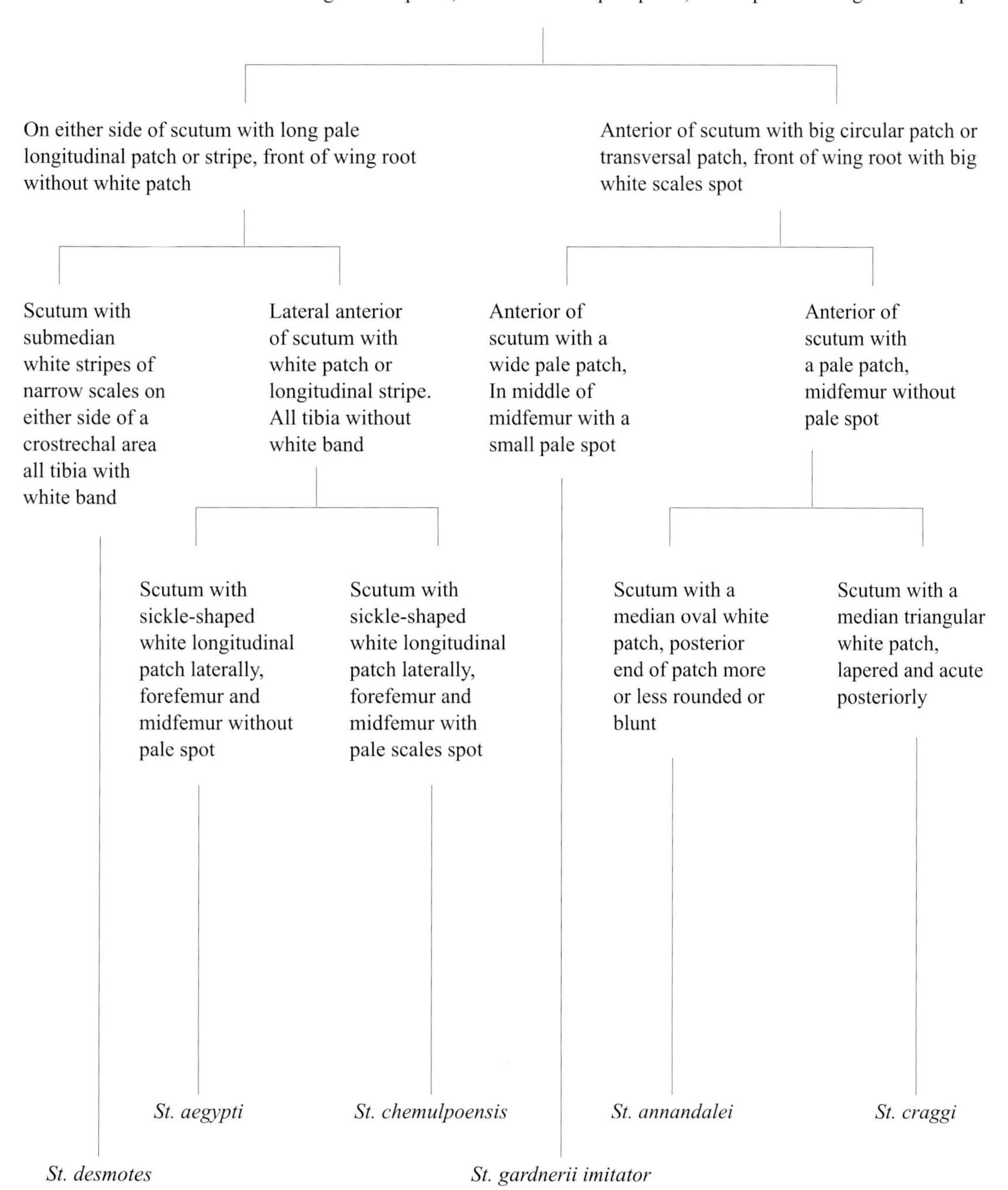
Scutum without white median longitudinal patch, instead circular pale patch, lateral patch or longitudinal stripe
On either side of scutum with long pale longitudinal patch or stripe, front of wing root without white patch
Anterior of scutum with big circular patch or transversal patch, front of wing root with big white scales spot
Scutum with submedian white stripes of narrow scales on either side of a crostrechal area all tibia with white band
Lateral anterior of scutum with white patch or longitudinal stripe. All tibia without white band
Anterior of scutum with a wide pale patch, In middle of midfemur with a small pale spot
Anterior of scutum with a pale patch, midfemur without pale spot
Scutum with sickle-shaped white longitudinal patch laterally, forefemur and midfemur without pale spot
Scutum with sickle-shaped white longitudinal patch laterally, forefemur and midfemur with pale scales spot
Scutum with a median oval white patch, posterior end of patch more or less rounded or blunt
Scutum with a median triangular white patch, lapered and acute posteriorly
St. aegypti
St. chemulpoensis
St. annandalei
St. craggi
St. desmotes
St. gardnerii imitator

Sector 2 The Keys for Larvae Identication of *Stegomyia* in China

ILLUSTRATED KEYS TO THE GENUS *STEGOMYIA* OF CHINA LARVAE

Without small SPINE on antenna trunk, sete 1-A small single, seta 4-C and 6-C near to the fore of head, seta4-C with branch from its base, seta 5-C usually without branches. Thorax and abdomen with or without stellate setae, comb with fewer than 15 scales, comb scales arising from sclerotized plate or not

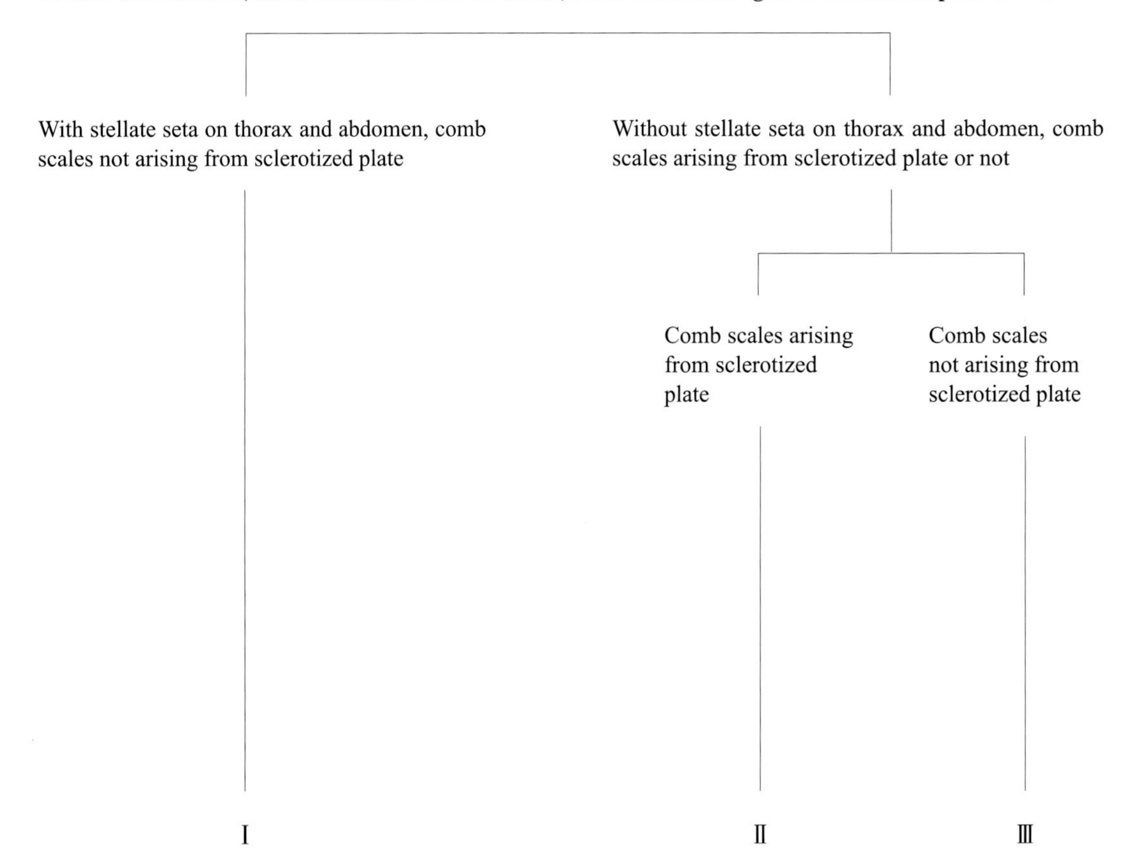
With stellate seta on thorax and abdomen, comb scales not arising from sclerotized plate
Without stellate seta on thorax and abdomen, comb scales arising from sclerotized plate or not
Comb scales arising from sclerotized plate
Comb scales not arising from sclerotized plate
I
II
III

Group Ⅰ

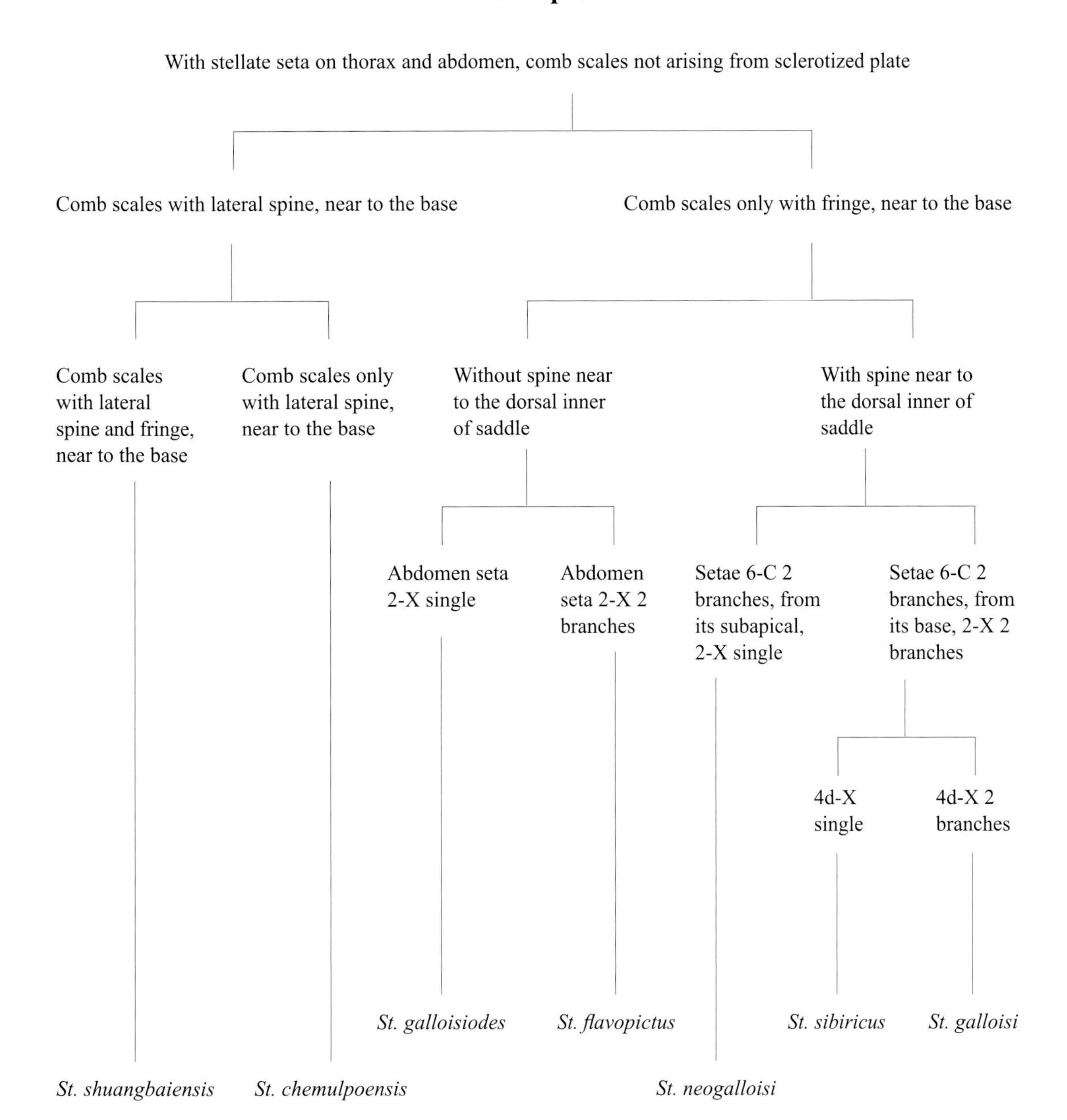
With stellate seta on thorax and abdomen, comb scales not arising from sclerotized plate
Comb scales with lateral spine, near to the base
Comb scales only with fringe, near to the base
Comb scales with lateral spine and fringe, near to the base
Comb scales only with lateral spine, near to the base
Without spine near to the dorsal inner of saddle
With spine near to the dorsal inner of saddle
Abdomen seta 2-X single
Abdomen seta 2-X 2 branches
Setae 6-C 2 branches, from its subapical, 2-X single
Setae 6-C 2 branches, from its base, 2-X 2 branches
4d-X single
4d-X 2 branches
St. galloisiodes
St. flavopictus
St. sibiricus
St. galloisi
St. shuangbaiensis
St. chemulpoensis
St. neogalloisi

Group Ⅱ

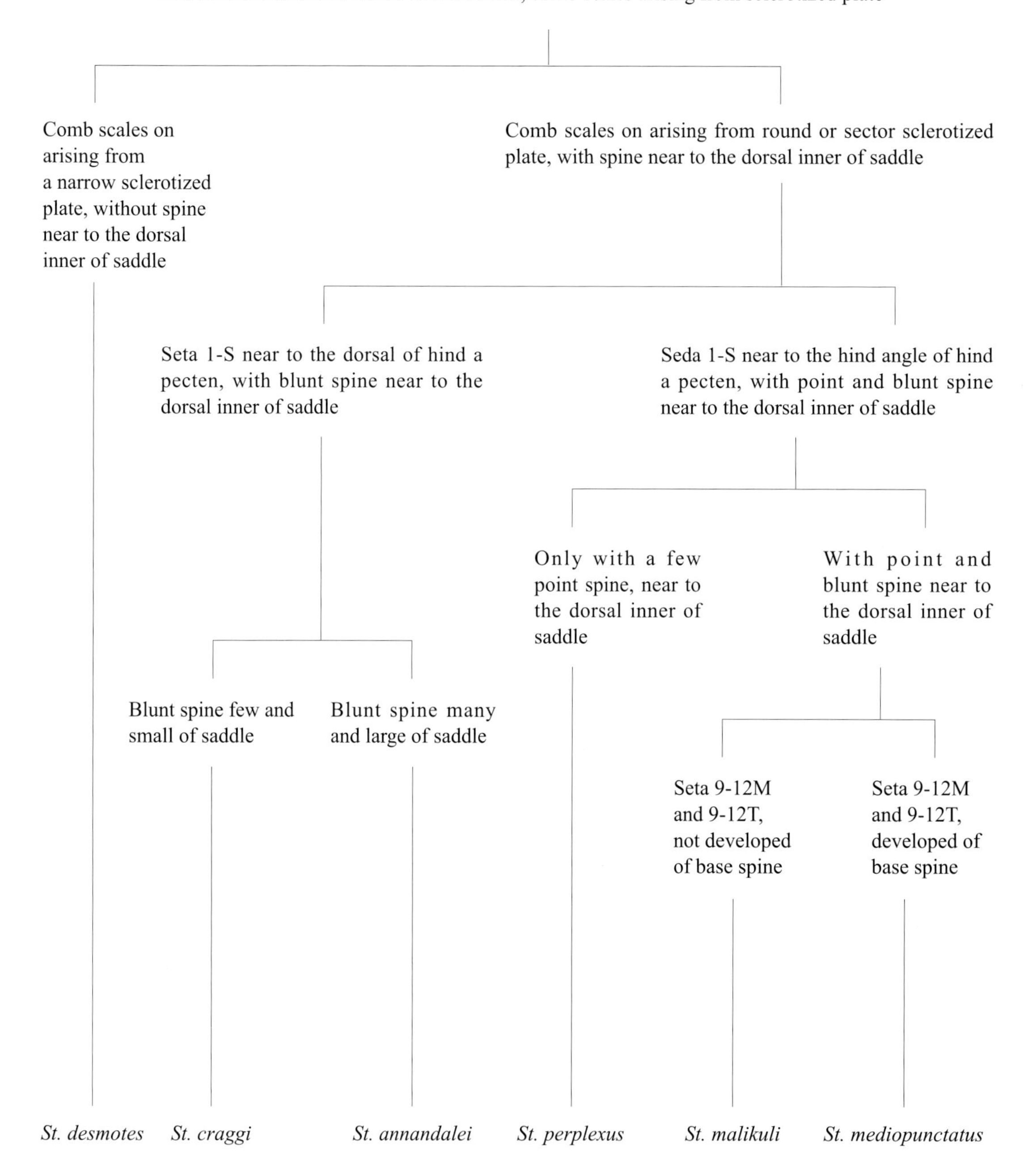

Without stellate seta on thorax and abdomen, comb scales arising from sclerotized plate
Comb scales on arising from a narrow sclerotized plate, without spine near to the dorsal inner of saddle
Comb scales on arising from round or sector sclerotized plate, with spine near to the dorsal inner of saddle
Seta 1-S near to the dorsal of hind a pecten, with blunt spine near to the dorsal inner of saddle
Seda 1-S near to the hind angle of hind a pecten, with point and blunt spine near to the dorsal inner of saddle
Only with a few point spine, near to the dorsal inner of saddle
With point and blunt spine near to the dorsal inner of saddle
Blunt spine few and small of saddle
Blunt spine many and large of saddle
Seta 9-12M and 9-12T, not developed of base spine
Seta 9-12M and 9-12T, developed of base spine
St. desmotes
St. craggi
St. annandalei
St. perplexus
St. malikuli
St. mediopunctatus

Group Ⅲ -1

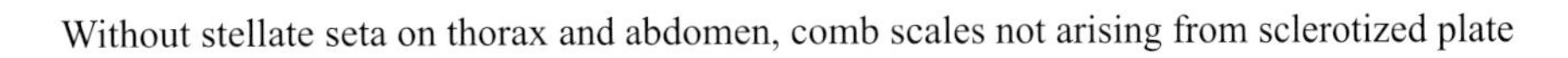
Without stellate seta on thorax and abdomen, comb scales not arising from sclerotized plate

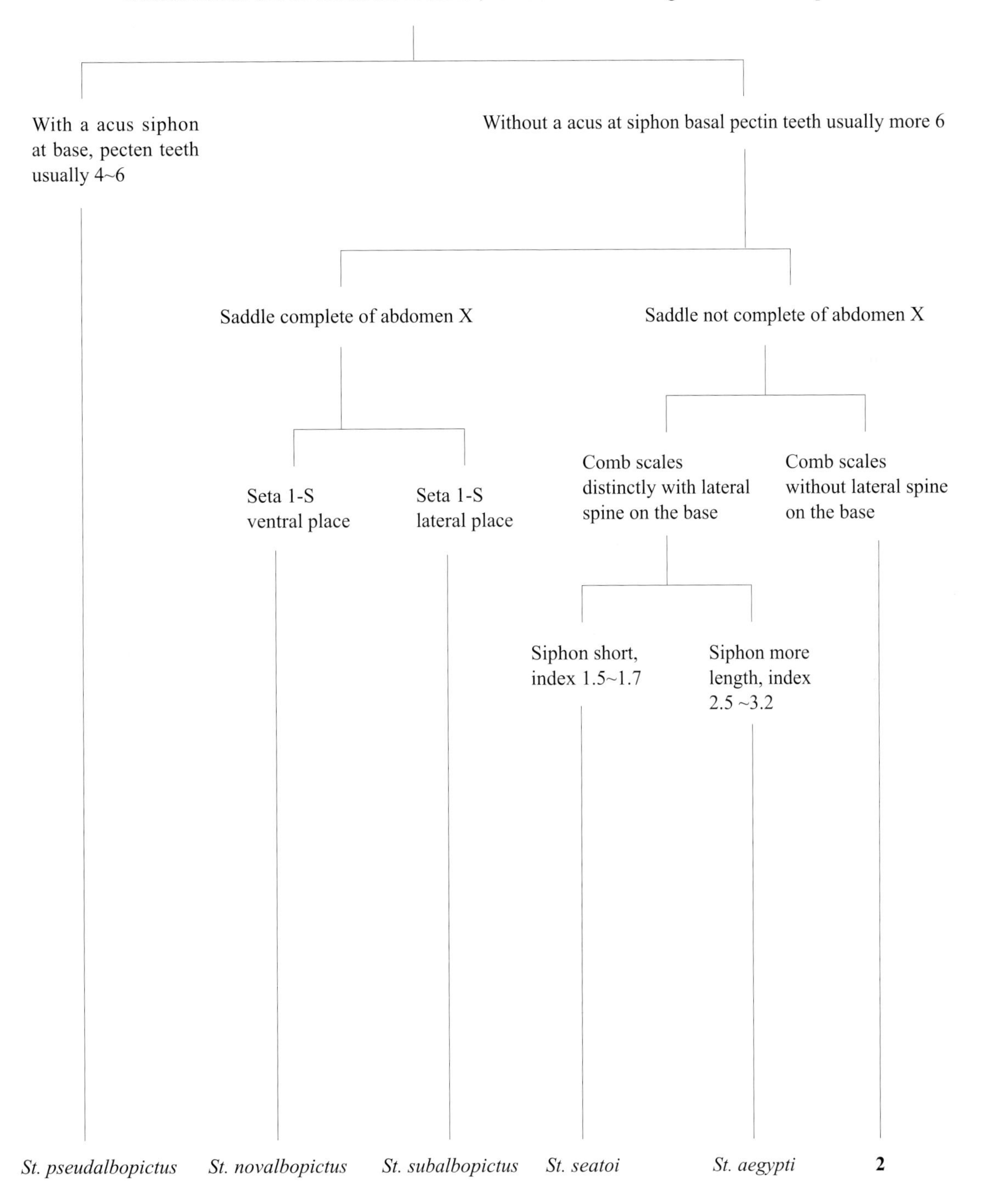
With a acus siphon at base, pecten teeth usually 4~6
Without a acus at siphon basal pectin teeth usually more 6
Saddle complete of abdomen X
Saddle not complete of abdomen X
Seta 1-S ventral place
Seta 1-S lateral place
Comb scales distinctly with lateral spine on the base
Comb scales without lateral spine on the base
Siphon short, index 1.5~1.7
Siphon more length, index 2.5 ~3.2
St. pseudalbopictus
St. novalbopictus
St. subalbopictus
St. seatoi
St. aegypti
2

Group Ⅲ -2

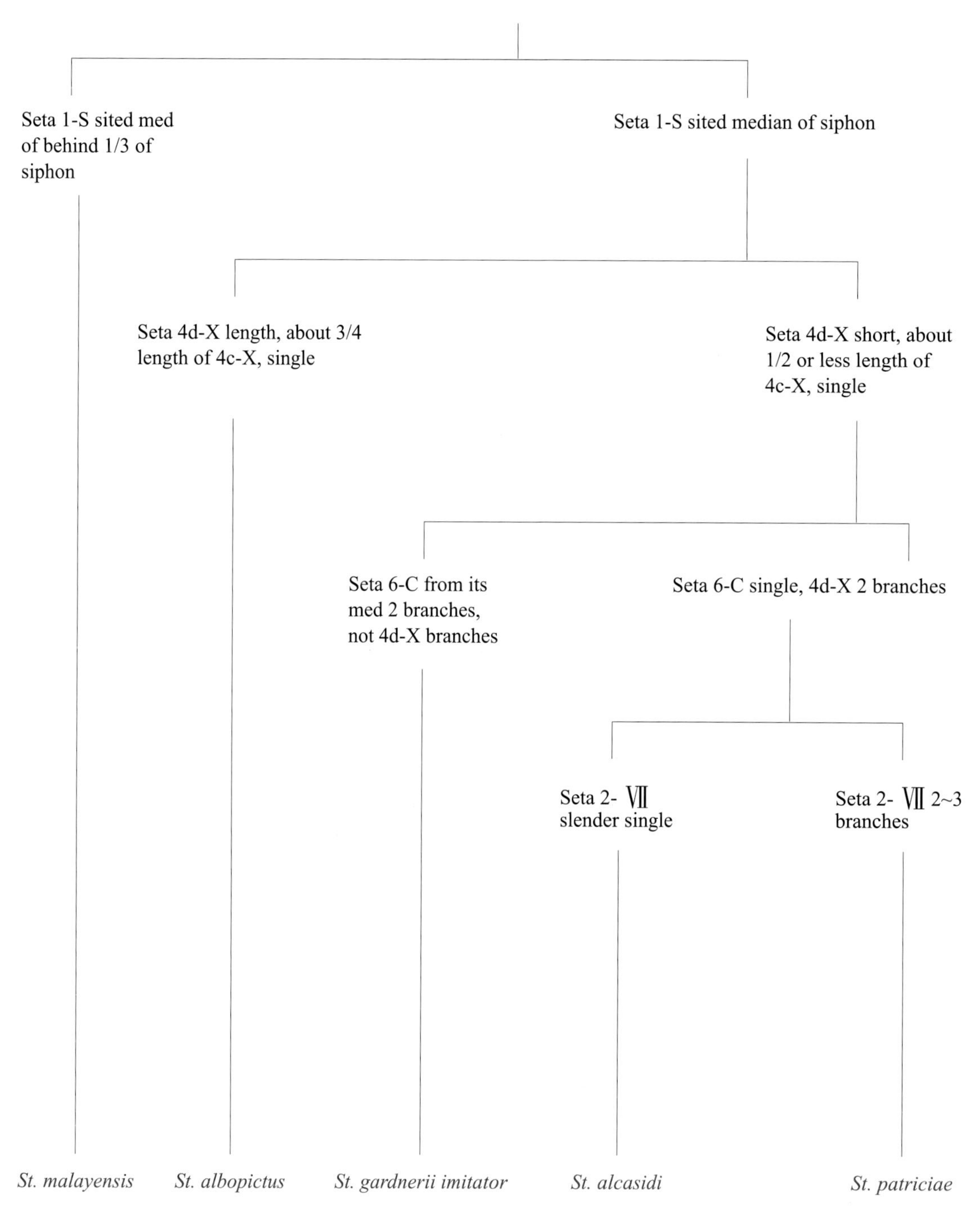
Saddle not complete, comb scales without lateral spine on the base
Seta 1-S sited med of behind 1/3 of siphon
Seta 1-S sited median of siphon
Seta 4d-X length, about 3/4 length of 4c-X, single
Seta 4d-X short, about 1/2 or less length of 4c-X, single
Seta 6-C from its med 2 branches, not 4d-X branches
Seta 6-C single, 4d-X 2 branches
Seta 2- Ⅶ slender single
Seta 2- Ⅶ 2~3 branches
St. malayensis
St. albopictus
St. gardnerii imitator
St. alcasidi
St. patriciae

Sector 3 The Characteristics for Adult and Larvae of *Stegomyia* in China

CHARACTERISTICS OF *STEGOMYIA*

St. aegypti

[Characteristics]

ADULT: Scutum with a pair of sickle-like spots.

FEMALE: Palpus with white scale cluster on tergal side.

MALE: Claspette with 4~5 blade-like setae on sternal side; all setae with hooked tips.

LARVA: Without spicules; head seta 3-7C single; comb with well developed lateral denticles at base of median spine.

St. albopictus

[Characteristics]

ADULT: Scutum with a prominent median white stripe; on each side of prescutellar space a posterior dorsoventral white line which does not reach to middle of scutum; a patch of broad flat white scales on lateral margin just before level of wing root; middle scutellum with brown scales on posterior margin.

MALE: Tergum Ⅸ with conspicuous horn-like median projection.

LARVA: Saddle incomplete; abdomen seta 1- Ⅶ usually 4 branched; 2- Ⅶ usually single.

St. alcasidi

[Characteristics]

ADULT: Supraalar line present completely; sternopleuron and mesepimeron with white scale cluster become a stripe; abdominal segment Ⅲ or Ⅲ ~ Ⅳ with a basal white band on tergal side.

LARVA: Essentially as in *St. albopictus.*

St. annandalei

[Characteristics]

ADULT: Scutum with a round or an oval white spot on anterior margin; a patch of silver-white scales on lateral margin just before level of wing root.

FEMALE: Hind tarsus with basal white bands on tarsomeres 1~3; tarsomere 4 all white; tarsomere 5 all dark.

MALE: Tarsomere 4 all dark or partial white; claspette with 3 transparent blade-like setae.

LAVAR: Comb on a bone slice; saddle with blunt tooth on posterodorsal side; siphon 1-S inserted tergal side of last pecten tooth.

St. chemulpoensis

[Characteristics]

ADULT: Scutum with a triangular silver-white spot on each side; fore and mid femora with a row of silver white spots on anterior surface.

LARVAR: Spicules well developed; head seta 5-7C single; comb with lateral denticles at base of median spine.

St. craggi

[Characteristics]

ADULT: Scutum with a sunflower seed-like white spot; a broad patch of silver-white scales on lateral margin just before level of wing root; scutellum with dark scales on middle part; with silver-white scale on lateral parts.

FEMALE: Tarsomere 4 paler posteriorly or laterally; tarsomere 5 with white scales on the base.

MALE: Tarsomere 4 all dark; claspette slender; claspette with 3 blade-like setae.

LAVAR: Essentially as in *St. annandalei.*

St. desmotes

[Characteristics]

ADULT: Scutum with white stripe and white spot; mid femora with 2 white spot on anterior surface; each tibia with a prominent median white stripe; hind tarsus with wide basal white bands on tarsomeres 1~3.

FEMALE: Tarsomeres 4~5 all white.

MALE: Claspette divide into two parts; phallosome with arm-like part around.

LAVAR: Comb on a bone slice; saddle with spicules very small and inconspicuous.

St. flavopictus

[Characteristics]

ADULT: A patch of narrow curved pale yellowish scales on lateral margin just before level of wing root; halter with pale scales; hind tarsus with basal white bands on tarsomeres 1~4; tarsomere 5 all white.

LARAV: Spicules present; head seta 6-C single or double; thorax seta 4-P and 14-P more than 5 branches.

St. galloisi

[Characteristics]

ADULT: Scutum with a median stripe; scutal angle area with pale stripe; hind tarsus with basal white bands on tarsomers 1~5 or tarsomere 5 all white.

MALE: Claspette with long setae on expanded part; with blade-like setae on sterna side.

LARVA: Spicules well developed; head seta 6-C with 2 branches; thorax seta 4P and 14-P usually 2~3 branches.

St. galloisiodes

[Characteristics]

ADULT: Scutum with a median white stripe; scutal angle area with pale stripe; hind tarsus with basal white bands on tarsomeres 1~4; tarsomere 5 dark.

MALE: Claspette with many long setae on expanded part, with short setae on sterna side.

LARVA: Spicules well developed; head seta 6-C with 2 branches; thorax seta 4-P and 14-P usually 2~3 branches; abdomen seta 2-X with 2 branches.

St. gardnerii imitator

[Characteristics]

ADULT: Scutum with separated or connected white sports; a patch of white scales on lateral margin just before level of wing root; scutellum with broad white scales; mid femora with a white spot on 1/3 anterior surface; hind tarsus with basal white bands or sports on tarsomeres 1~4 ; tarsomere 5 dark.

LAVAR: Comb without bone slice.

St. malikuli

[Characteristics]

ADULT: Scutum with prominent median white stripe; median stripe rather broad reaching from anterior margin to middle of scutum where it becomes very narrow; on each side of prescutellar space a posterior dorsoventral white line which does not reach to middle of scutum; scutellum with white scales on middle part; with brown scales on lateral parts.

FEMALE: Palpus with white scales on apical half; scutum with a patch of white scales on lateral margin just before level of wing root; tarsomere 3 all dark; tarsomere 4 all white, or sometimes with a few dark.

LAVAR: Comb on a bone slice; saddle with well developed sharp spicules on dorsomedial area, or with a few blunt spicules.

St. mediopunctatus

[Characteristics]

ADULT: Palpus with white scales on apical half of female; scutum with median white spot similar to stripe; prescutellar space without posterior dorsoventral white line; scutellum with white scales on middle part; with brown scales on lateral parts; a patch of white scales on lateral margin just before level of wing root; tarsomere 3 all dark; tarsomere 4 all white, or sometimes with a few dark; tarsomere 5 all dark, or with a basal white scales.

LARVA: Comb on a bone slice; saddle with stout spicules or blunt spicules on dorsomedial area.

St. neogalloisi

[Characteristics]

ADULT: Tarsomere 4 white posteriorly.

MALE: Abdomen tergum Ⅸ well developed; with spine-like setae on distal part; claspette with long setae on expanded part.

LAVAR: Spicules well developed; head seta 6-C 2 branches; abdomen seta 2-X single.

St. novalbopictus

[Characteristics]

ADULT: A patch of narrow curved pale yellowish scales on lateral margin just before level of wing root; fore and mid femora with some pale scales scattered anteriorly.

MALE: Claspette with numerous setae and several widened specialized curved ones on sterna side of expanded distal part.

LAVAR: Saddle complete; thorax seta 14-P 2~3 branches; abdomen seta 2- Ⅶ 2~3 branches; 1-S inserted beyond last tooth and ventral side of teeth.

St. patriciae

[Characteristics]

ADULT: Scutum with some curved pale or pale yellowish scales on lateral margin just before level of wing root; halter balteres with brown scales; hind tarsus with basal white bands on tarsomeres 1~4; tarsomere 5 with brown scales on apical ventral side.

LAVAR: Undeveloped spicules present; abdomen seta 1, 2- Ⅶ with 4~5 branches; saddle incomplete.

St. perplexus

[Characteristics]

FEMALE: Palpus with white scales on apical side; scutum with median white spot; the spot broad anteriorly, narrow posteriorly; prescutellar space without posterior dorsoventral white line; scutellum with white scales on middle part; with brown scales on lateral parts; a patch of white scales on lateral margin just before level of wing root; tarsomere 5 with brown line on ventral side.

LARVA: Comb on a bone slice; saddle with stout spicules on dorsomedial area.

St. pseudalbopictus

[Characteristics]

ADULT: Scutum with some narrow curved silver-white scales on lateral margin just before level of wing root; postspiracular area and subspiracular area with scale cluster; prescutellar space with broad brown scales.

LAVAR: Siphon acus present; comb less than 8 scales; comb scale with wide space.

St. seatoi

[Characteristics]

ADULT: A patch of broad flat white scales on lateral margin just before level of wing root; some narrow white scales on scutal angle where they form a small white patch; abdominal segment Ⅰ with a large median patch of white scales on tergal side.

LARVA: Abdomen setae 2-Ⅶ with 5~8 branches; siphon short, less than twice as long as wide index 1. 5.

St. sibiricus

[Characteristics]

ADULT: Hind tarsomeres 3~4 all white; tarsomere 5 dark.

MALE: Claspette torch-like.

LARVA: Abdomen seta 1-X longer than saddle.

St. subalbopictus

[Characteristics]

ADULT: A patch of narrow curved pale scales on lateral margin just before level of wing root; scutum with a prominent median stripe which narrows abruptly a short distance in front of prescutellar space.

MALE: Claspette with broad stem, with several widened specialized setae on sterna side.

LARVA: Saddle complete; abdomen seta 1-S in line with last tooth.

St. shuangbaiensis

[Characteristics]

ADULT: Scutum with a median silver-white stripe which interrupts abruptly in front of prescutellar space; both broad white scales and small white scales on lateral margin just before level of wing root.

MALE: Claspette with 9~11 widened setae on sterna side.

LARVA: Spicules well developed.

第二节　附录

世界覆蚊属蚊种名录

Index of Currently Recognized Mosquito Species (Diptera:Culicidae)

Ralph E. Harbach and Theresa M. Howard

Genus *Stegomyia*

aegypti (Linnaeus, 1762):*Stegomyia*[*Aedes* (*Stegomyia*)]

africana (Theobald, 1901): *Stegomyia*[*Aedes* (*Stegomyia*)]

agrihanensis (Bohart, 1957) : *Stegomyia*[*Aedes* (*Stegomyia*)]

albopicta (Skuse, 1895) : *Stegomyia*[*Aedes* (*Stegomyia*)]

alcasidi (Huang, 1972) : *Stegomyia*[*Aedes* (*Stegomyia*)]

alorensis (Bonne-Wepster & Brug, 1932) : *Stegomyia*[*Aedes* (*Stegomyia*)]

amalthea (de Meillon & Lavolpierre, 1944) : *Stegomyia* [*Aedes* (*Stegomyia*)]

andrewsi (Edwards, 1926) : *Stegomyia*[*Aedes* (*Stegomyia*)]

angusta (Edwards, 1935) : *Stegomyia*[*Aedes* (*Stegomyia*)]

annandalei (Theobald, 1910): *Stegomyia*[*Aedes* (*Stegomyia*)]

aobae (Belkin, 1962): *Stegomyia*[*Aedes* (*Stegomyia*)]

apicoargentea (Theobald, 1909) : *Stegomyia*[*Aedes* (*Stegomyia*)]

bambusae (Edwards, 1935) : *Stegomyia*[*Aedes* (*Stegomyia*)]

blacklocki (Evans, 1925) : *Stegomyia*[*Aedes* (*Stegomyia*)]

bromeliae (Theobald, 1911): *Stegomyia*[*Aedes* (*Stegomyia*)]

burnsi (Basio & Reisen, 1971) : *Stegomyia*[*Aedes* (*Stegomyia*)]

calceata (Edwards, 1924) :*stegomyia*[*Aedes* (*Stegomyia*)]

chaussieri (Edwards, 1923): *Stegomyia*[*Aedes* (*Stegomyia*)]

chemulpoensis (Yamada, 1921) :*stegomyia*[*Aedes* (*Stegomyia*)]

contigua (Edwards, 1936) : *Stegomyia*[*Aedes* (*Stegomyia*)]

cooki (Belkin, 1962) : *Stegomyia*[*Aedes* (*Stegomyia*)]

corneti (Huang, 1986) : *Stegomyia*[*Aedes* (*Stegomyia*)]

craggi Barraud, 1923 : *Stegomyia*[*Aedes* (*Stegomyia*)]

cretina (Edwards, 1921) : *Stegomyia*[*Aedes* (*Stegomyia*)]

daitensis (Miyagi & Toma, 1981) : *Stegomyia*[*Aedes* (*Stegomyia*)]

deboeri (Edwards, 1926) : *Stegomyia*[*Aedes* (*Stegomyia*)]

demeilloni (Edwards, 1936) : *Stegomyia*[*Aedes* (*Stegomyia*)]

denderensis (Wolfs, 1949) : *Stegomyia*[*Aedes* (*Stegomyia*)]

dendrophila (Edwards, 1921) : *Stegomyia*[*Aedes* (*Stegomyia*)]

desmotes (Giles, 1904) : *Stegomyia*[*Aedes* (*Stegomyia*)]

dybasi (Bohart, 1957) : *Stegomyia*[*Aedes* (*Stegomyia*)]

ealaensis (Huang, 2004) : *Stegomyia*[*Aedes* (*Stegomyia*)]

edwardsi (Barraud, 1923): *Stegomyia*[*Aedes* (*Stegomyia*)]

ethiopiensis (Huang, 2004) : *Stegomyia*[*Aedes* (*Stegomyia*)]

flavopicta (Yamada, 1921) : *Stegomyia*[*Aedes* (*Stegomyia*)]

fraseri (Edwards, 1912): *Stegomyia*[*Aedes* (*Stegomyia*)]

futunae (Belkin, 1962) : *Stegomyia*[*Aedes* (*Stegomyia*)]

galloisiodes (Liu & Lu, 1984) : *Stegomyia*[*Aedes* (*Stegomyia*)]

galloisi (Yamada, 1921) : *Stegomyia*[*Aedes* (*Stegomyia*)]

gandaensis (Huang, 2004) : *Stegomyia*[*Aedes* (*Stegomyia*)]

gardnerii (Ludlow, 1905) : *Stegomyia*[*Aedes* (*Stegomyia*)]

guamensis (Farner & Bohart, 1944) : *Stegomyia*[*Aedes* (*Stegomyia*)]

grantii (Theobald, 1901) : *Stegomyia*[*Aedes* (*Stegomyia*)]

gurneyi (Stone & Bohart, 1957) : *Stegomyia*[*Aedes* (*Stegomyia*)]

hakanssoni (Knight & Hurlbut, 1949) : *Stegomyia*[*Aedes* (*Stegomyia*)]

hansfordi (Huang, 1997) : *Stegomyia*[*Aedes* (*Stegomyia*)]

hebridea (Edwards, 1926) : *Stegomyia*[*Aedes* (*Stegomyia*)]

heischi (van Someren, 1951) : *Stegomyia*[*Aedes* (*Stegomyia*)]

hensilli (Farner, 1945) : *Stegomyia*[*Aedes* (*Stegomyia*)]

hogsbackensis (Huang, 2004) : *Stegomyia*[*Aedes* (*Stegomyia*)]

horrescens (Edwards, 1935) : *Stegomyia*[*Aedes* (*Stegomyia*)]

josiahae (Huang, 1988) : *Stegomyia*[*Aedes* (*Stegomyia*)]

katherinensis (Woodhill, 1949) : *Stegomyia*[*Aedes* (*Stegomyia*)]

keniensis (van Someren, 1946) : *Stegomyia*[*Aedes* (*Stegomyia*)]

kenyae (van Someren, 1946) : *Stegomyia*[*Aedes* (*Stegomyia*)]

kesseli (Huang & Hitchcock, 1980) : *Stegomyia*[*Aedes* (*Stegomyia*)]

kivuensis (Edwards, 1941) : *Stegomyia*[*Aedes* (*Stegomyia*)]

kompi (Edwards, 1930) : *Stegomyia*[*Aedes* (*Stegomyia*)]

krombeini (Huang, 1975) : *Stegomyia*[*Aedes* (*Stegomyia*)]

lamberti (Ventrillon, 1904) : *Stegomyia*[*Aedes* (*Stegomyia*)]

langata (van Someren, 1946) : *Stegomyia*[*Aedes* (*Stegomyia*)]

ledgeri (Huang, 1981) : *Stegomyia*[*Aedes* (*Stegomyia*)]

lilii (Theobald, 1910) : *Stegomyia*[*Aedes* (*Stegomyia*)]

luteocephala (Newstead, 1907) : *Stegomyia*[*Aedes* (*Stegomyia*)]

maehleri (Bohart, 1957) : *Stegomyia*[*Aedes* (*Stegomyia*)]

malayensis (Colless, 1962) : *Stegomyia*[*Aedes* (*Stegomyia*)]

malikuli (Huang, 1973) : *Stegomyia*[*Aedes* (*Stegomyia*)]

marshallensis (Stone & Bohart) : *Stegomyia*[*Aedes* (*Stegomyia*)]

mascarensis (Mac Gregor, 1924) : *Stegomyia*[*Aedes* (*Stegomyia*)]

masseyi (Edwards, 1923) : *Stegomyia*[*Aedes* (*Stegomyia*)]

mattinglyorum (Huang, 1994) : *Stegomyia*[*Aedes* (*Stegomyia*)]

maxgermaini (Huang, 1990) : *Stegomyia*[*Aedes* (*Stegomyia*)]

mediopunctata (Theobald, 1905) : *Stegomyia*[*Aedes* (*Stegomyia*)]

metallica (Edwards, 1912) : *Stegomyia*[*Aedes* (*Stegomyia*)]

mickevichae (Huang, 1988) : *Stegomyia*[*Aedes* (*Stegomyia*)]

mpusiensis (Huang, 2004) : *Stegomyia*[*Aedes* (*Stegomyia*)]

muroafcete (Huang, 1997) : *Stegomyia*[*Aedes* (*Stegomyia*)]

neoafricana (Cornet, Valade & Dieng, 1978) : *Stegomyia*[*Aedes* (*Stegomyia*)]

neogalloisi (Chen & Chen, 2000) : *Stegomyia*[*Aedes* (*Stegomyia*)]

neopandani (Bohart, 1957) : *Stegomyia*[*Aedes* (*Stegomyia*)]

njombiensis (Huang, 1997) : *Stegomyia*[*Aedes* (*Stegomyia*)]

novalbopicta (Barraud, 1931) : *Stegomyia*[*Aedes* (*Stegomyia*)]

opok (Corbet & van Someren, 1962) : *Stegomyia*[*Aedes* (*Stegomyia*)]

palauensis (Bohart, 1957) : *Stegomyia*[*Aedes* (*Stegomyia*)]

pandani (Stone, 1939) : *Stegomyia*[*Aedes* (*Stegomyia*)]

patriciae (Mattingly, 1954) : *Stegomyia*[*Aedes* (*Stegomyia*)]

paullusi (Stone & Farner, 1945) : *Stegomyia*[*Aedes* (*Stegomyia*)]

pernotata (Farner & Bohart, 1944) : *Stegomyia*[*Aedes* (*Stegomyia*)]

perplexa (Leicester, 1908) : *Stegomyia*[*Aedes* (*Stegomyia*)]

polynesiensis (Marks, 1951) : *Stegomyia*[*Aedes* (*Stegomyia*)]

poweri (Theobald, 1905) : *Stegomyia*[*Aedes* (*Stegomyia*)]

pseudalbopicta (Borel, 1928) : *Stegomyia*[*Aedes* (*Stegomyia*)]

pseudoafricana (Chwatt, 1949) : *Stegomyia*[*Aedes* (*Stegomyia*)]

pseudonigeria (Theobald, 1910) : *Stegomyia*[*Aedes* (*Stegomyia*)]

pseudoscutellaris (Theobald, 1910) : *Stegomyia*[*Aedes* (*Stegomyia*)]

quasiscutellaris (Farner & Bohart, 1910) : *Stegomyia*[*Aedes* (*Stegomyia*)]

rhungkiangensis (Chang & chang, 1974) : *Stegomyia*[*Aedes* (*Stegomyia*)]

riversi (Bohart & Ingram, 1946) : *Stegomyia*[*Aedes* (*Stegomyia*)]

robinsoni (Belkin, 1962) : *Stegomyia*[*Aedes* (*Stegomyia*)]

rotana (Bohart & Ingram, 1946) : *Stegomyia*[*Aedes* (*Stegomyia*)]

rotumae (Belkin, 1962) : *Stegomyia*[*Aedes* (*Stegomyia*)]

ruwenzori (Haddow & Someren, 1950) : *Stegomyia*[*Aedes* (*Stegomyia*)]

saimedres (Huang, 1988) : *Stegomyia*[*Aedes* (*Stegomyia*)]

saipanensis (Stone, 1945) : *Stegomyia*[*Aedes* (*Stegomyia*)]

sampi (Huang, 2004) : *Stegomyia*[*Aedes* (*Stegomyia*)]

schwetzi (Edwards, 1926) : *Stegomyia*[*Aedes* (*Stegomyia*)]

scutellaris (walker, 1958): *stegomyia* [*Aedea* (*Stegomyia*)]

scutoscripta (Bohart & Ingram, 1946) : *Stegomyia*[*Aedes* (*Stegomyia*)]

seampi (Huang, 1974) : *Stegomyia*[*Aedes* (*Stegomyia*)]

seatoi (Huang, 1969) : *Stegomyia*[*Aedes* (*Stegomyia*)]

segermanae (Huang, 1997) : *Stegomyia*[*Aedes* (*Stegomyia*)]

sibirica (Danilov & Filippova, 1978) : *Stegomyia*[*Aedes* (*Stegomyia*)]

simpsoni (Theobald, 1905) : *Stegomyia*[*Aedes* (*Stegomyia*)]

soleata (Edwards, 1924) : *Stegomyia*[*Aedes* (*Stegomyia*)]

strelitziae (Muspratt, 1950) : *Stegomyia*[*Aedes* (*Stegomyia*)]

subalbopicta (Barraud, 1931) : *Stegomyia*[*Aedes* (*Stegomyia*)]

subargentea (Edwards, 1925) : *Stegomyia*[*Aedes* (*Stegomyia*)]

tabu (Ramalingam & Belkin, 1965) : *Stegomyia*[*Aedes* (*Stegomyia*)]

tongae (Edwards, 1926) : *Stegomyia*[*Aedes* (*Stegomyia*)]

tulagiensis (Edwards, 1926) : *Stegomyia*[*Aedes* (*Stegomyia*)]

unilineata (Theobald, 1906) : *Stegomyia*[*Aedes* (*Stegomyia*)]

upolensis (Marks, 1957) : *Stegomyia*[*Aedes* (*Stegomyia*)]

usambara (Mattingly, 1953) : *Stegomyia*[*Aedes* (*Stegomyia*)]

varuae (Belkin, 1962) : *Stegomyia*[*Aedes* (*Stegomyia*)]

vinsoni (Mattingly, 1953) : *Stegomyia*[*Aedes* (*Stegomyia*)]

wadai (Tanaka, Mizusawa & Saugstad, 1979) : *Stegomyia*[*Aedes* (*Stegomyia*)]

w-albus (Theobald, 1905) : *Stegomyia*[*Aedes* (*Stegomyia*)]

woodi (Edwards, 1922) : *Stegomyia*[*Aedes* (*Stegomyia*)]

第七章 覆蚊属图版

第一节

中国覆蚊属图版

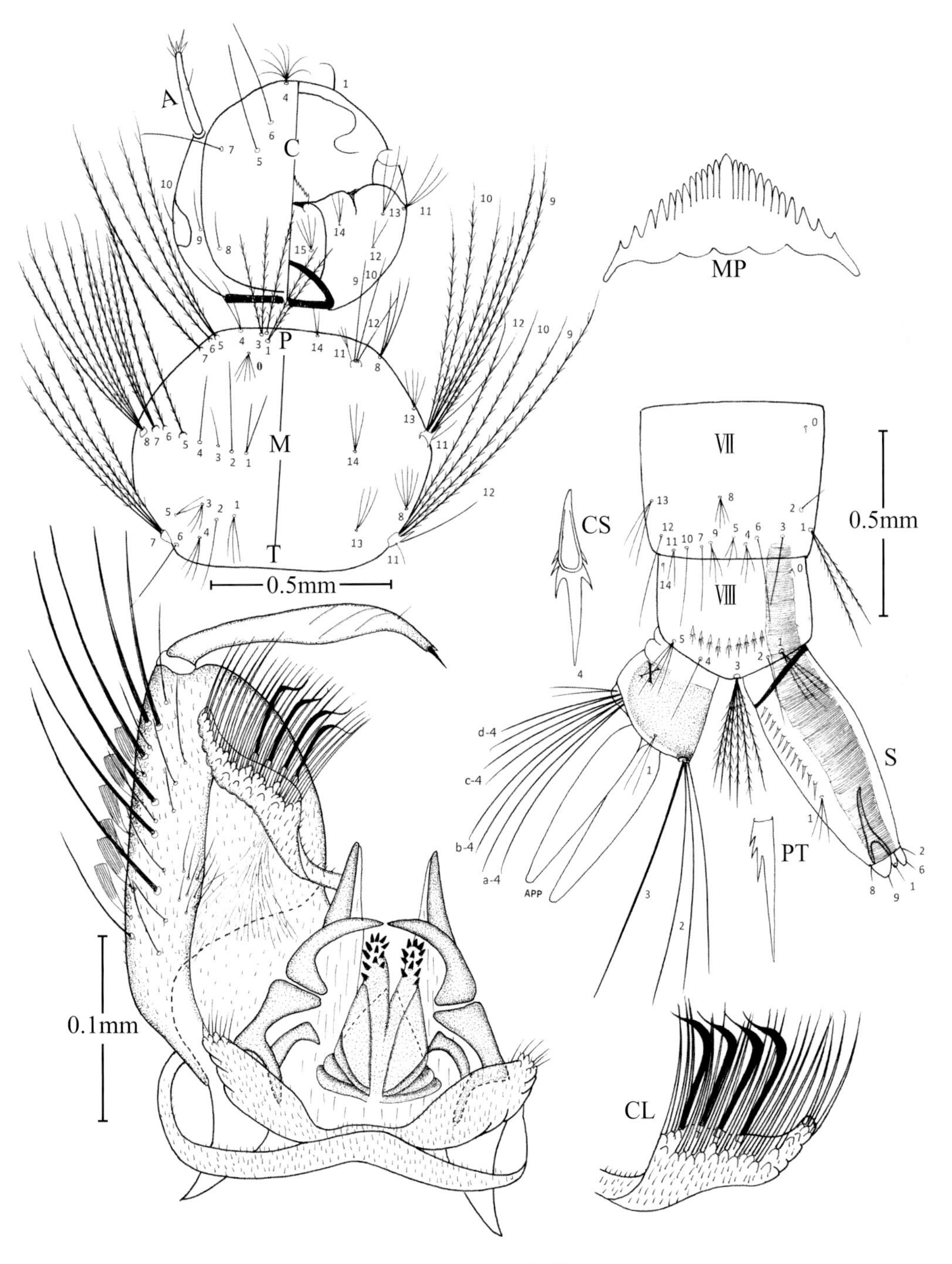

图版 1　埃及覆蚊

Fig. 1 *Stegomyia aegypti*

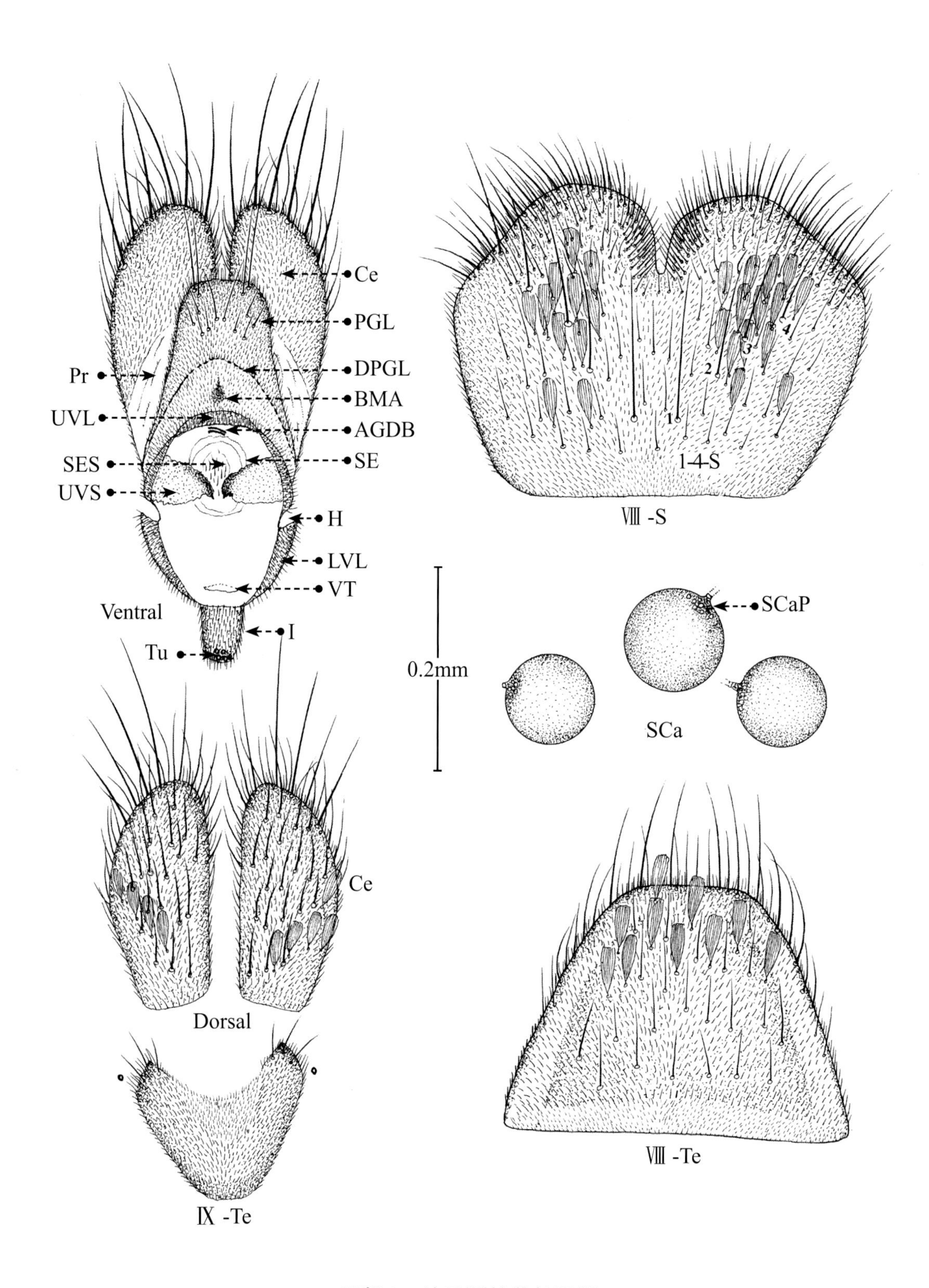

图版 2　埃及覆蚊雌蚊尾器
Fig. 2 Female genitalia of *Stegomyia aegypti*

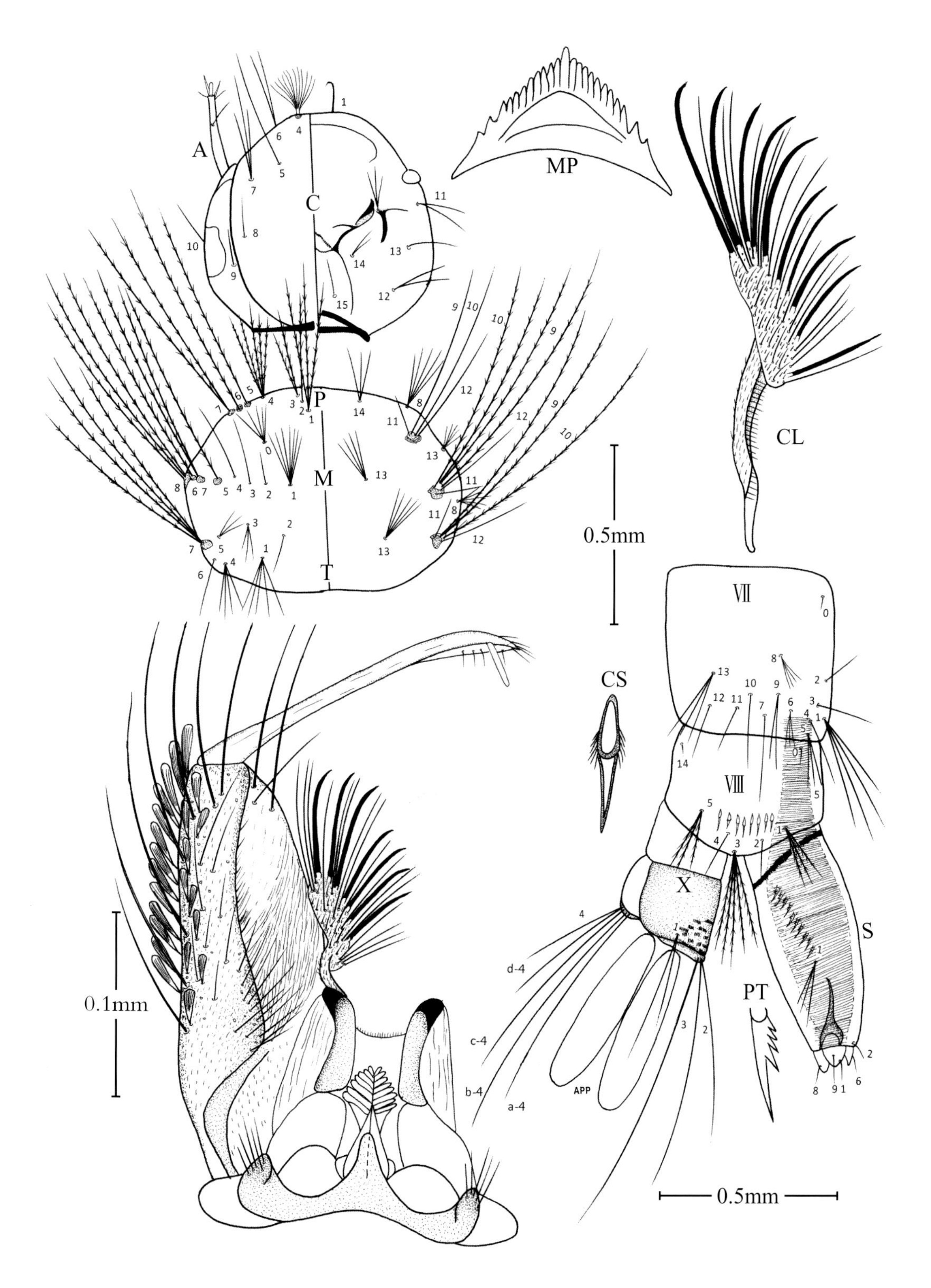

图版 3　白纹覆蚊
Fig. 3 *Stegomyia albopictus*

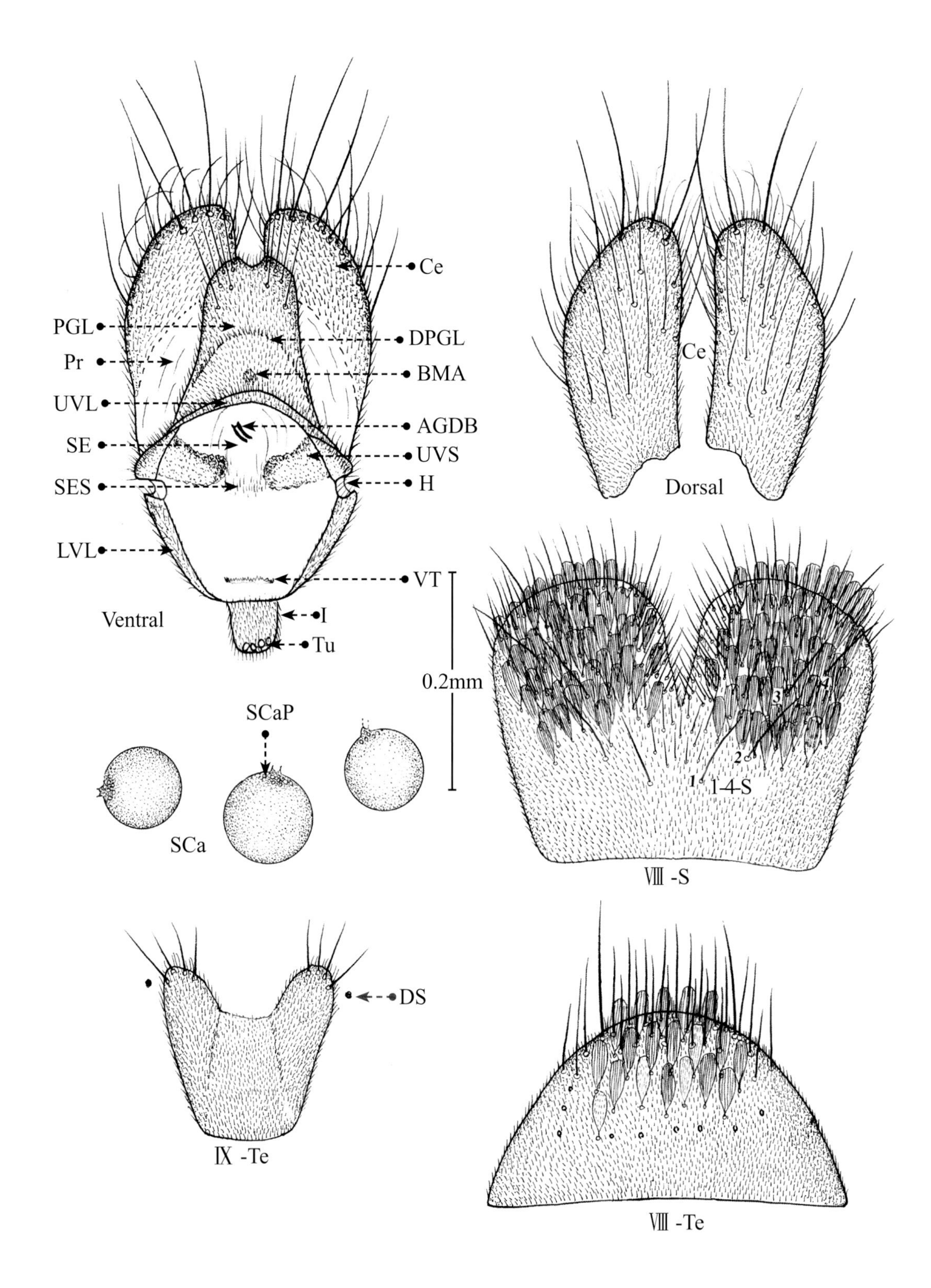

图版 4　白纹覆蚊雌蚊尾器

Fig. 4 Female genitalia of *Stegomyia albopictus*

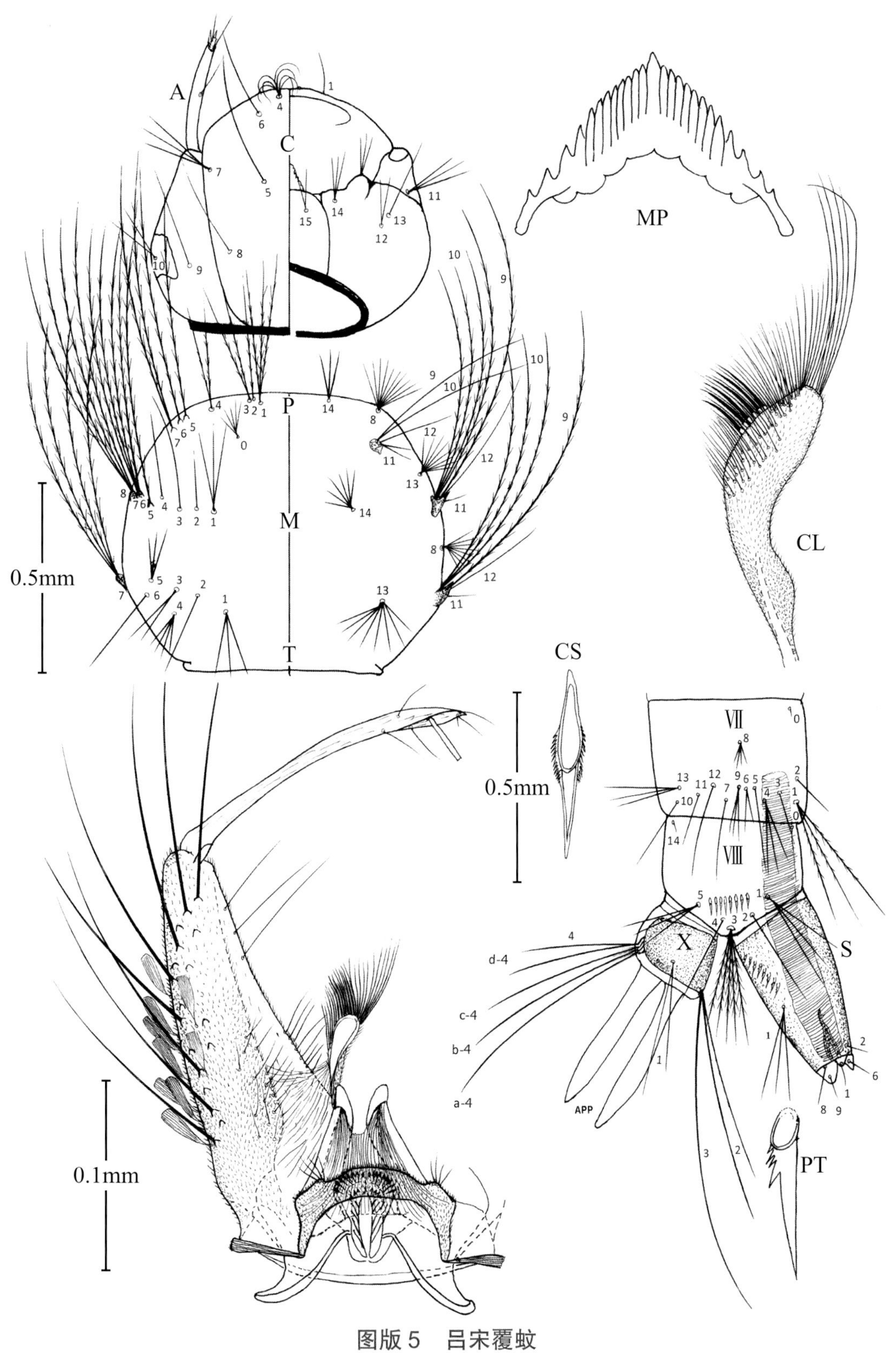

图版 5　吕宋覆蚊
Fig. 5 *Stegomyia alcasidi*

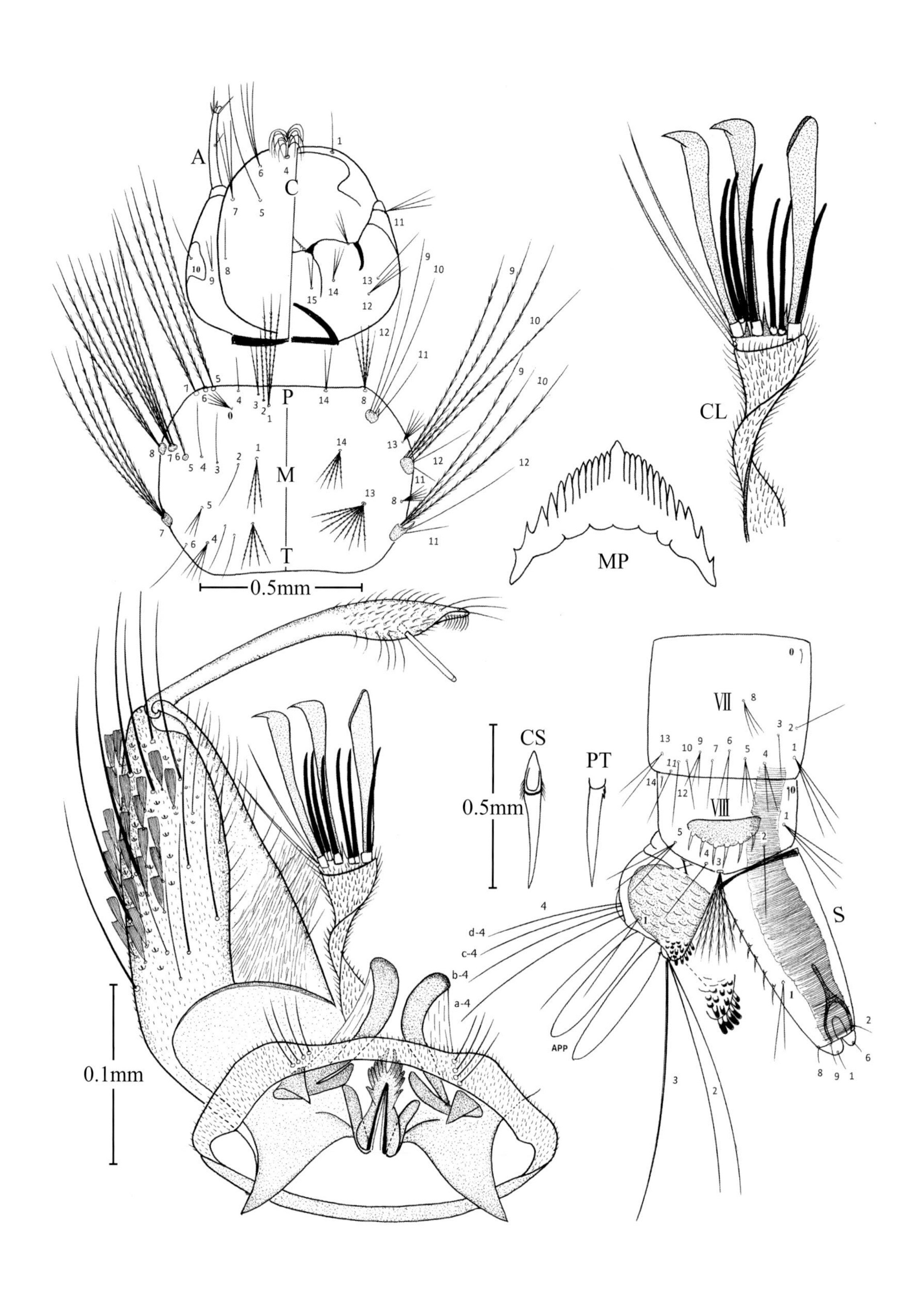

图版 6　圆斑覆蚊
Fig. 6 *Stegomyia annandalei*

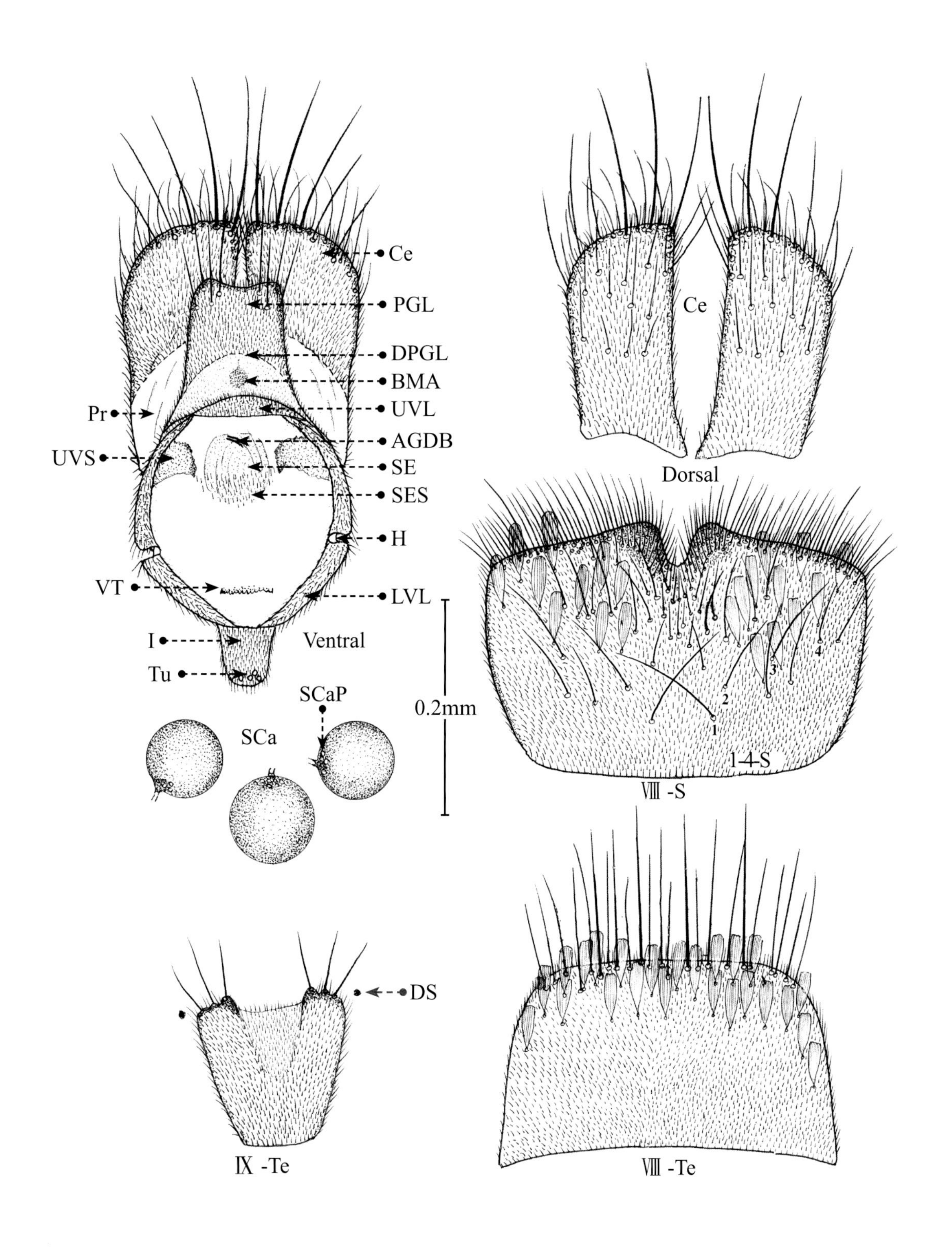

图版 7　圆斑覆蚊雌蚊尾器

Fig. 7 Female genitalia of *Stegomyia annandalei*

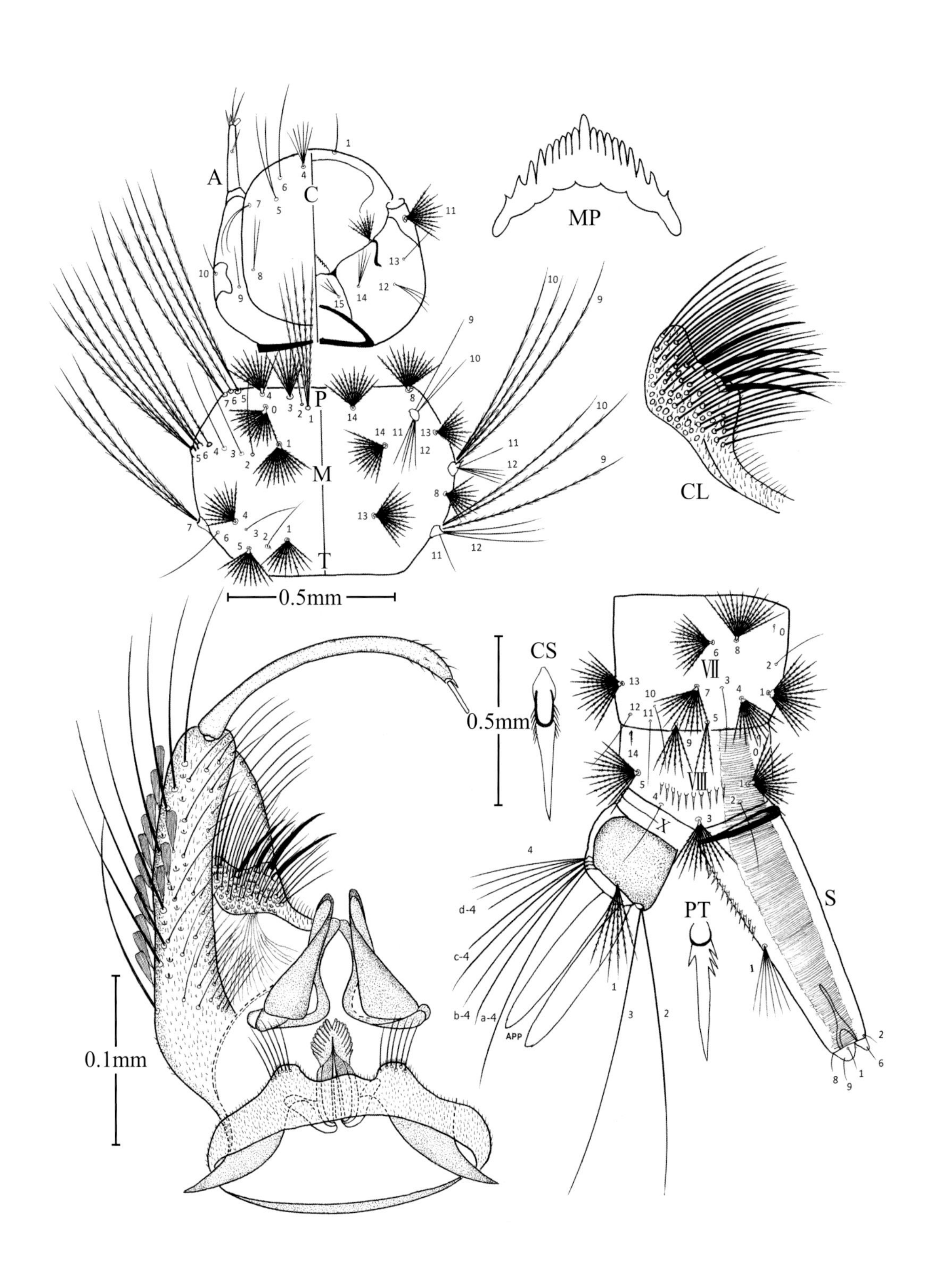

图版 8　仁川覆蚊

Fig. 8 *Stegomyia chemulpoensis*

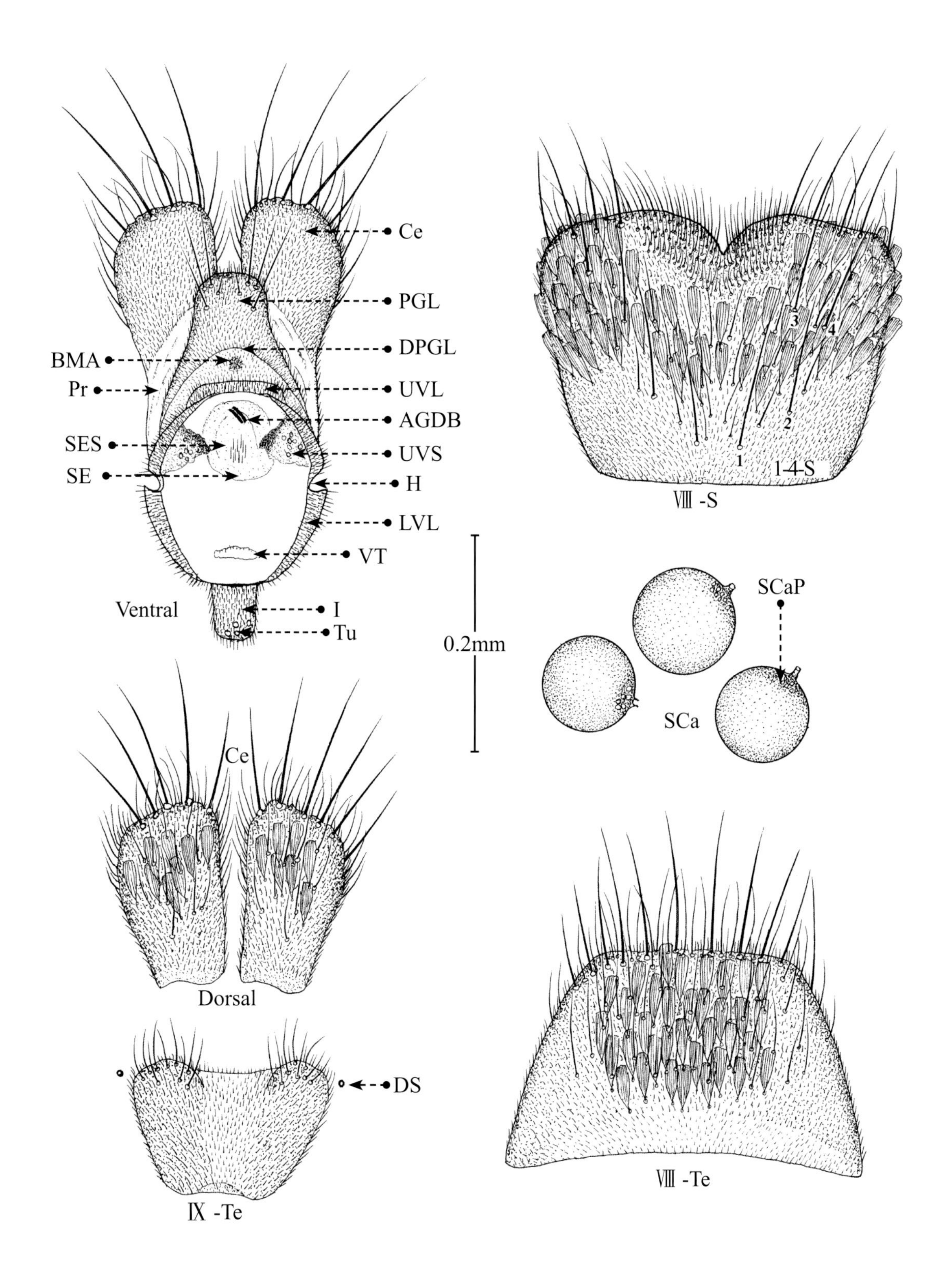

图版 9　仁川覆蚊雌蚊尾器

Fig. 9 Female genitalia of *Stegomyia chemulpoensis*

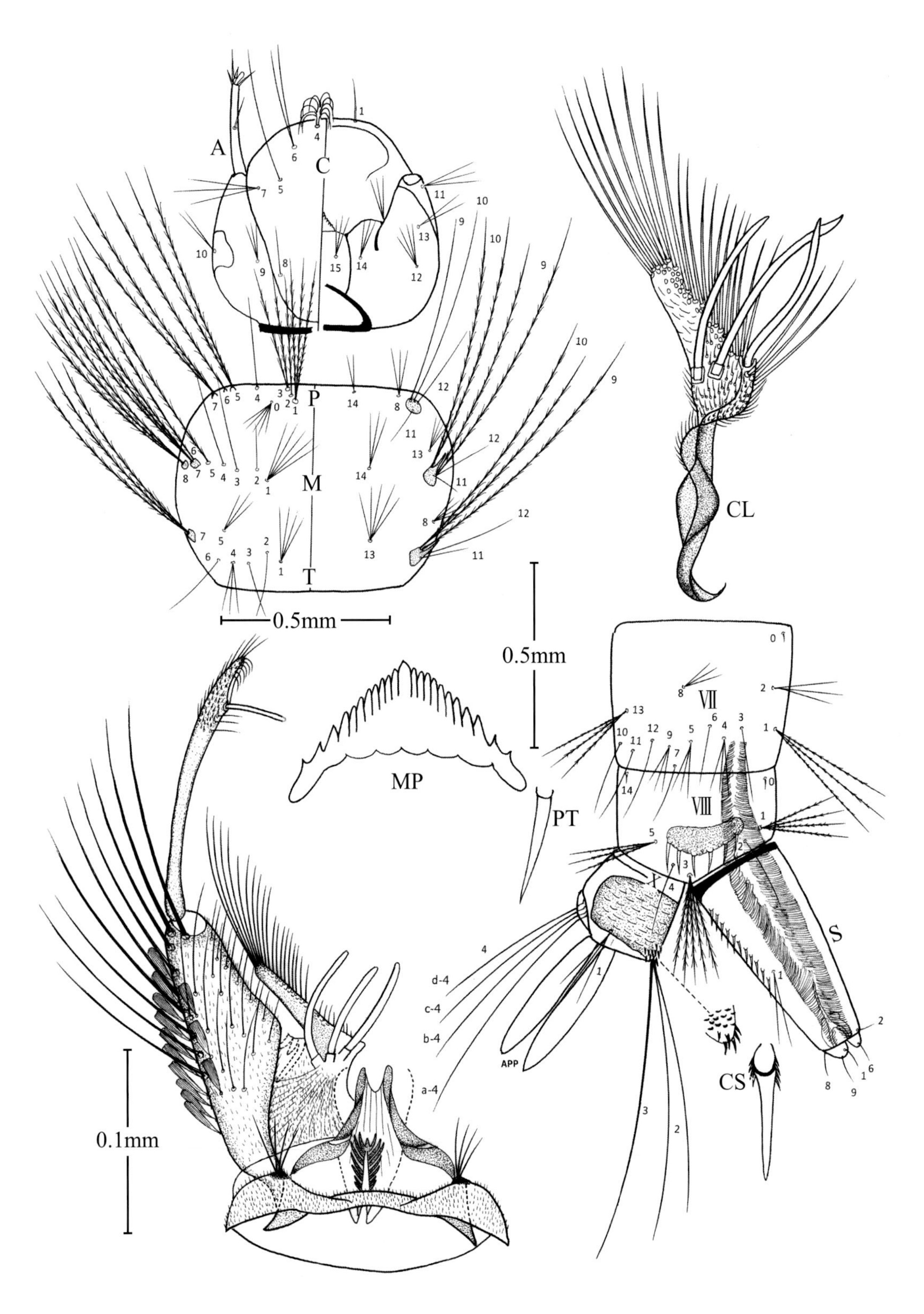

图版 10　尖斑覆蚊
Fig. 10 *Stegomyia craggi*

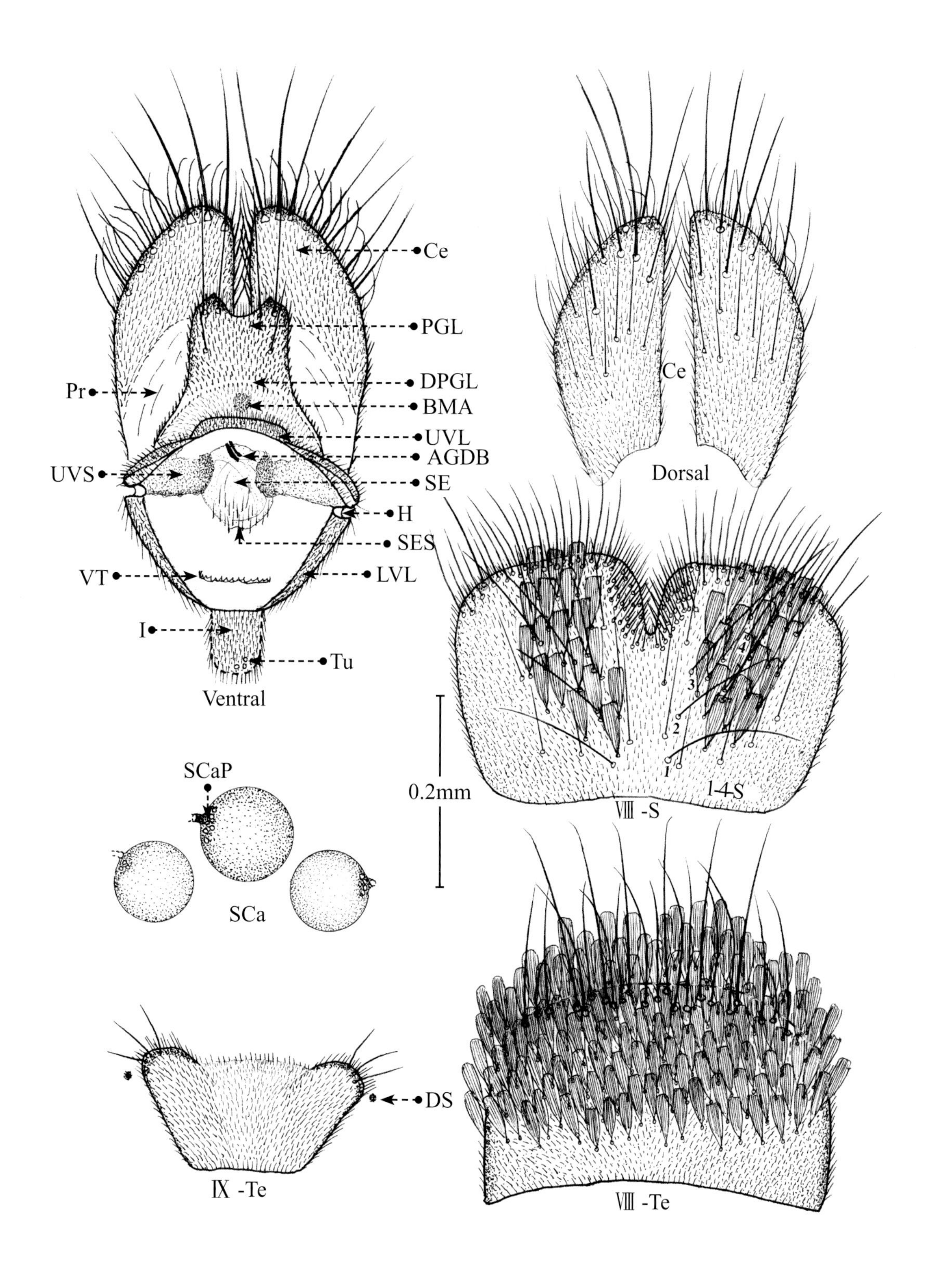

图版 11　尖斑覆蚊雌蚊尾器
Fig. 11 Female genitalia of *Stegomyia craggi*

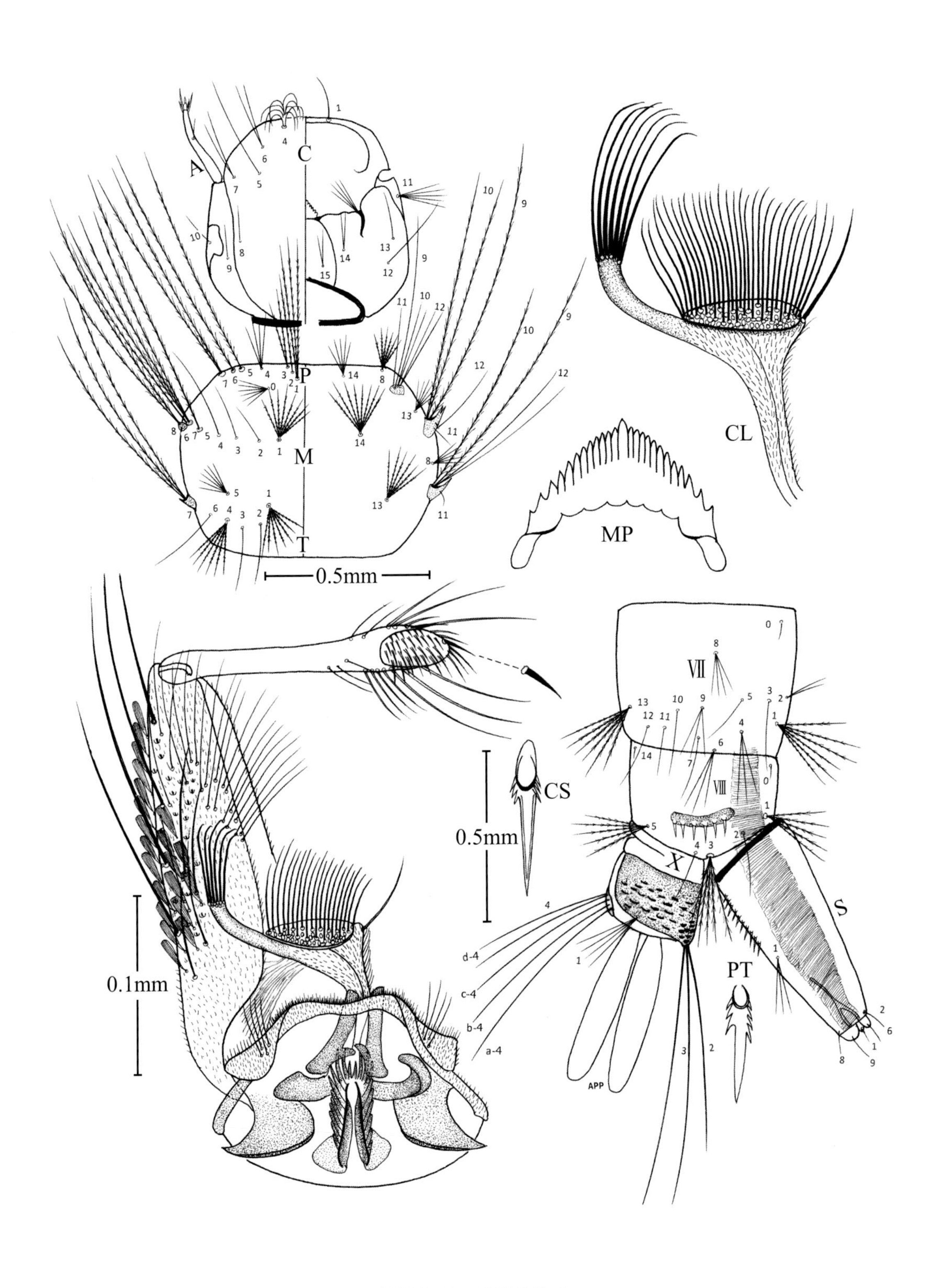

图版 12　环胫覆蚊
Fig. 12 *Stegomyia desmotes*

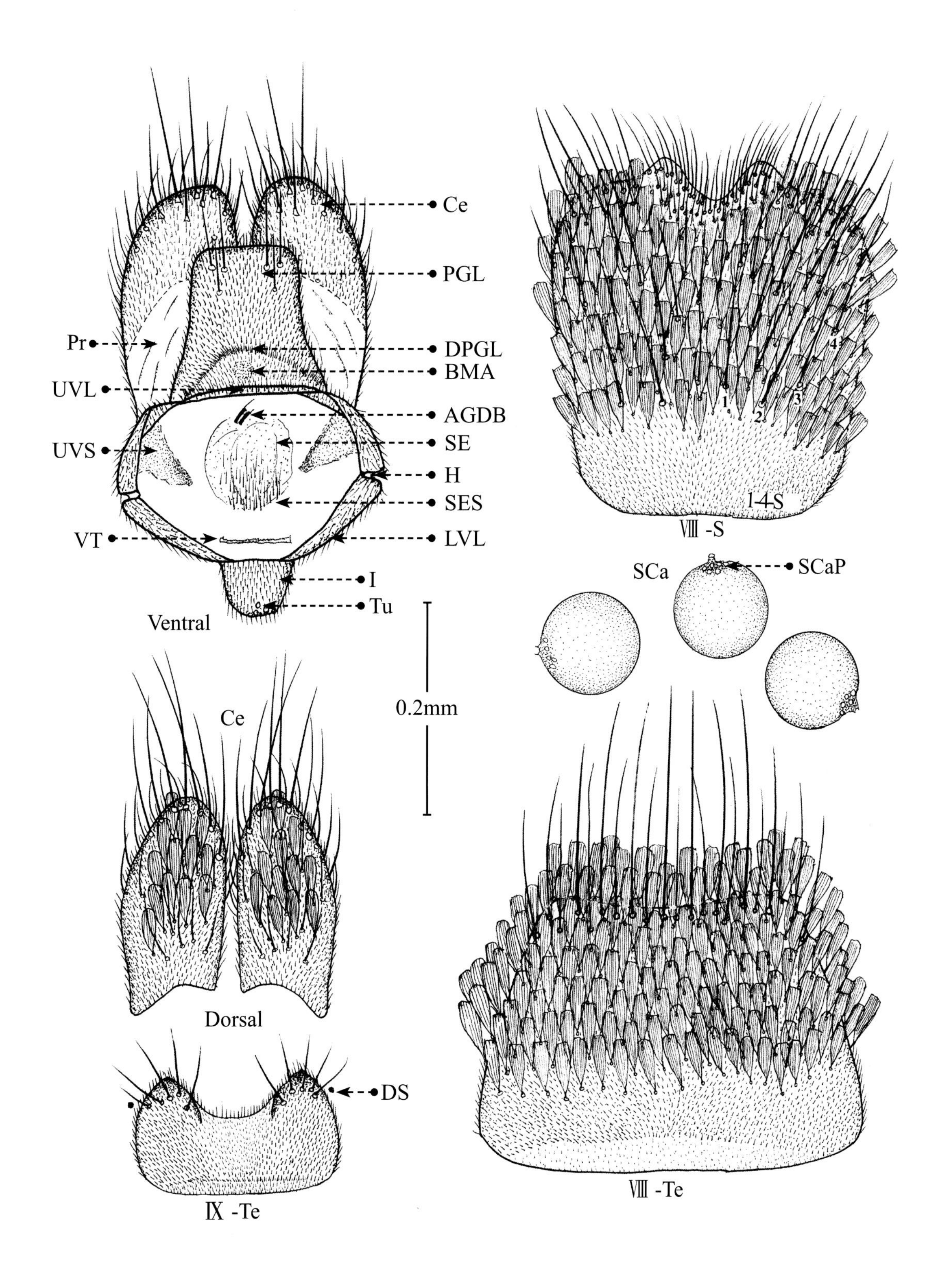

图版 13　环胫覆蚊雌蚊尾器

Fig. 13 Female genitalia of *Stegomyia desmotes*

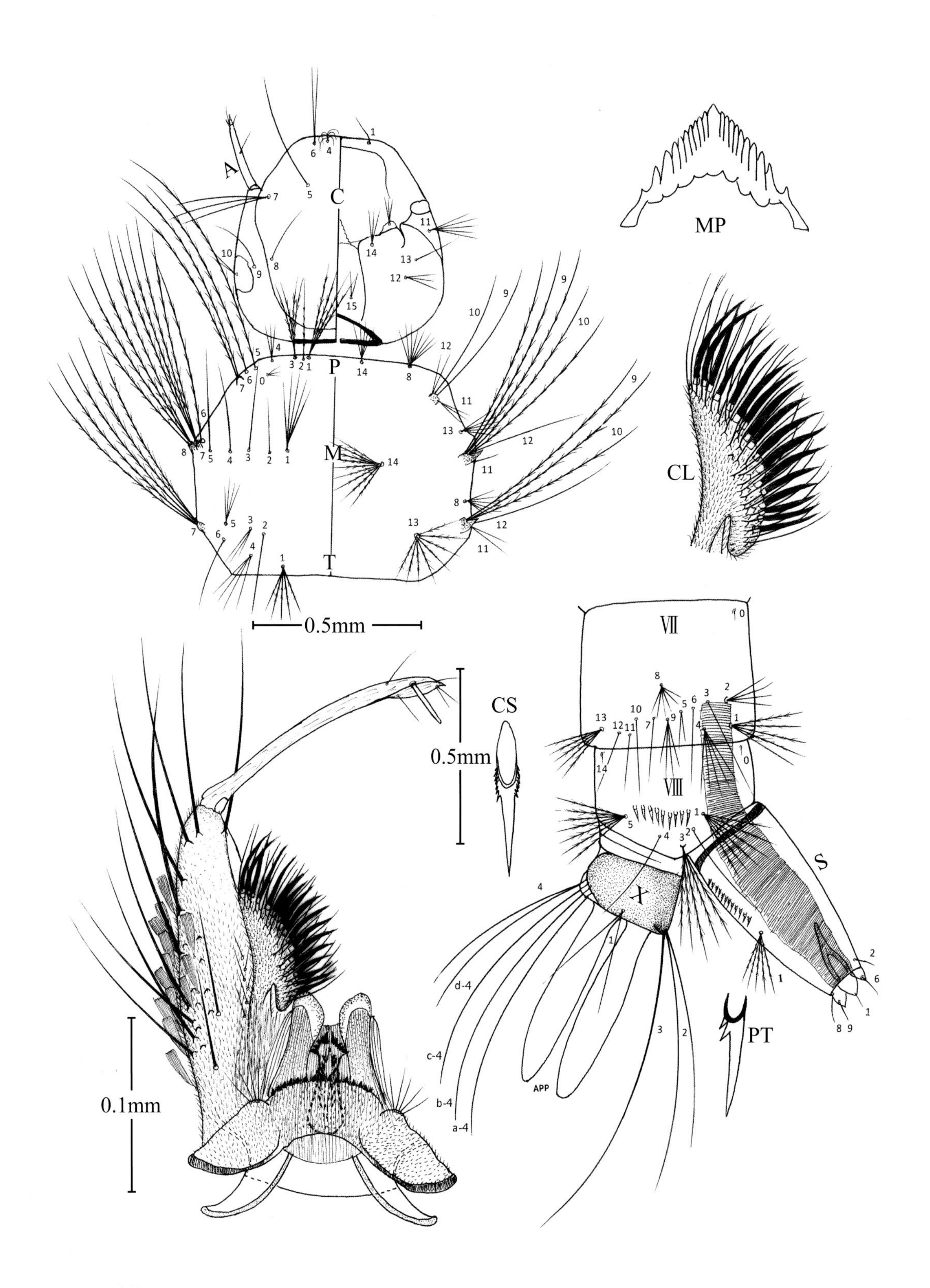

图版 14　黄斑覆蚊
Fig. 14 *Stegomyia flavopictus*

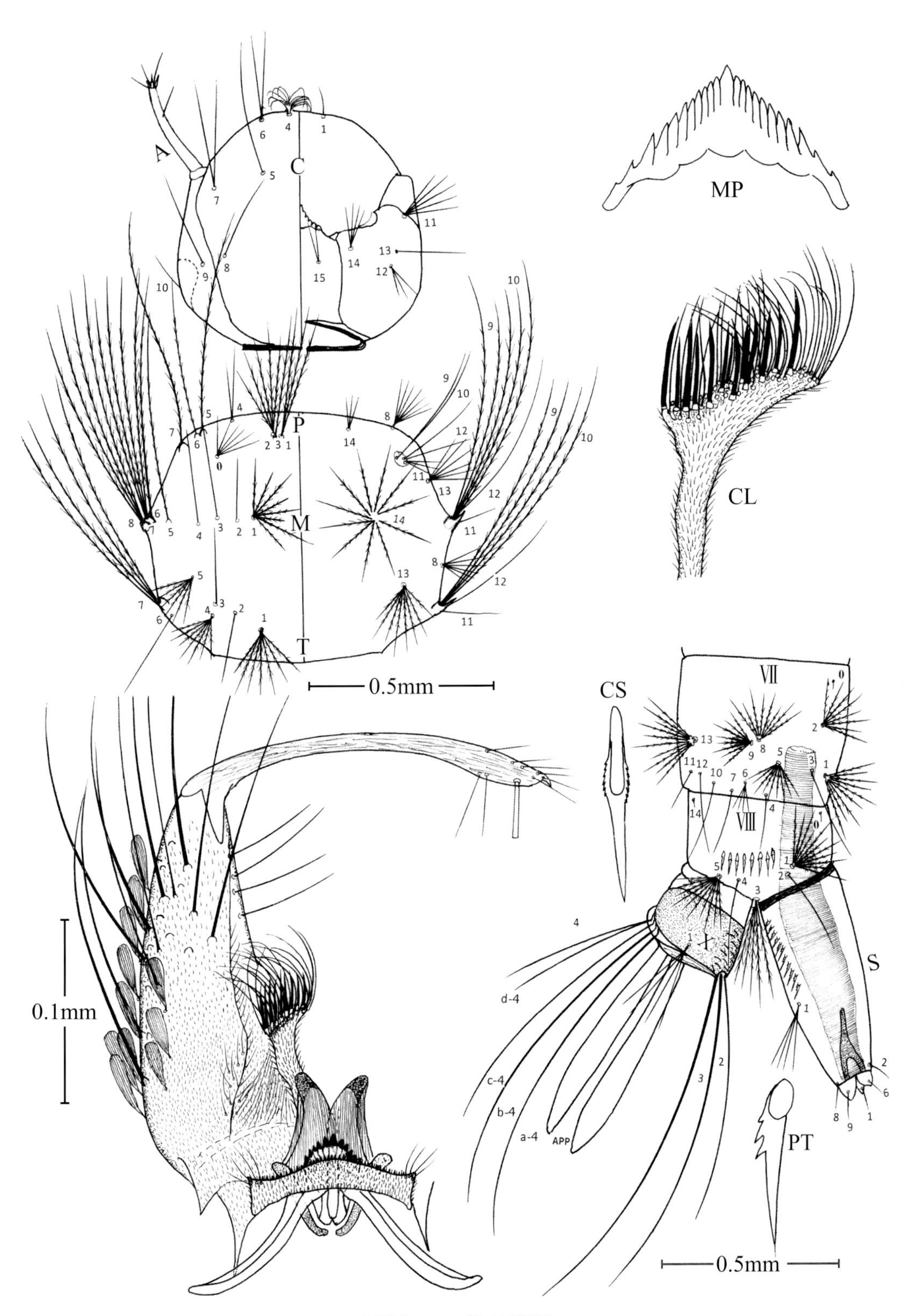

图版 15　缘纹覆蚊

Fig. 15 *Stegomyia galloisi*

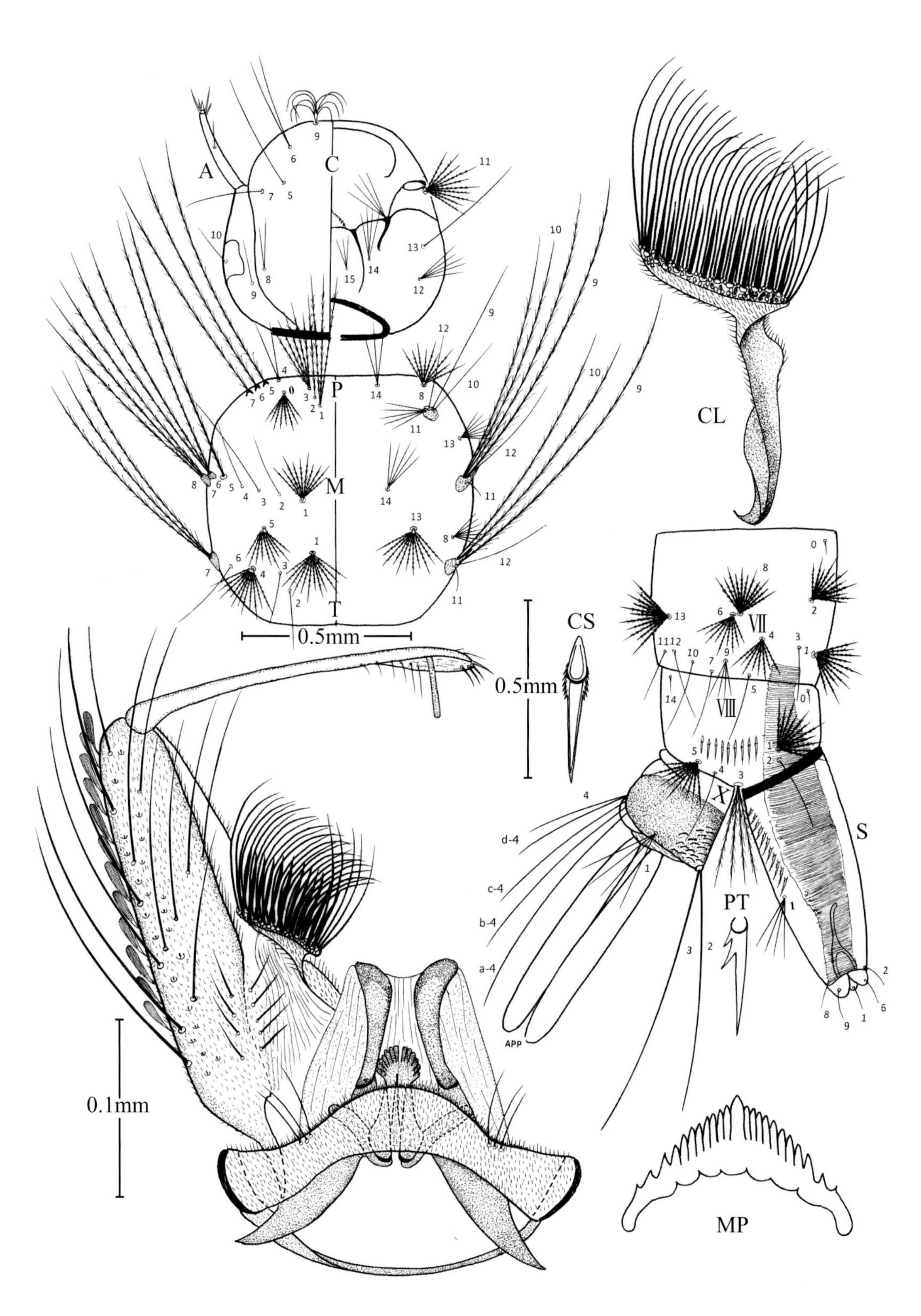

图版 16　类缘蚊覆蚊
Fig. 16 *Stegomyia galloisiodes*

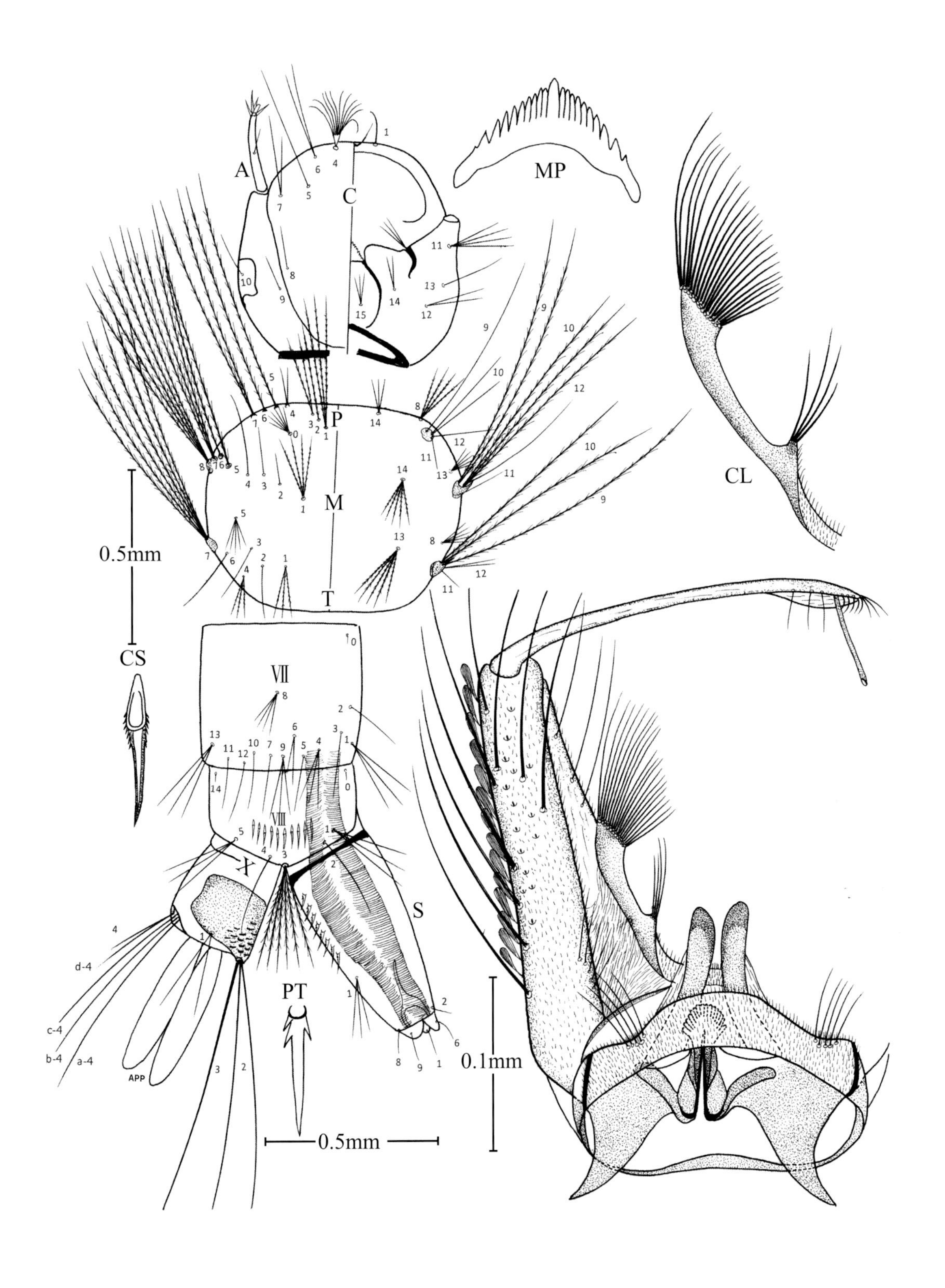

图版 17 股点覆蚊模拟亚种

Fig. 17 *Stegomyia gardnerii imitator*

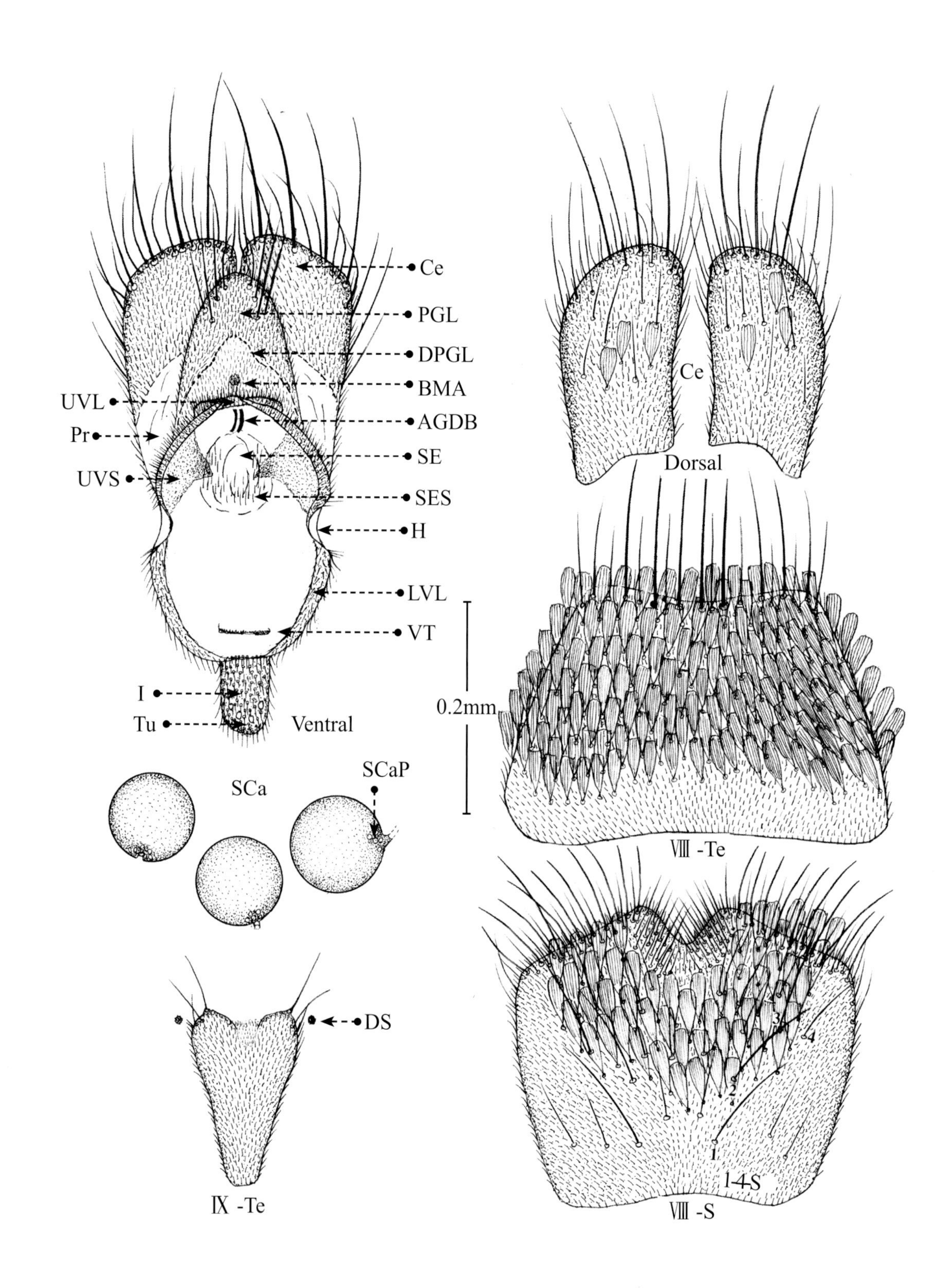

图版 18　股点覆蚊模拟亚种雌蚊尾器

Fig. 18 Female genitalia of *Stegomyia gardnerii imitator*

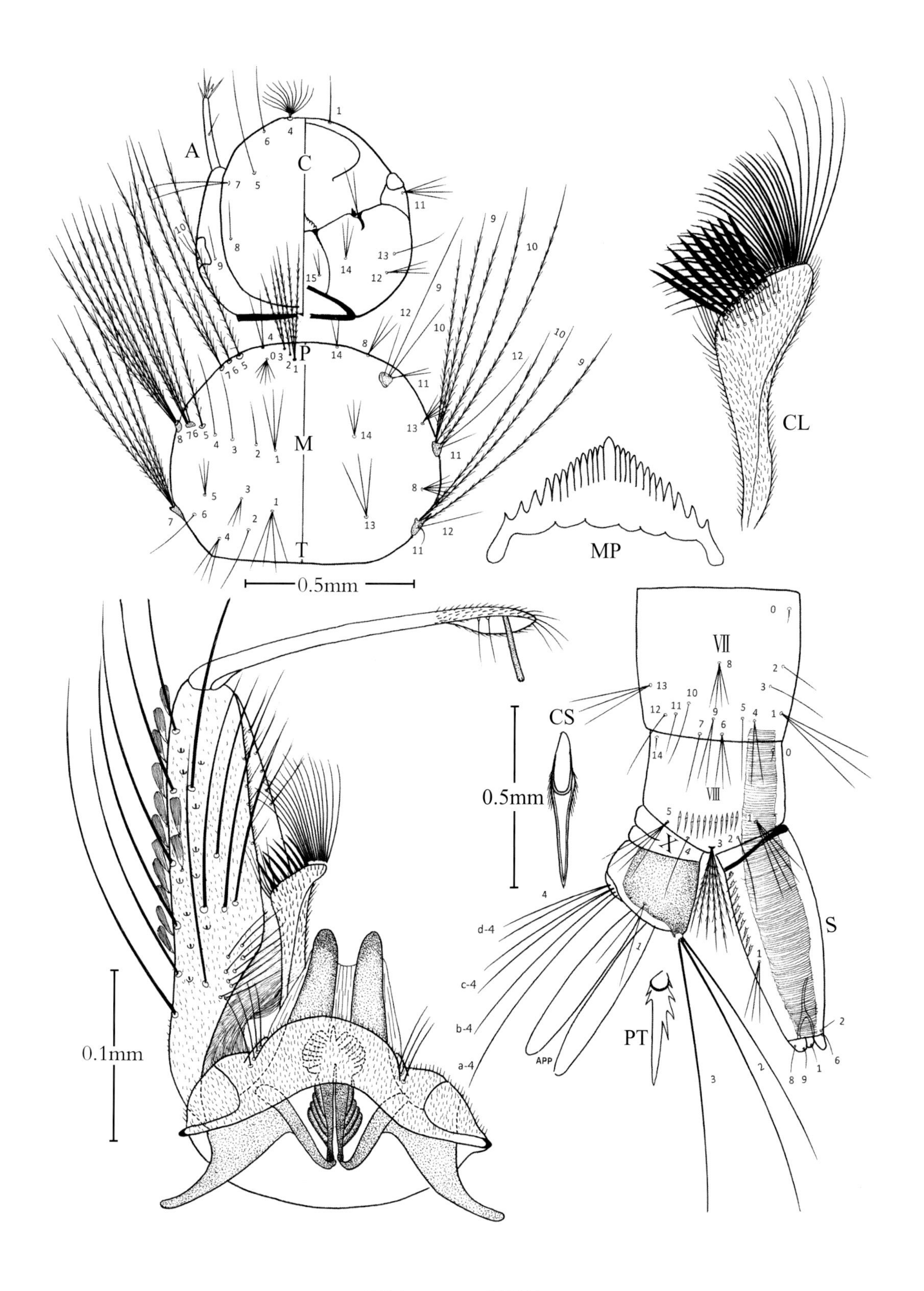

图版 19 马来覆蚊
Fig. 19 *Stegomyia malayensis*

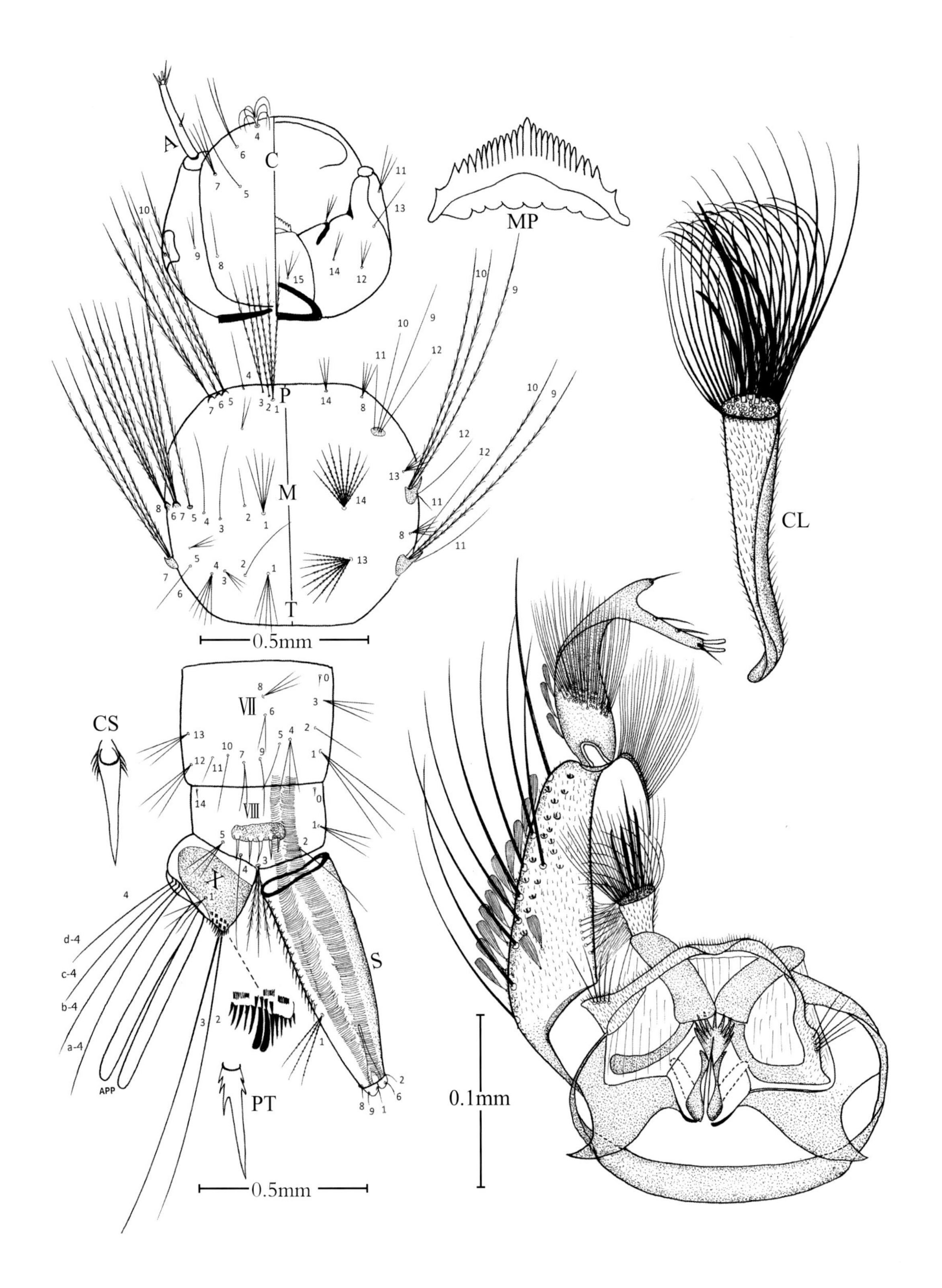

图版 20　马立覆蚊
Fig. 20 *Stegomyia malikuli*

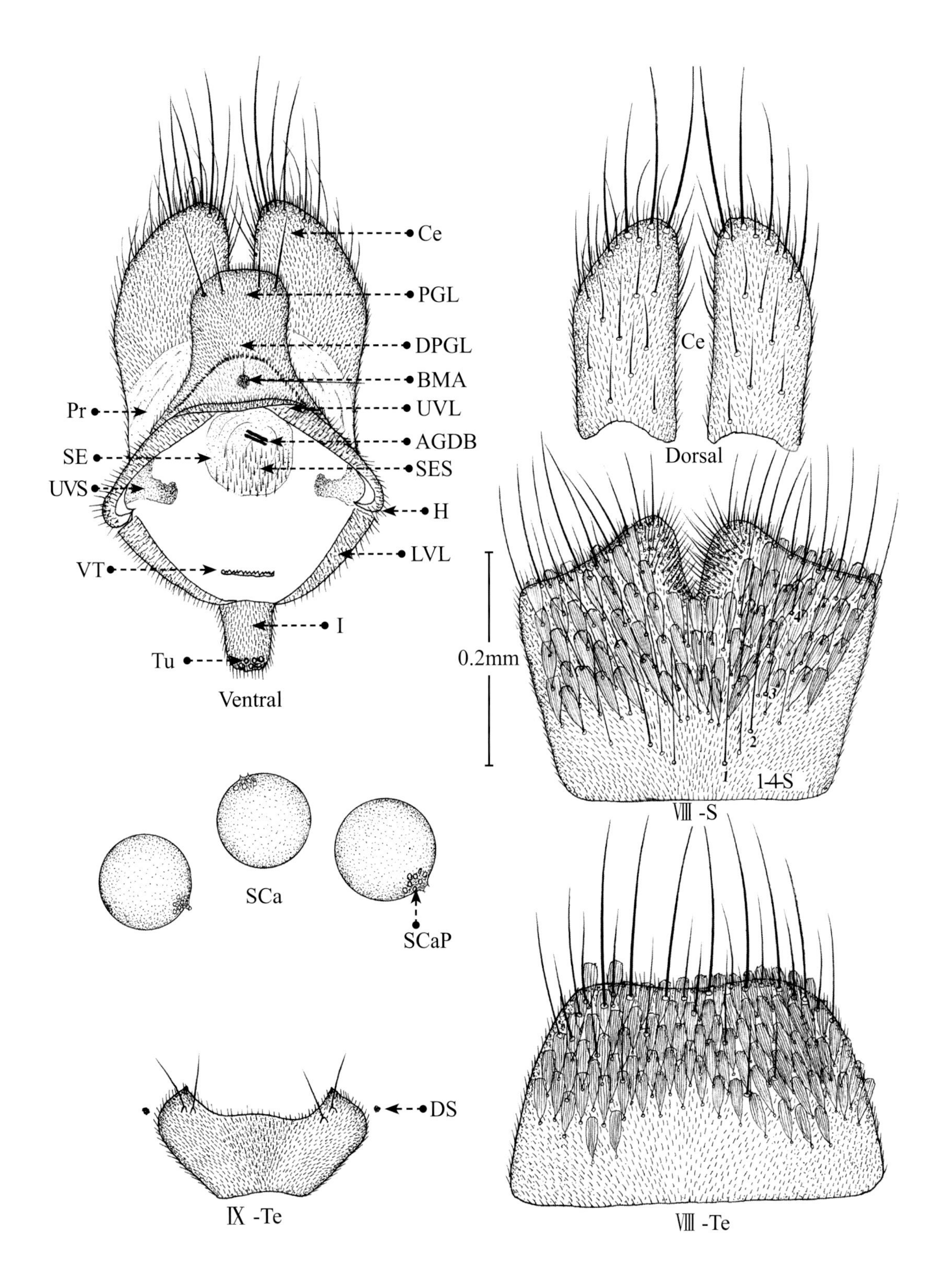

图版 21 马立覆蚊雌蚊尾器
Fig. 21 Female genitalia of *Stegomyia malikuli*

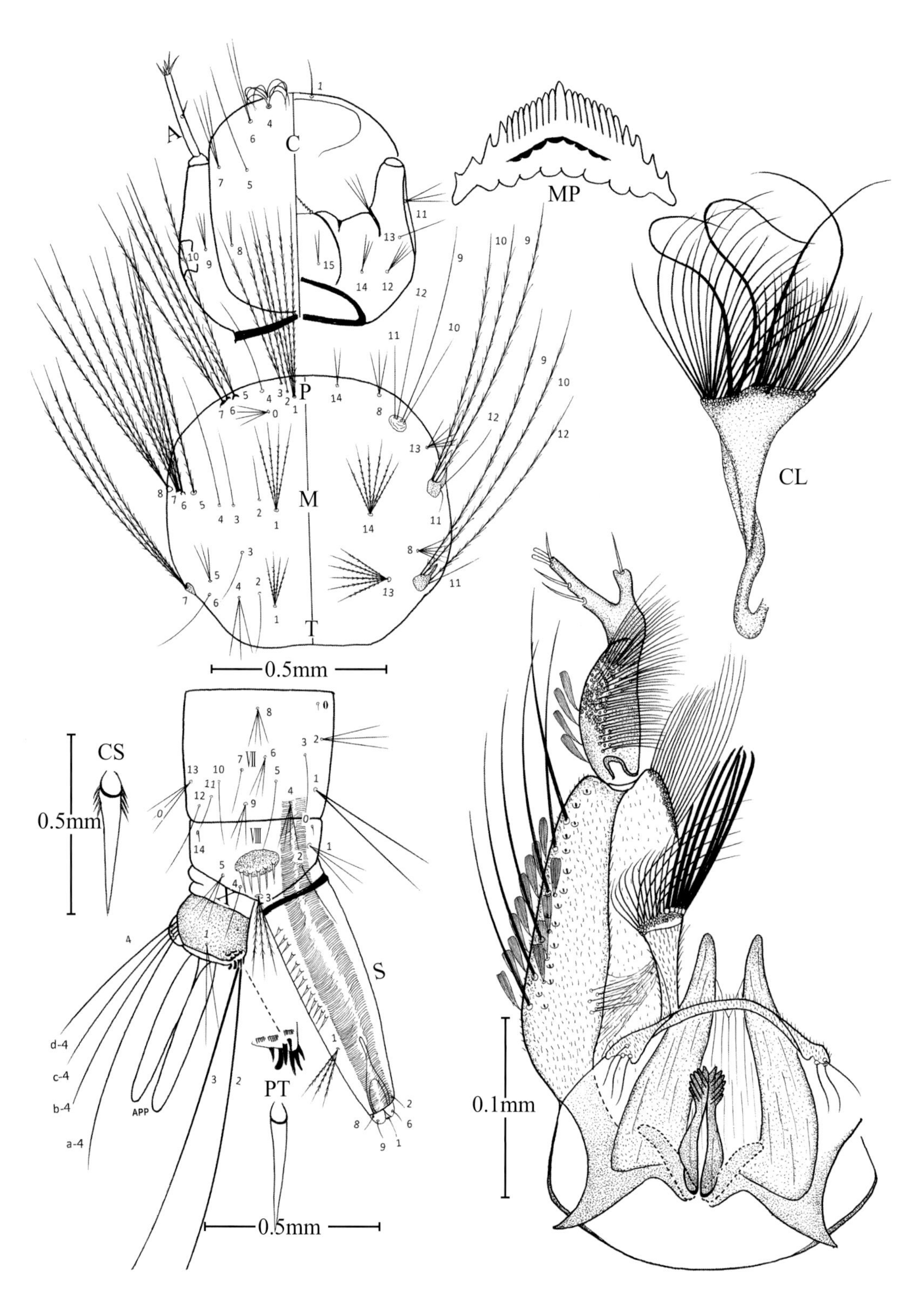

图版 22　中点覆蚊

Fig. 22 *Stegomyia mediopunctatus*

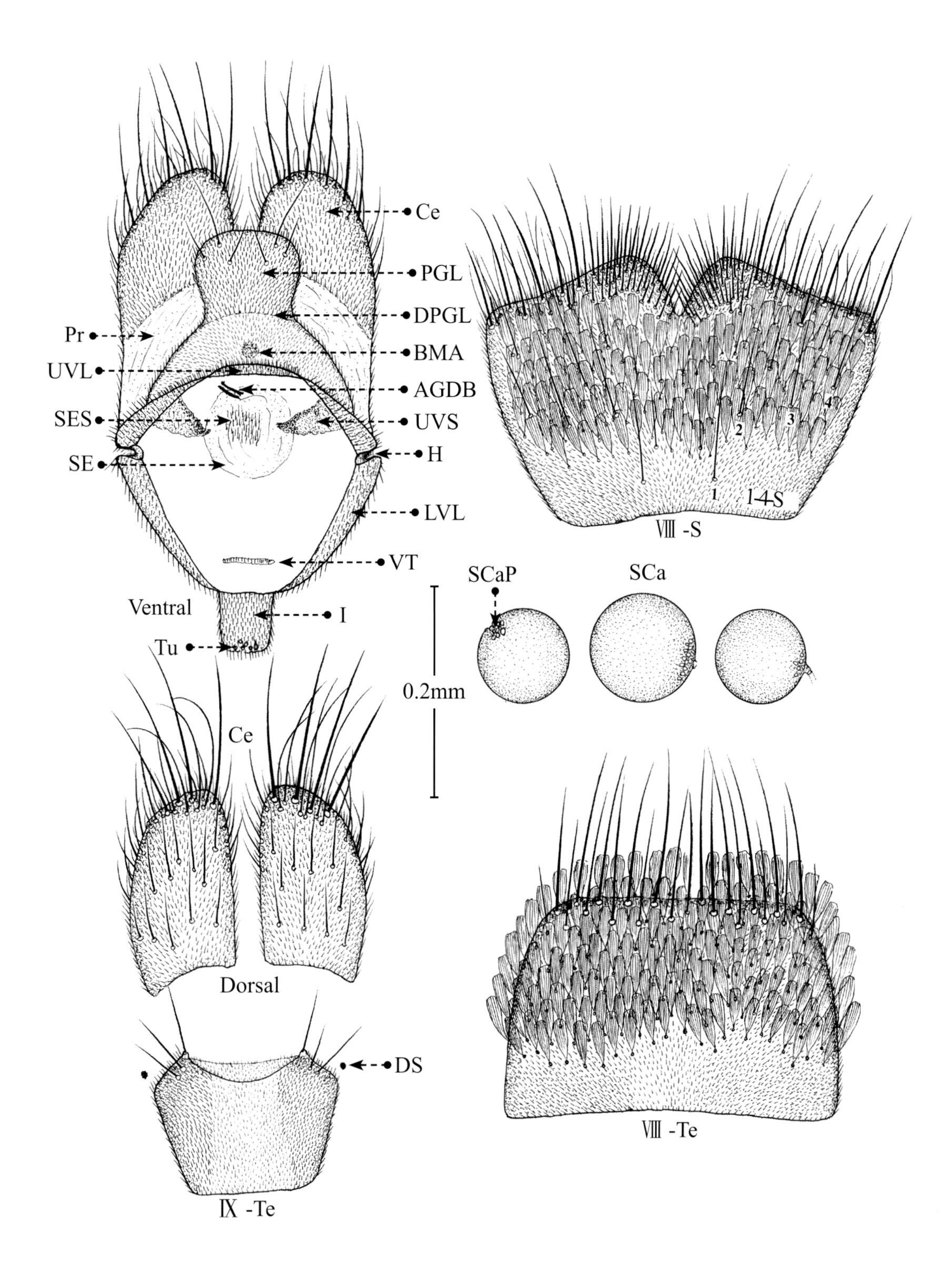

图版 23 中点覆蚊雌蚊尾器
Fig. 23 Female genitalia of *Stegomyia mediopunctatus*

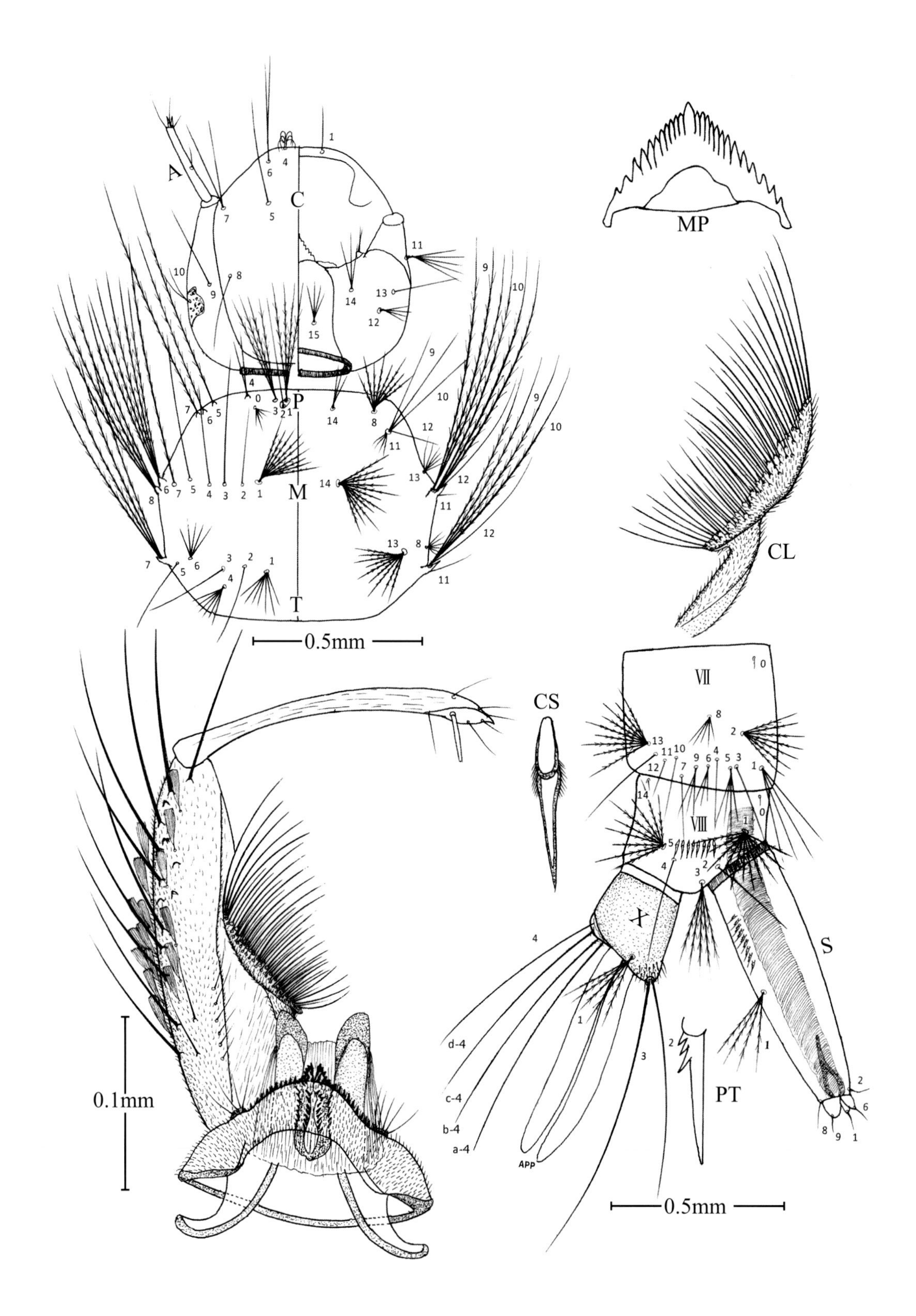

图版 24　新缘纹覆蚊
Fig. 24 *Stegomyia neogalloisi*

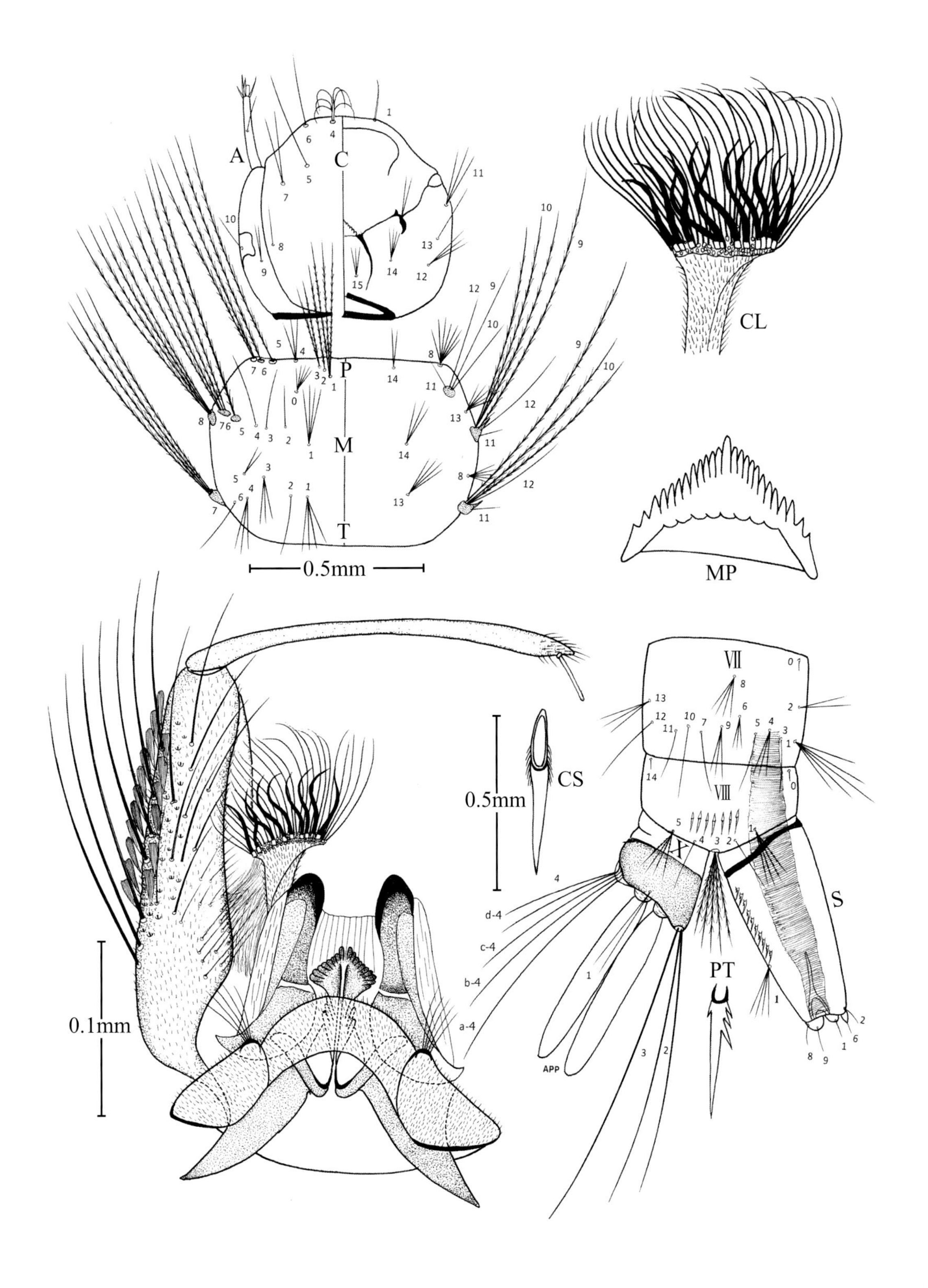

图版 25　新白纹覆蚊
Fig. 25 *Stegomyia novalbopictus*

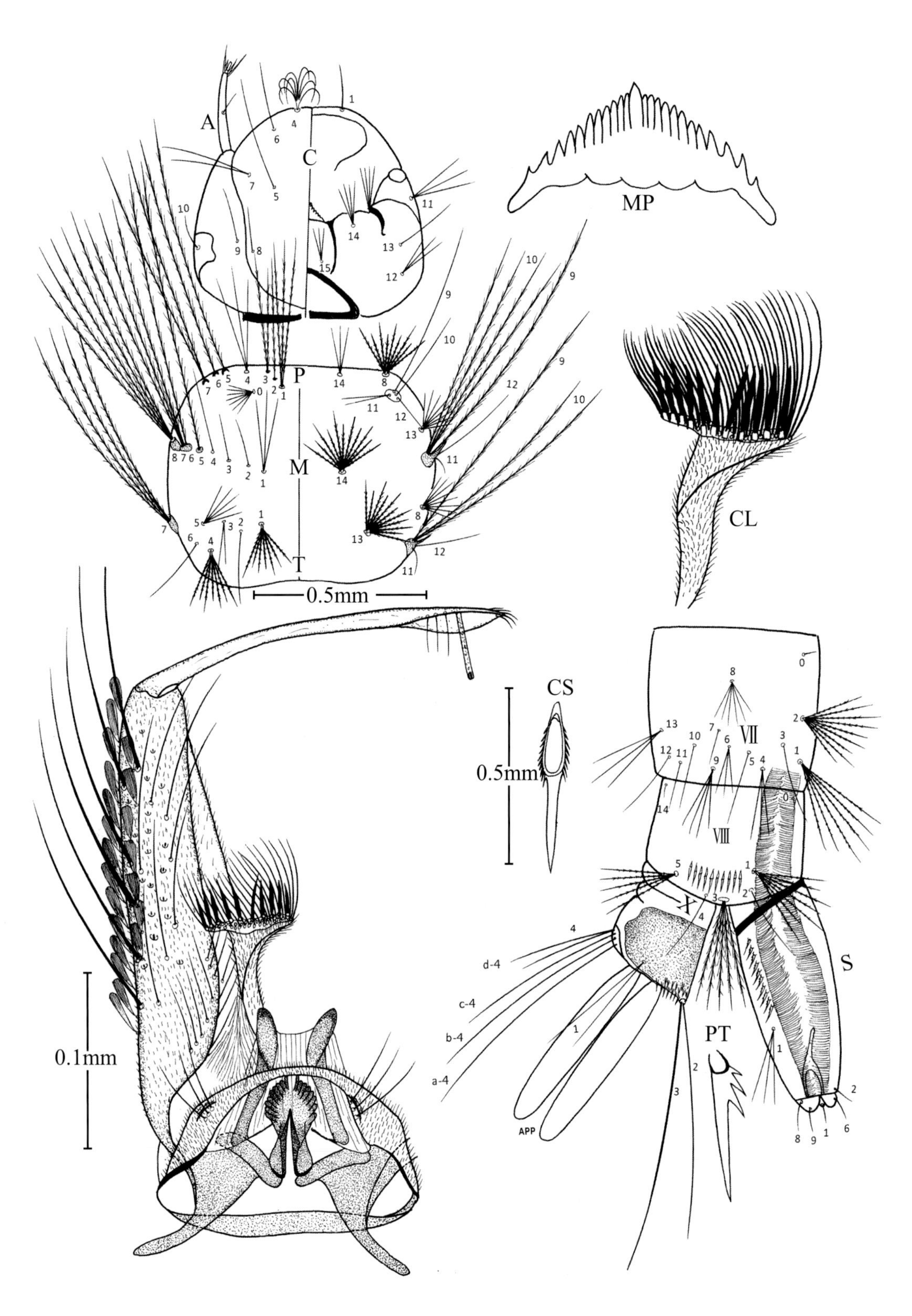

图版 26　类黄斑覆蚊
Fig. 26 *Stegomyia patriciae*

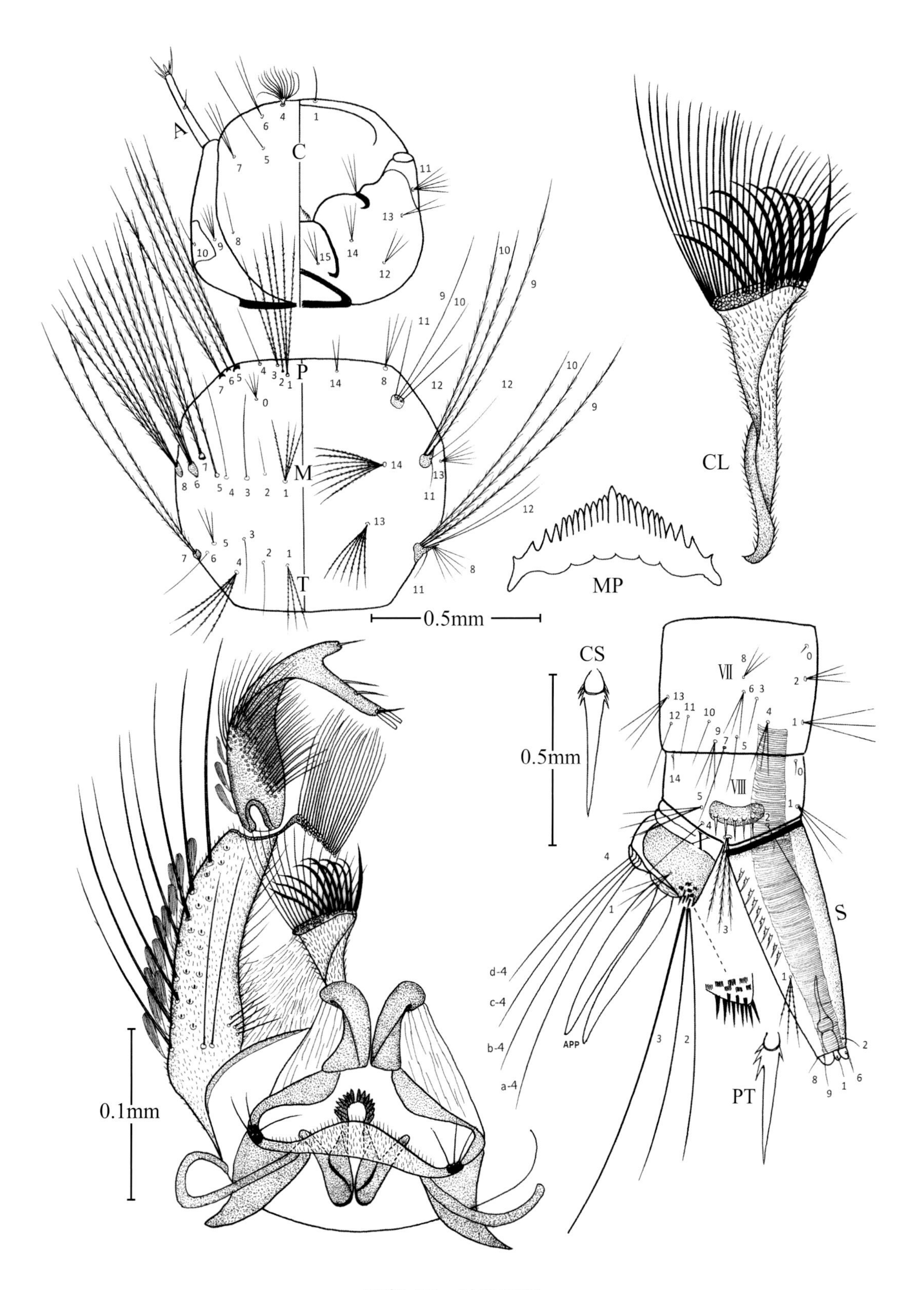

图版 27 叶抱覆蚊

Fig. 27 *Stegomyia perplexus*

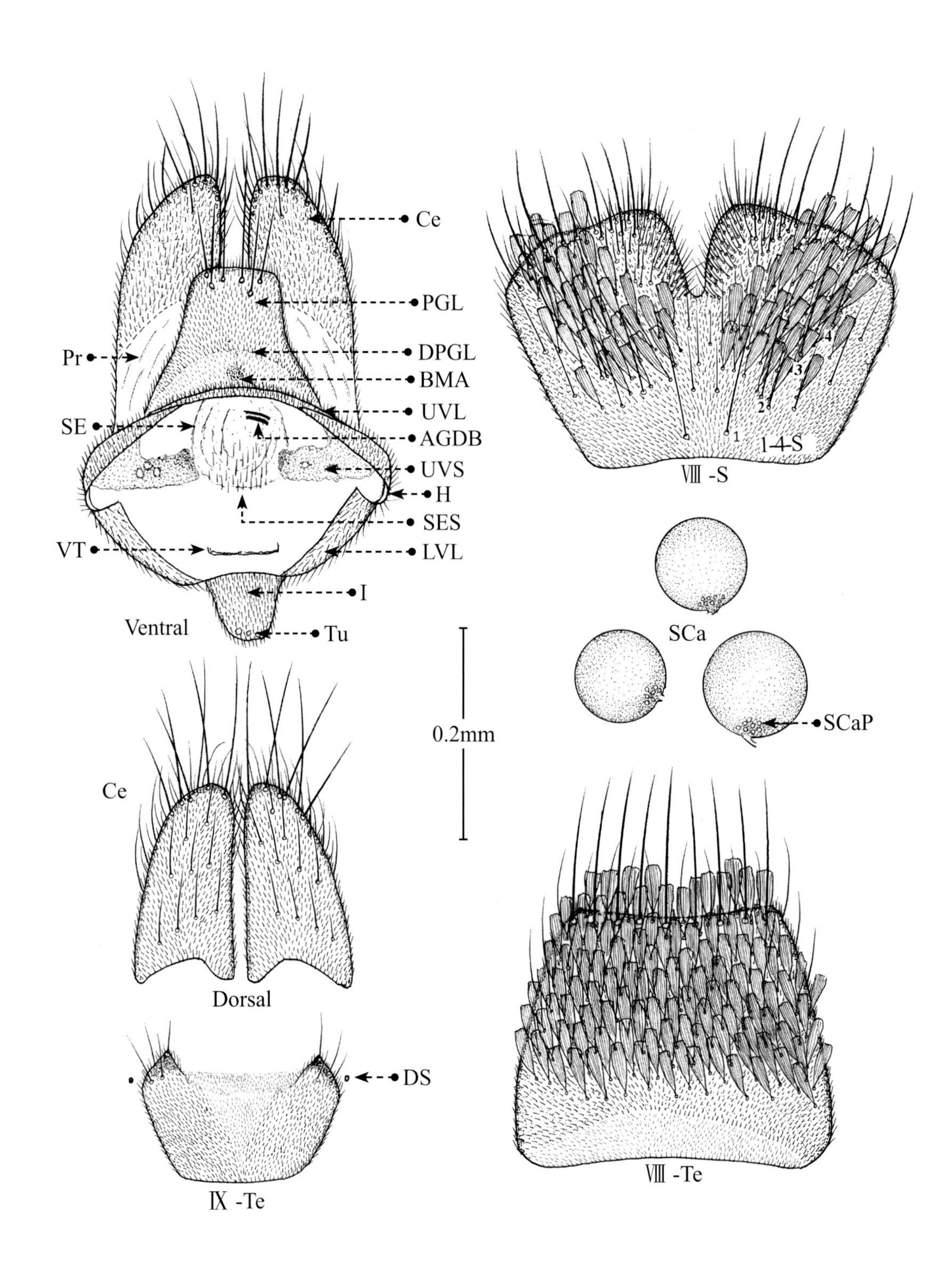

图版 28　叶抱覆蚊雌蚊尾器
Fig. 28 Female genitalia of *Stegomyia perplexus*

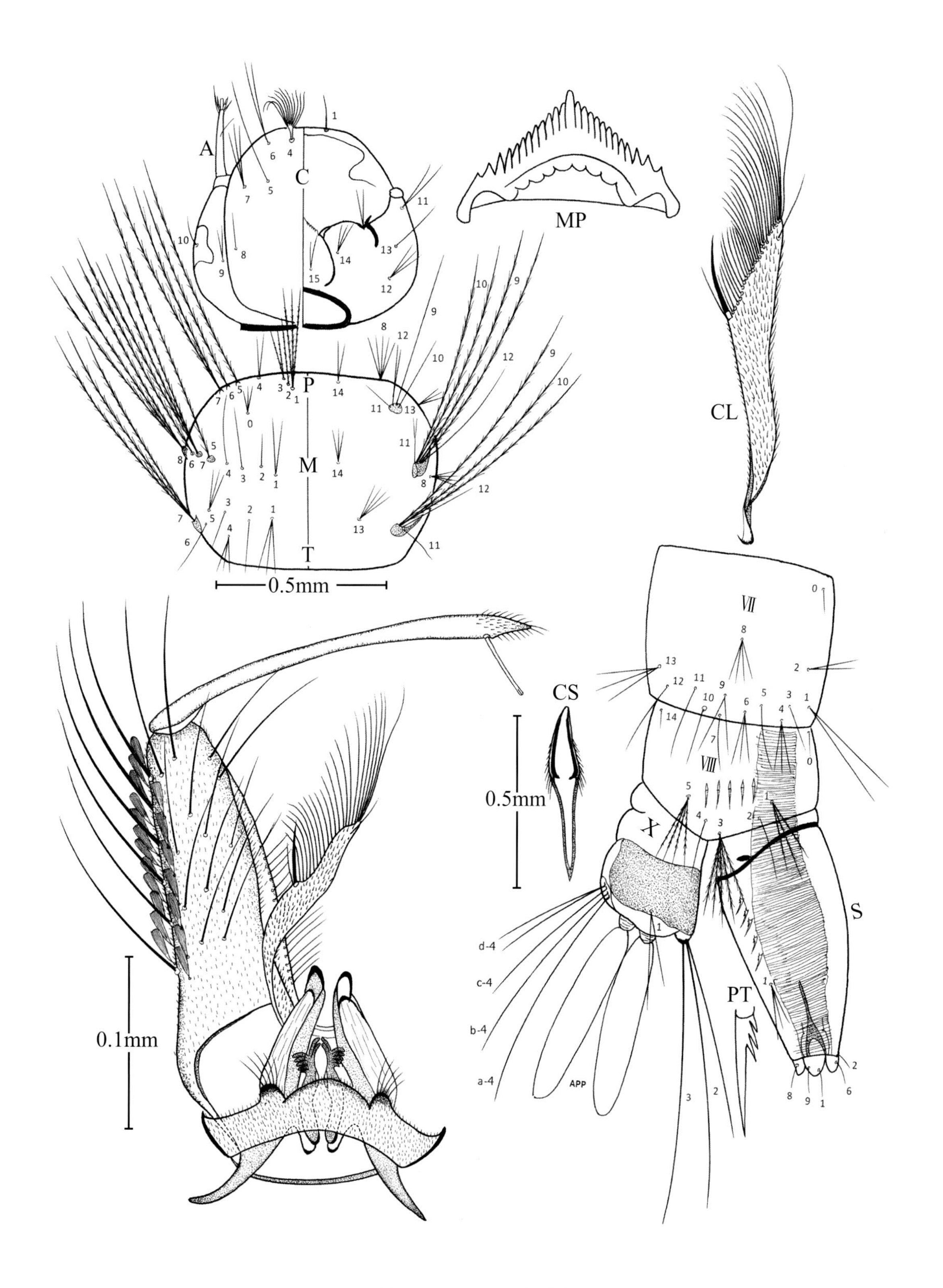

图版 29 伪白纹覆蚊

Fig. 29 *Stegomyia pseudalbopictus*

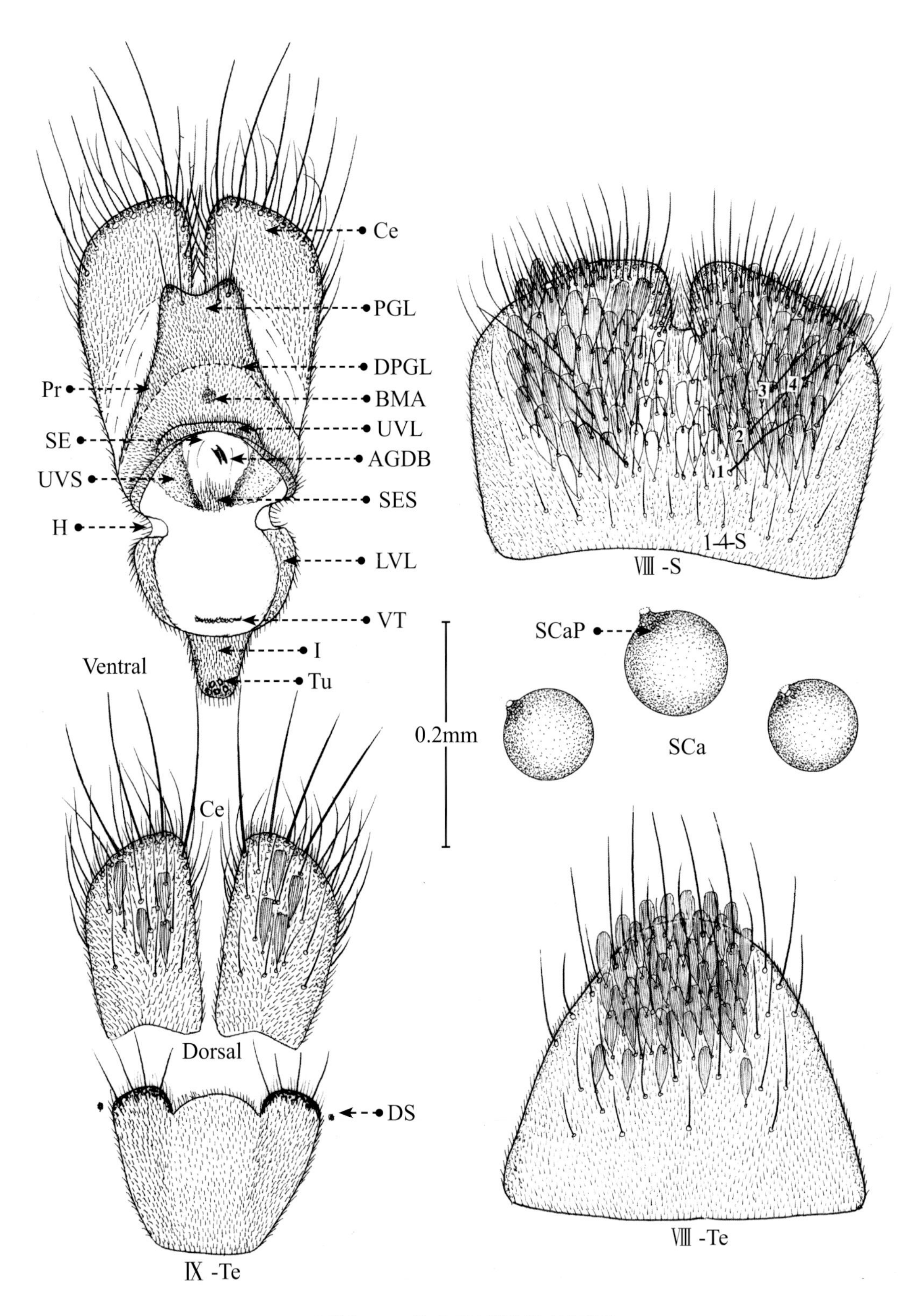

图版 30　伪白纹覆蚊雌蚊尾器
Fig. 30 Female genitalia of *Stegomyia pseudalbopictus*

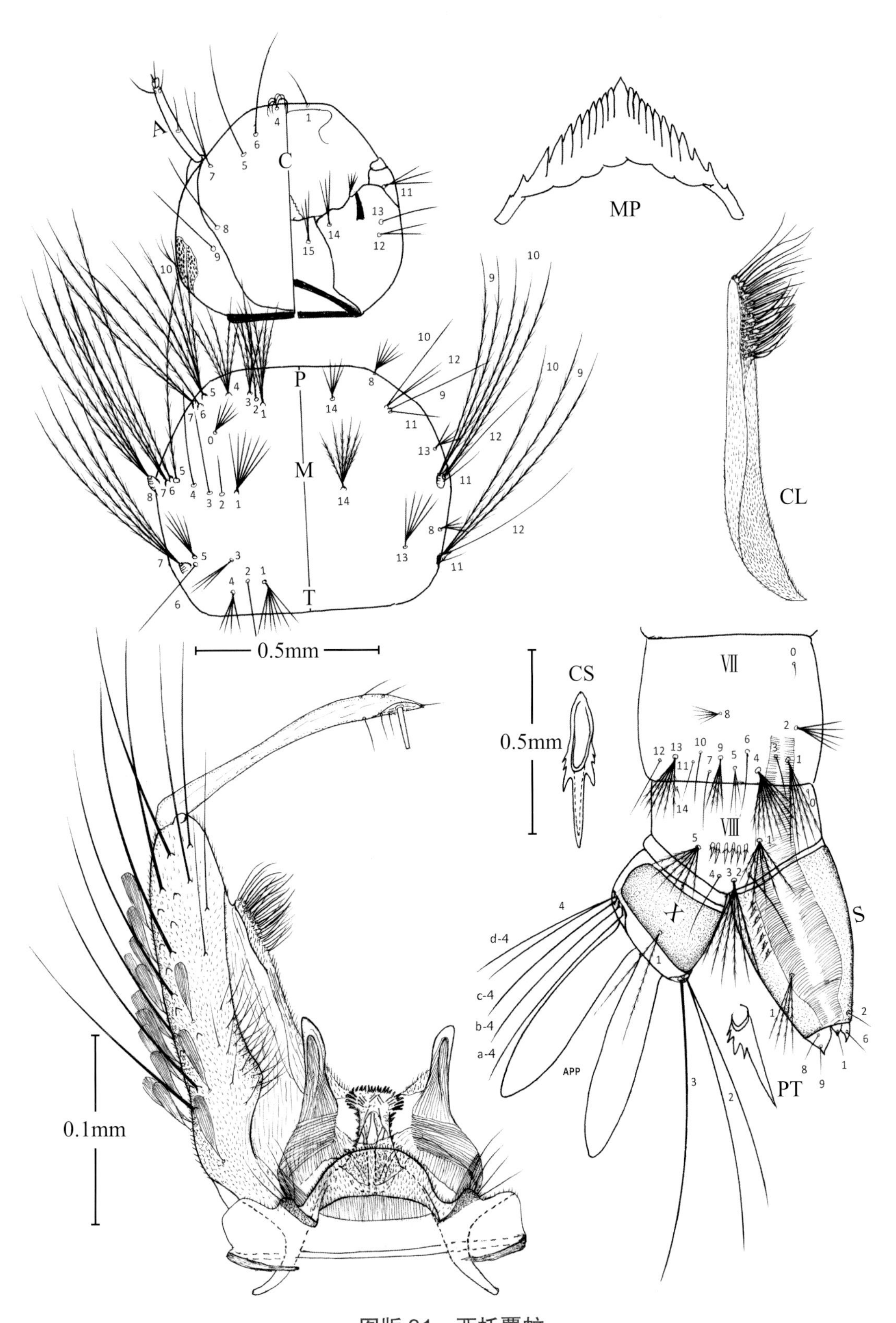

图版 31 西托覆蚊
Fig. 31 *Stegomyia seatoi*

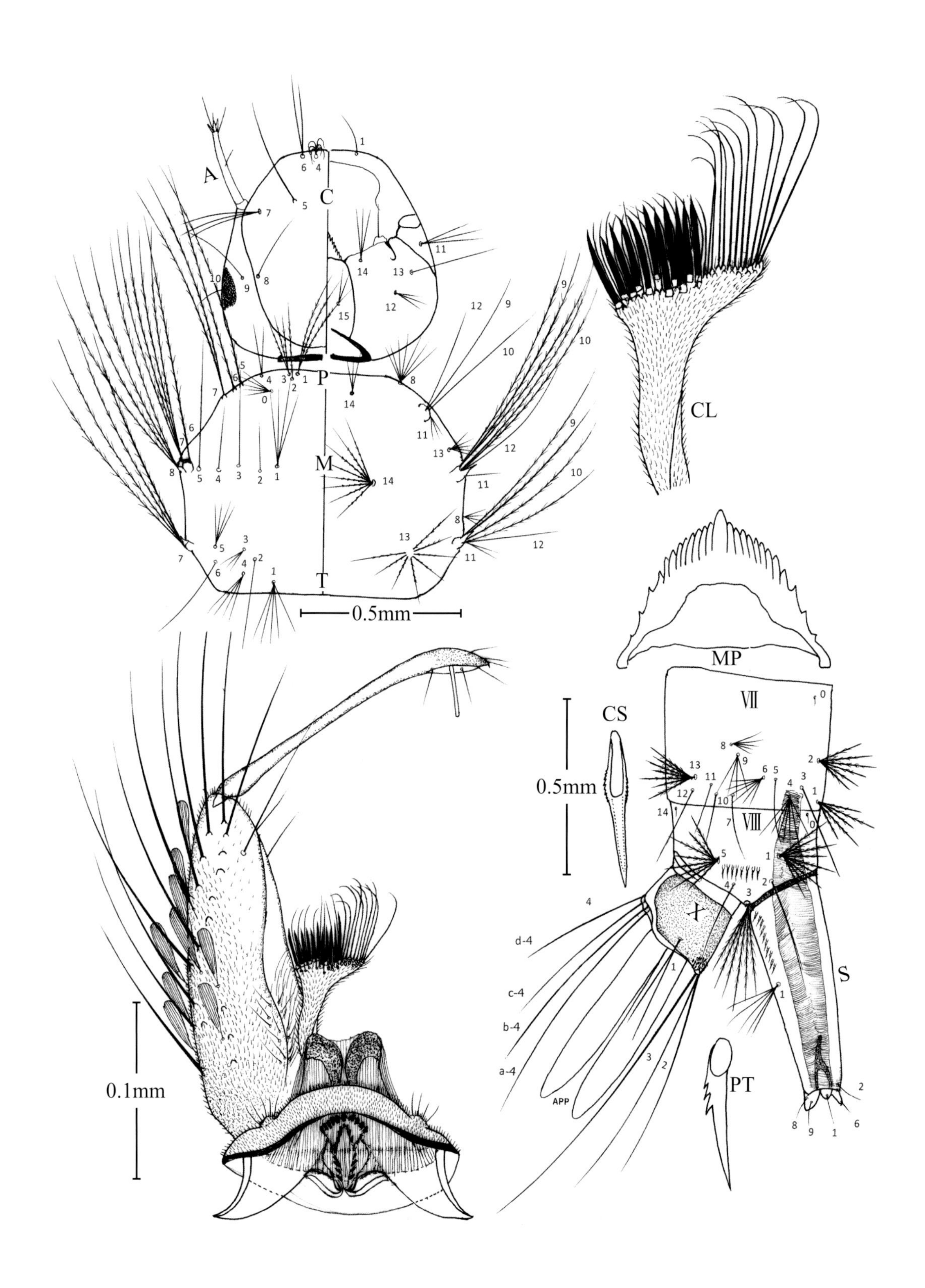

图版 32　西伯利亚覆蚊
Fig. 32 *Stegomyia sibiricus*

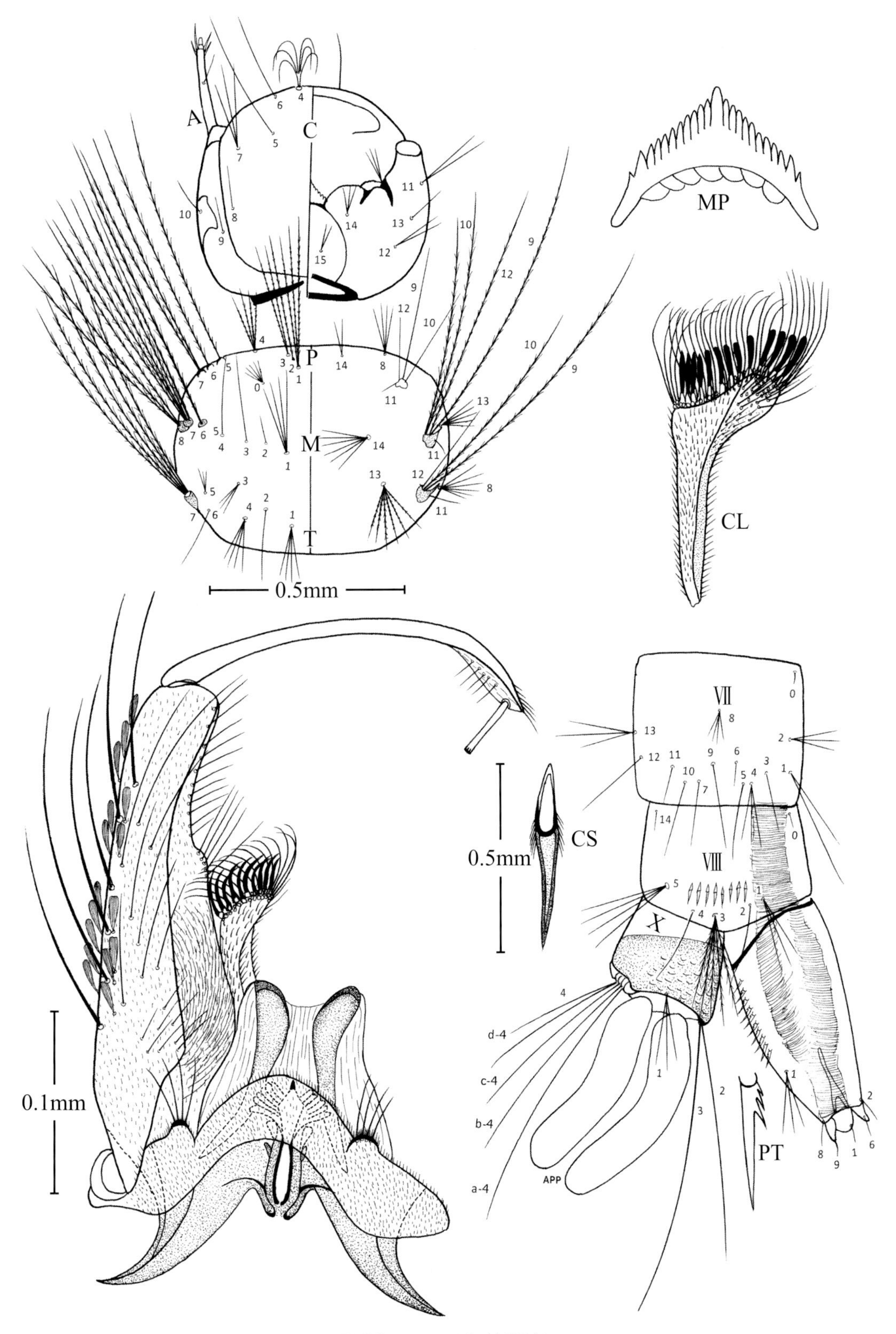

图版 33 亚白纹覆蚊
Fig. 33 *Stegomyia subalbopictus*

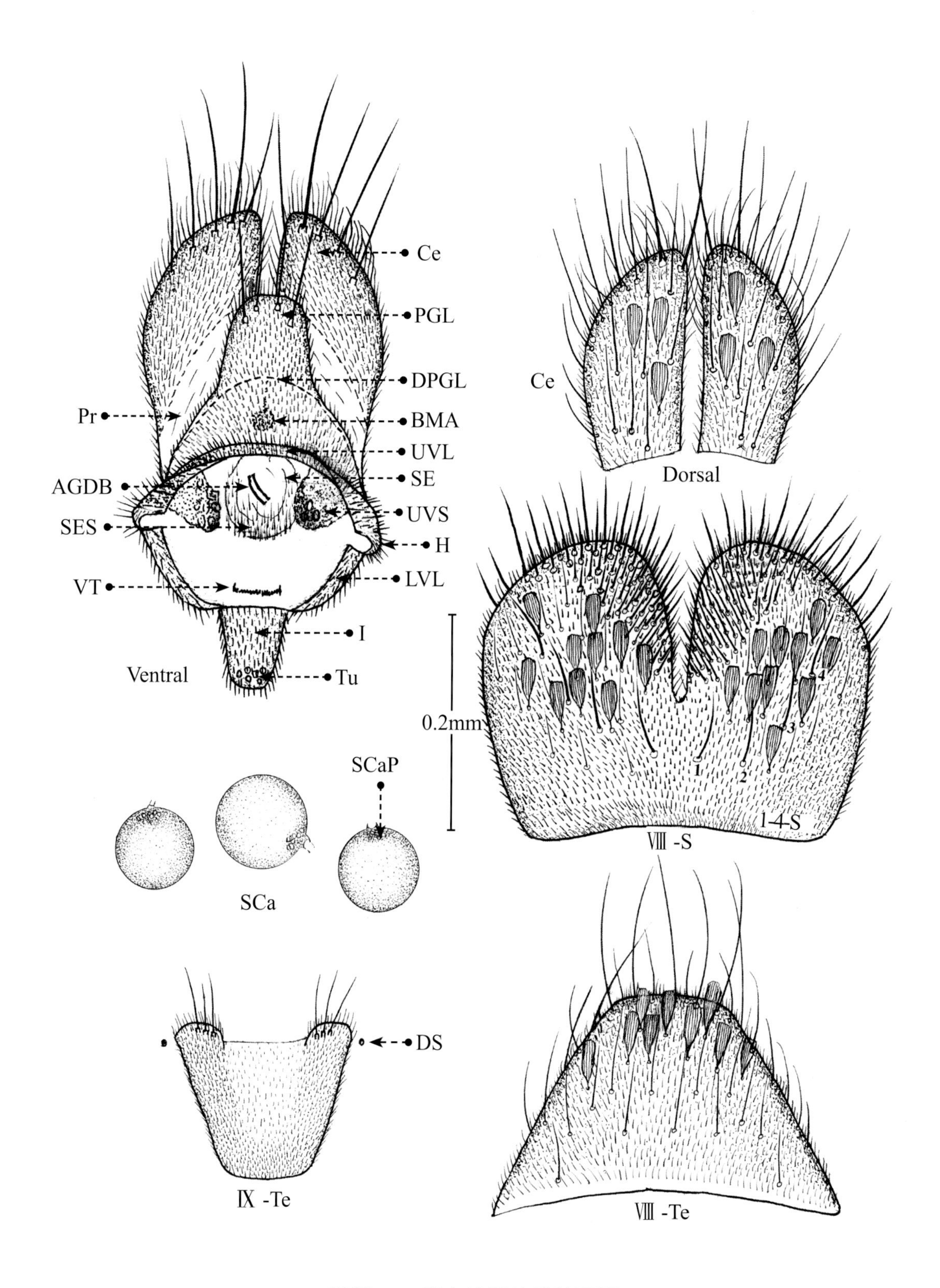

图版 34 亚白纹覆蚊雌蚊尾器
Fig. 34 Female genitalia of *Stegomyia subalbopictus*

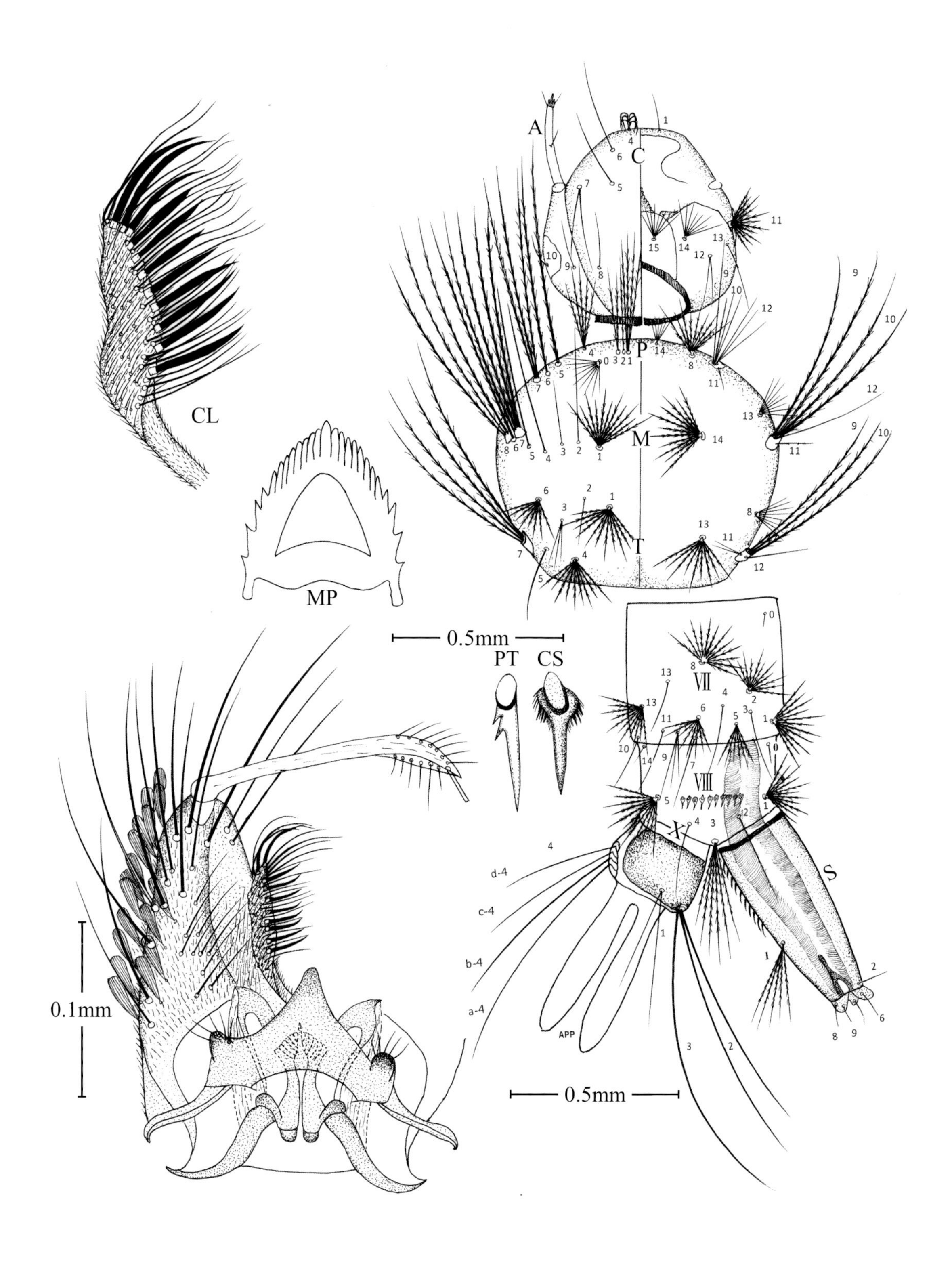

图版 35　双柏覆蚊　新种

Fig. 35 *Stegomyia shuangbaiensis* New Species

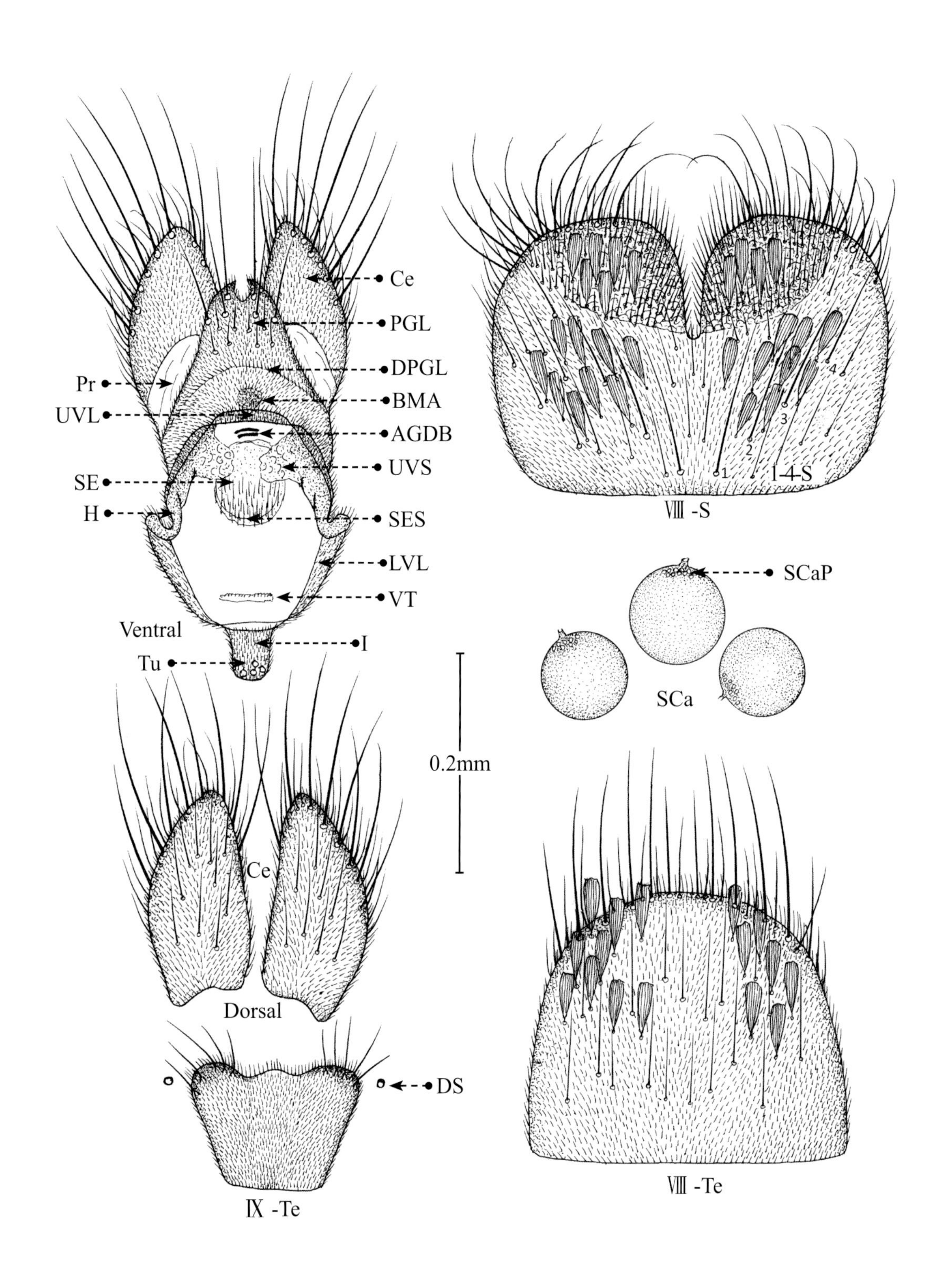

图版 36 双柏覆蚊雌蚊尾器

Fig. 36 Female genitalia of *Stegomyia shuangbaiensis*

第二节

中国覆蚊属成虫彩色图谱

彩图版 1　埃及覆蚊（♀）
Fig. 1 *St. aegypti*（♀）

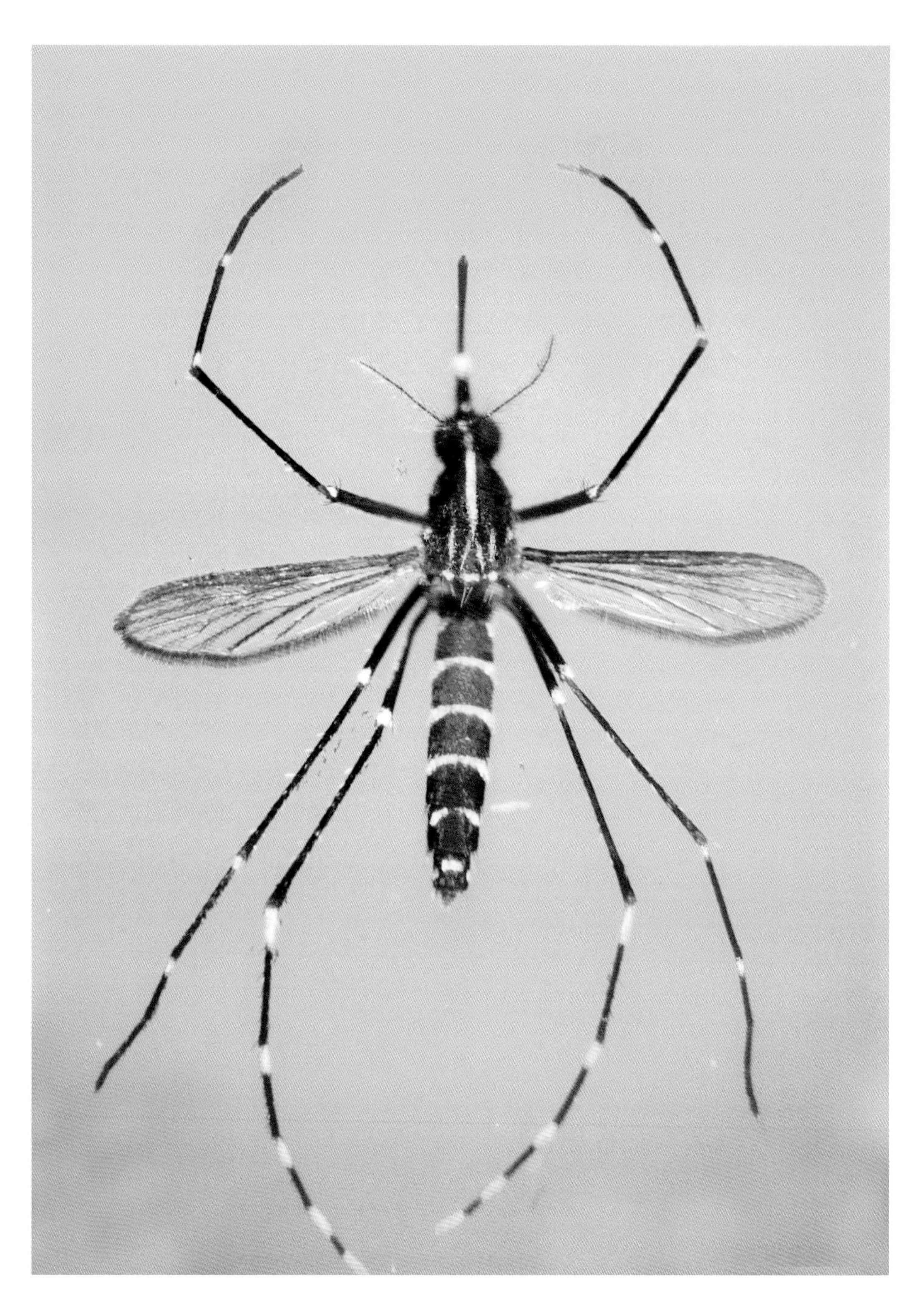

彩图版 2　白纹覆蚊（♀）
Fig. 2 *St. albopictus*（♀）

彩图版 3　白纹覆蚊（♀）胸部侧面
Fig. 3 Thorax lateral view of *St. albopictus*（♀）

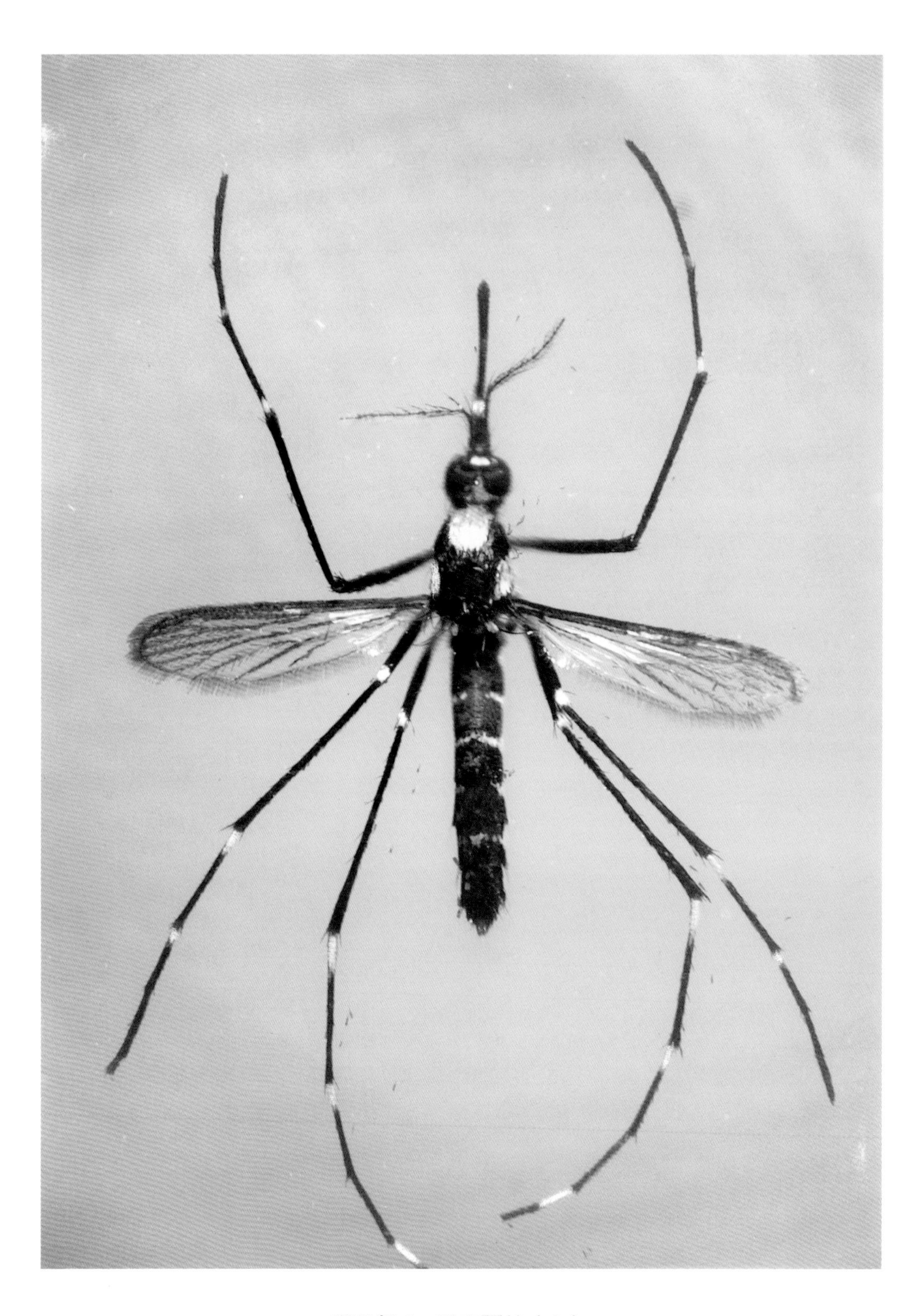

彩图版 4　圆斑覆蚊（♀）
Fig. 4 *St. annandalei*（♀）

彩图版 5　尖斑覆蚊（♀）
Fig. 5 *St. craggi*（♀）

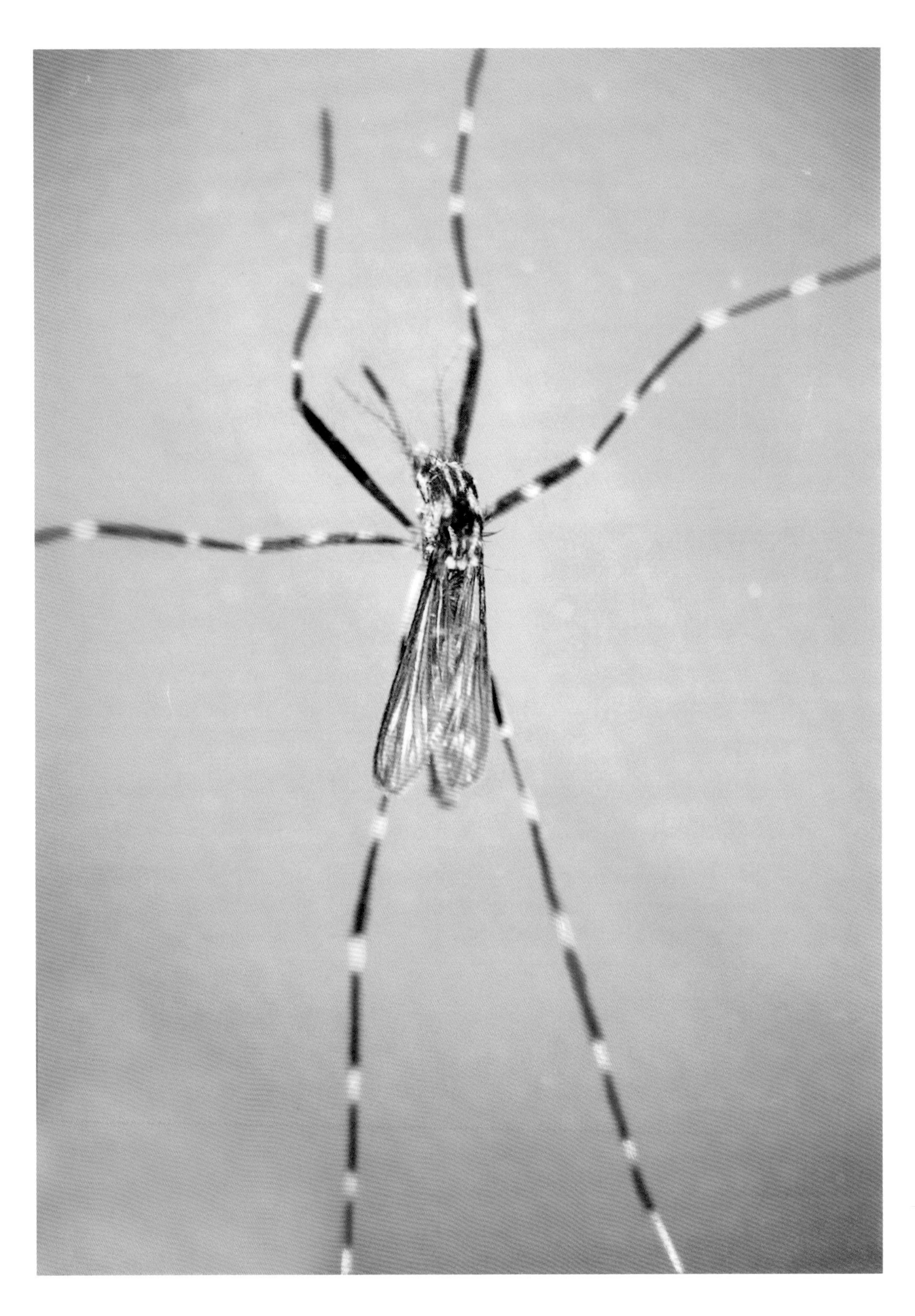

彩图版 6　环胫覆蚊（♀）
Fig. 6 *St. desmotes*（♀）

彩图版 7　股点覆蚊模拟亚种（♀）
Fig. 7 *St. gardnerii imitator*（♀）

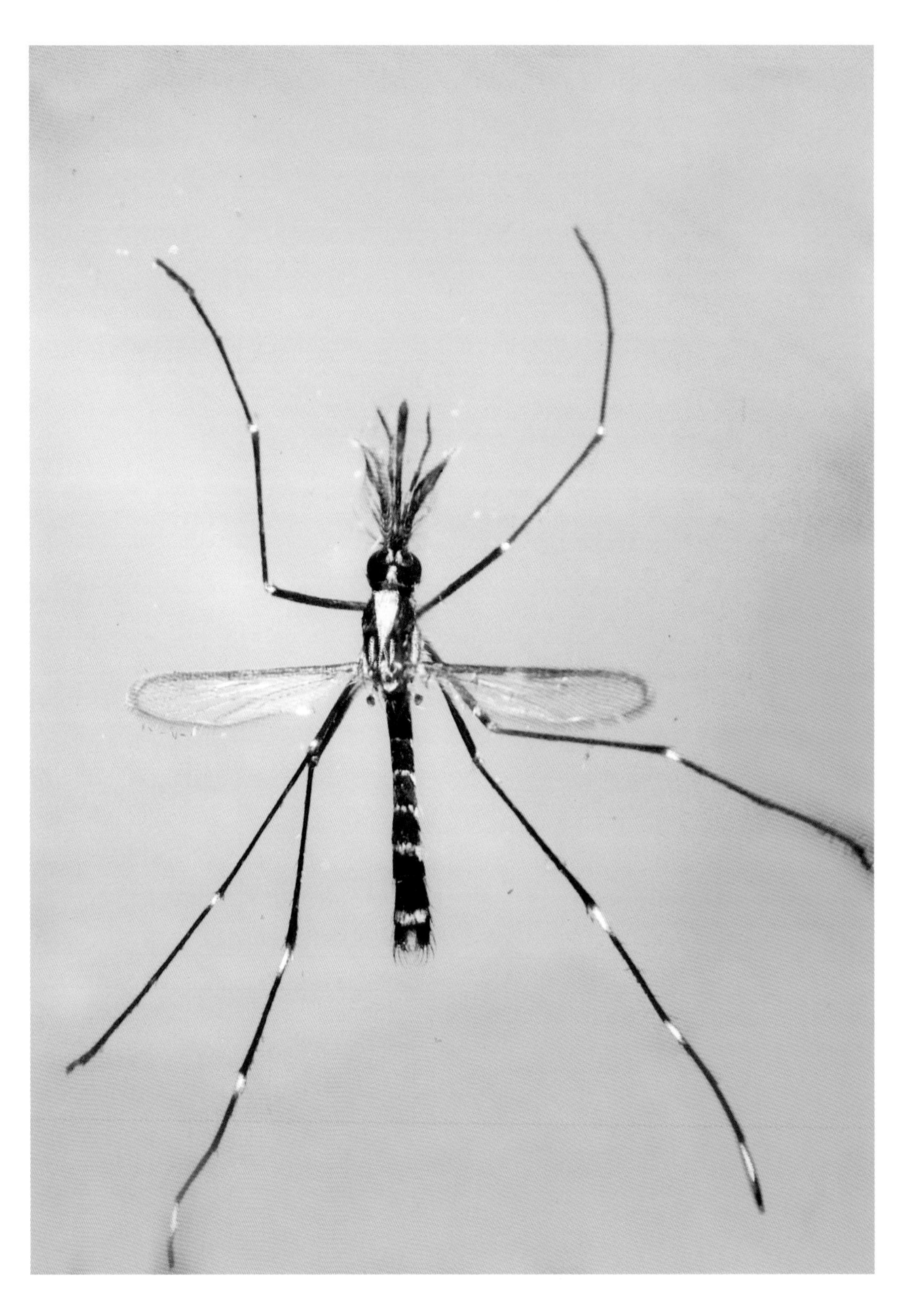

彩图版 8 马立覆蚊（♂）
Fig. 8 *St. malikuli*（♂）

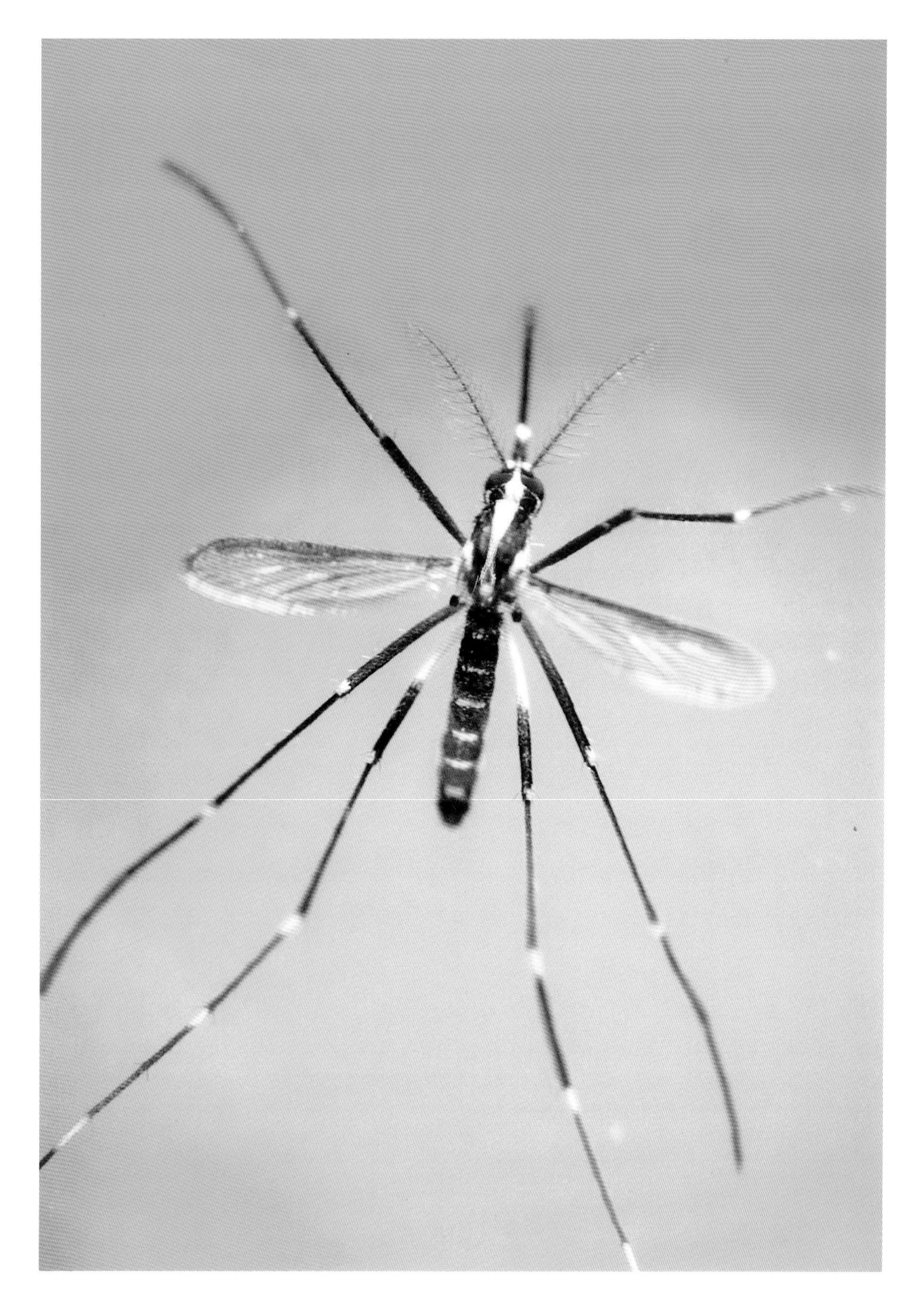

彩图版 9　中点覆蚊（♀）
Fig. 9 *St. mediopunctatus*（♀）

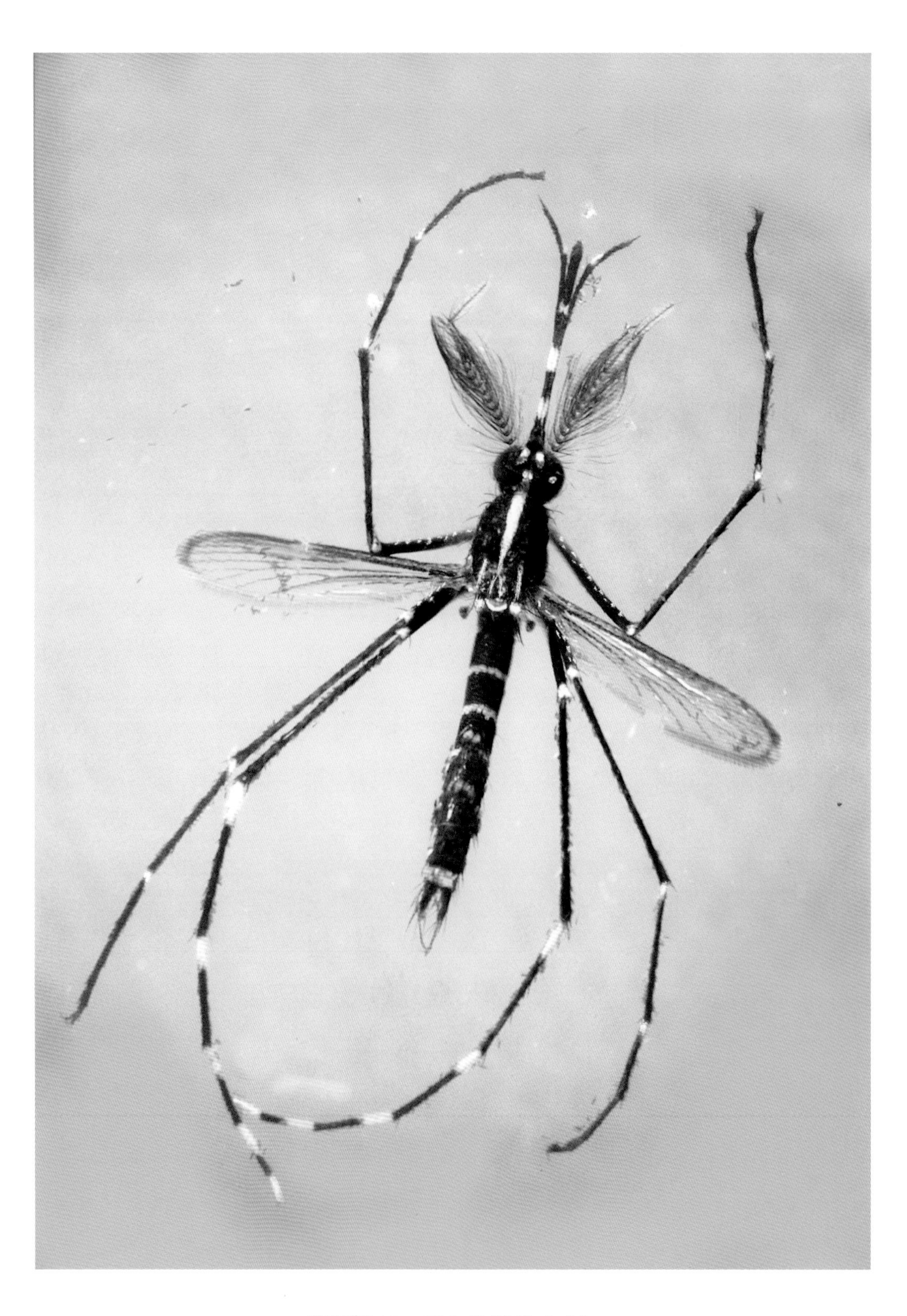

彩图版 10　新白纹覆蚊（♂）
Fig. 10 *St. novalbopictus*（♂）

彩图版 11　新白纹覆蚊（♂）胸部侧面
Fig. 11 Thorax lateral view of *St. novalbopictus*（♂）

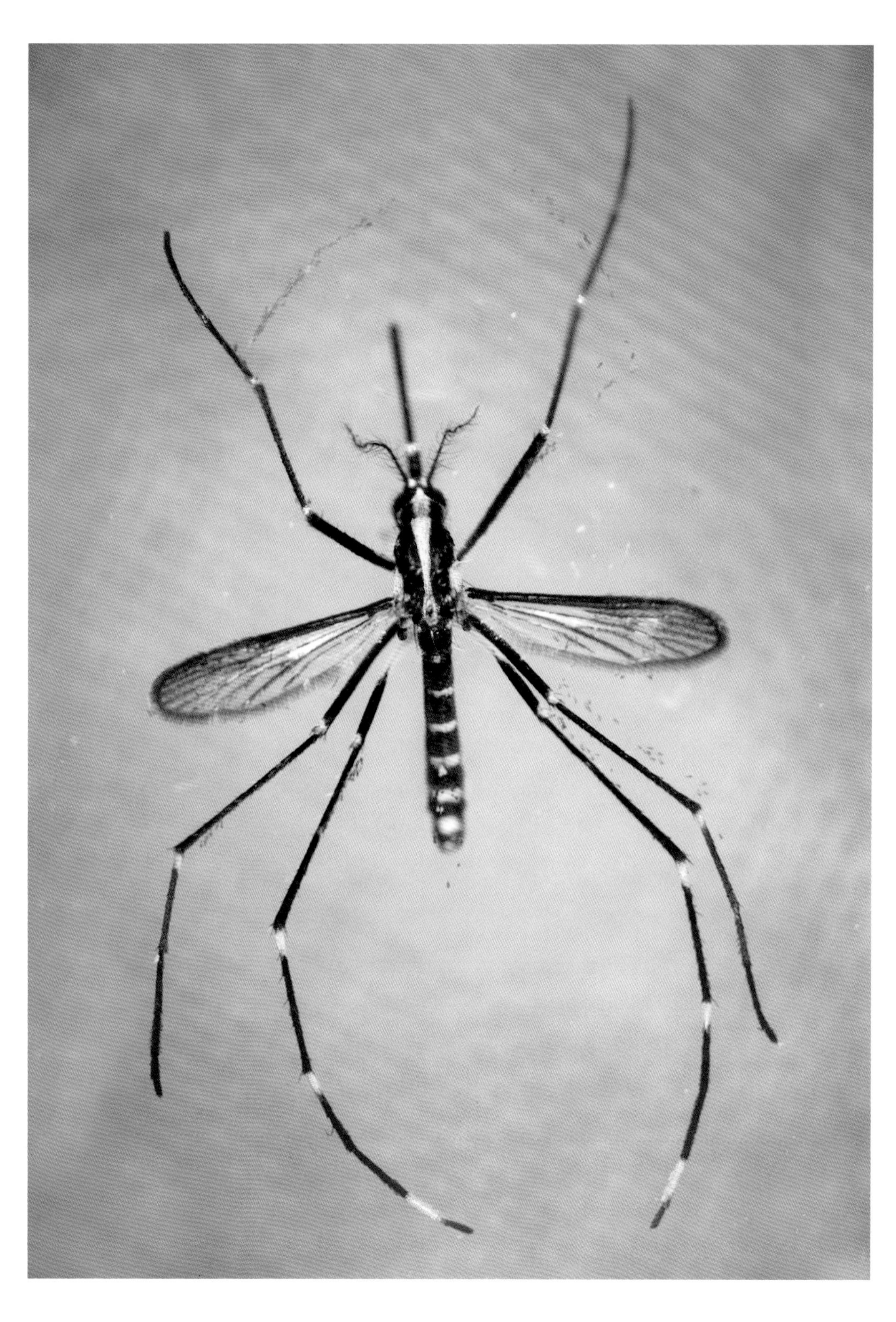

彩图版 12　叶抱覆蚊（♀）
Fig. 12 *St. perplexus*（♀）

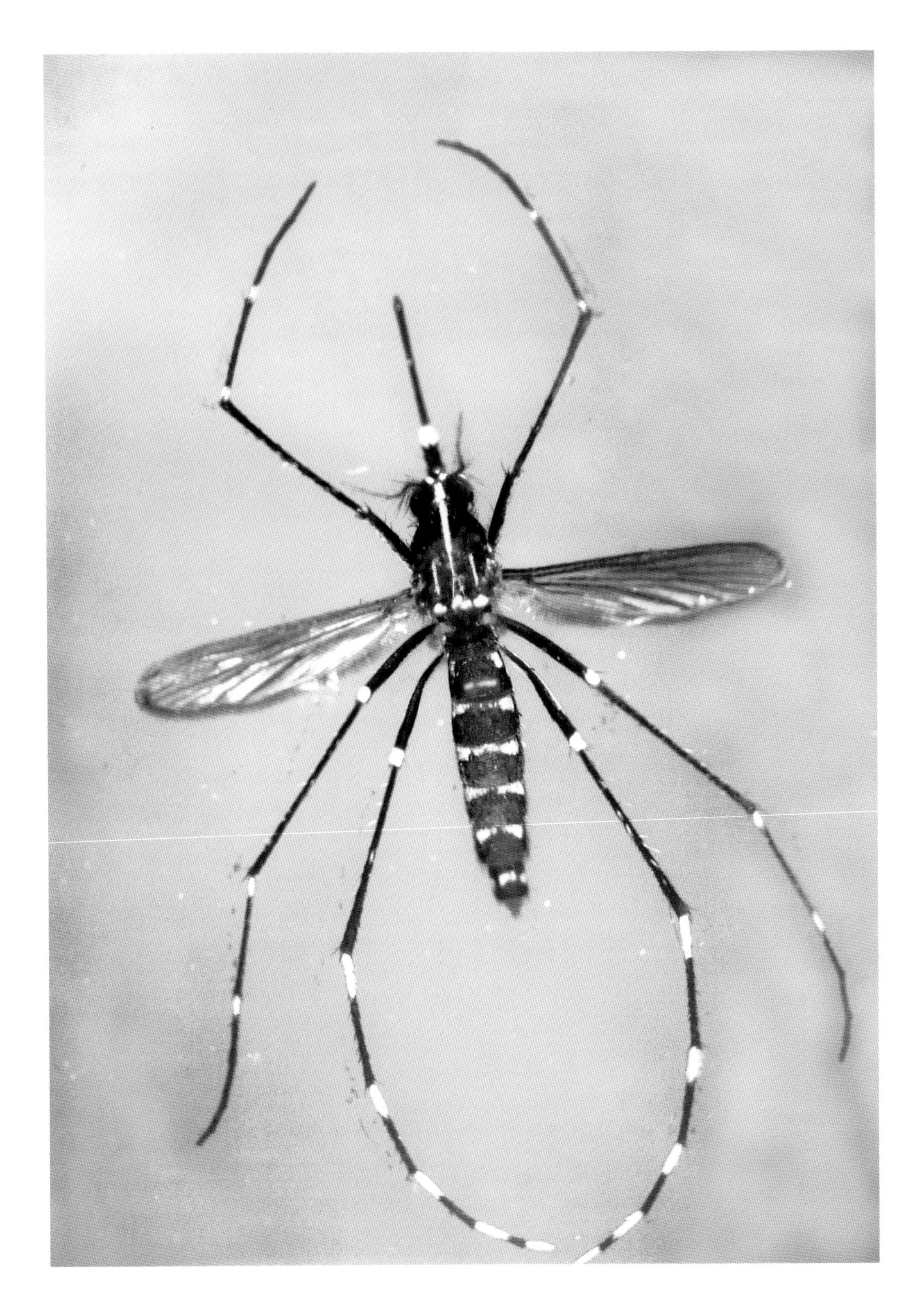

彩图版 13　伪白纹覆蚊（♀）
Fig. 13 *St. pseudalbopictus*（♀）

彩图版 14　伪白纹覆蚊（♀）胸部侧面
Fig. 14 Thorax lateral view of *St. pseudalbopictus*（♀）

彩图版 15　西托覆蚊（♂）
Fig. 15 *St. seatoi*（♂）

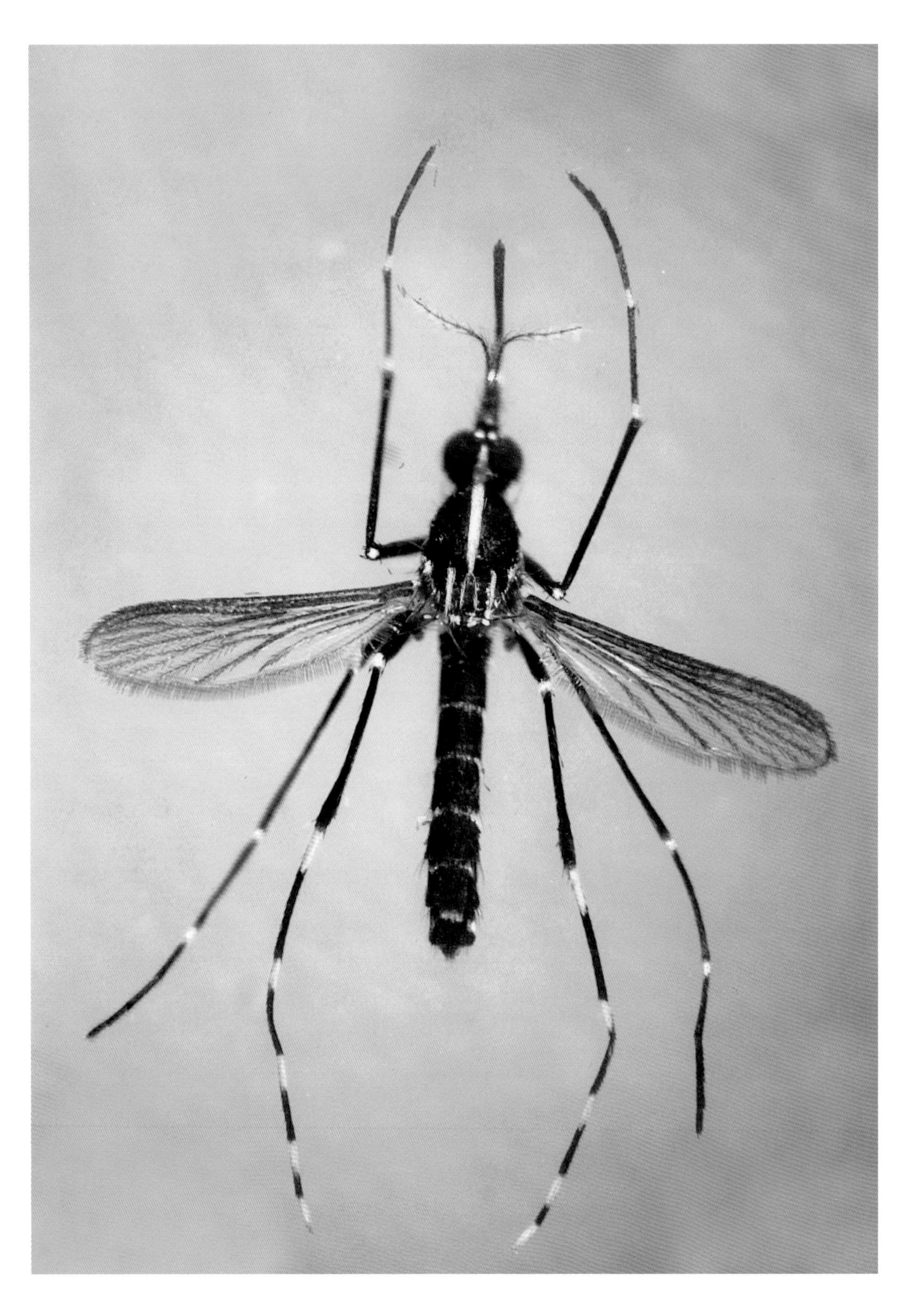

彩图版 16　亚白纹覆蚊（♀）
Fig. 16 *St. subalbopictus*（♀）

彩图版 17　亚白纹覆蚊（♀）胸部侧面
Fig. 17 Thorax lateral view of *St. subalbopictus*（♀）

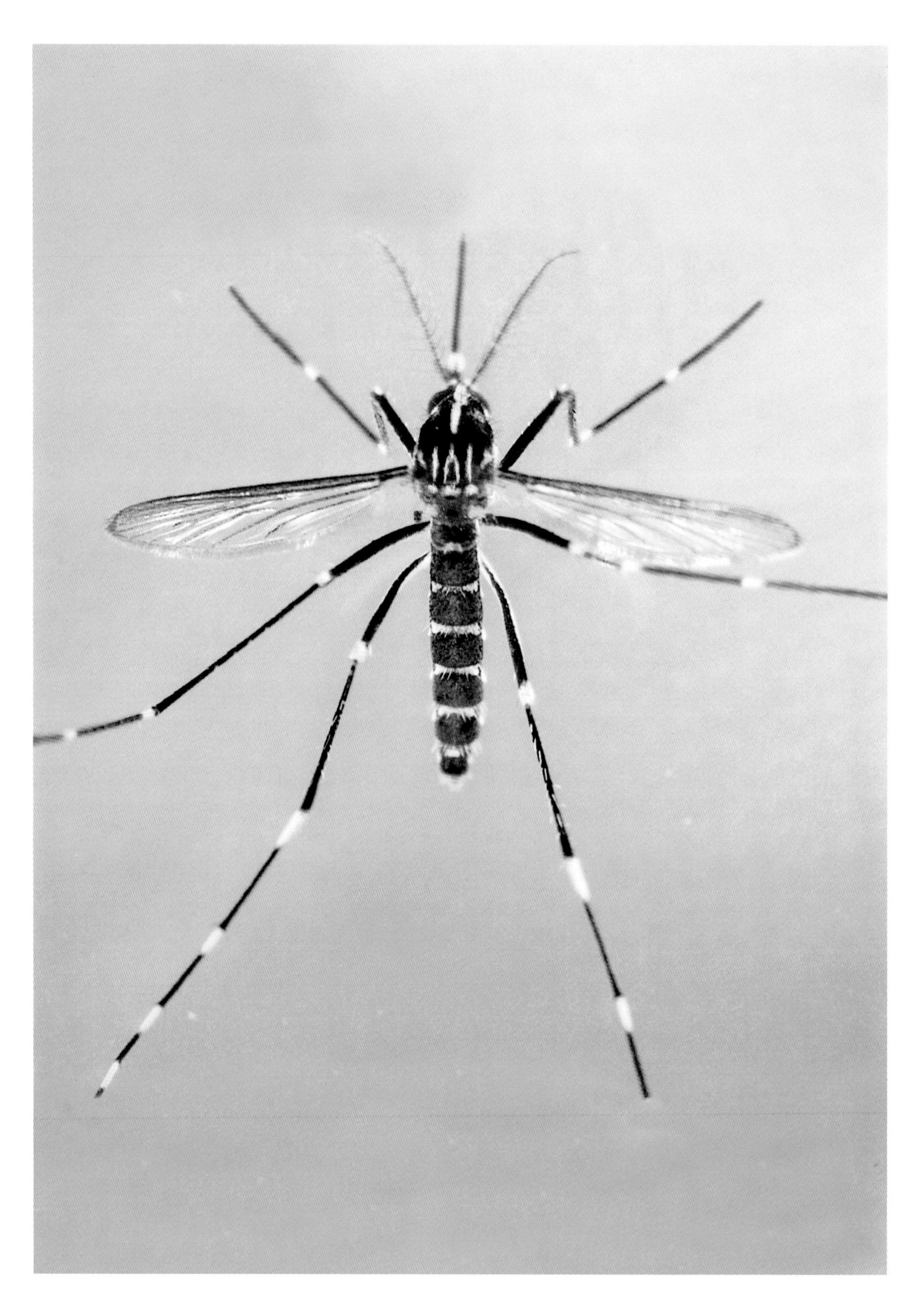

彩图版 18　双柏覆蚊　新种（♀）
Fig. 18 *St. shuangbaiensis* New Species（♀）

彩图版 19　双柏覆蚊 新种（♀）胸部侧面
Fig. 19 Thorax lateral view of *St. shuangbaiensis* New Species（♀）

参考文献

[1] 陆宝麟，陈汉彬，翟逢伊，等 . 中国动物志 . 昆虫纲，第八卷，双翅目，蚊科（上）. 北京：科学出版社，1997：218-255.

[2] 董学书，周红宁，龚正达 . 云南蚊类志（下）. 昆明：云南科技出版社，2010:59-89.

[3] 陈汉彬 . 贵州蚊类杂志 . 贵阳：贵州人民出版社，1987:112-123.

[4] 雷心田主编 . 四川蚊类志 . 成都：成都科技大学出版社，1989:113-121.

[5] 翟逢伊，朱淮民 . 我国伊蚊族蚊类记录的校订及新分类系统的建议（双翅目：蚊科）. 中国寄生虫学与寄生虫病杂志，2009:436-447.

[6] 陆宝麟 . 中国白纹伊蚊亚组的研究（Ⅰ. 成蚊）. 动物学研究，1982a，3:327-338.

[7] 陆宝麟 . 中国白纹伊蚊亚组的研究（Ⅱ. 成蚊）. 动物学研究，1985，6:9-18.

[8] 陆宝麟 . 中国白纹伊蚊亚组分种检索表 . 陆宝麟主编 . 白纹伊蚊和埃及伊蚊防制研究（第一集）. 1983:3-5.

[9] 陈继寅 . 辽宁省白纹伊蚊亚组伊蚊的分布 . 陆宝麟主编 . 白纹伊蚊和埃及伊蚊防制研究（第一集）. 1983:7-8.

[10] 刘永泰，王西京 . 陕西省白纹伊蚊分布的调查简报 . 陆宝麟主编 . 白纹伊蚊和埃及伊蚊防制研究（第一集）. 1983:9.

[11] 葛凤翔，陈浩利 . 太行山麓竹林区白纹伊蚊生活周期及季节数量变化的观察 . 陆宝麟主编 . 白纹伊蚊和埃及伊蚊防制研究（第一集）. 1983:13-15.

[12] 俞松青，杜顺贵 . 浙江上虞白纹伊蚊孳生习性调查 . 陆宝麟主编 . 白纹伊蚊和埃及伊蚊防制研究（第一集）. 1983:16-18.

[13] 唐光坤，王淑荪，安继尧 . 广西防城白纹伊蚊季节分布观察 . 陆宝麟主编 . 白纹伊蚊和埃及伊蚊防制研究（第一集）. 1983:30-33.

[14] 张光中，黄满涛，冯强，郑匡时 . 广东中山白纹伊蚊季节消长和带毒状态调查 . 陆宝麟主编 . 白纹伊蚊和埃及伊蚊防制研究（第一集）. 1983:34-37.

[15] 李蓓思，孙俊，罗万富，张京生 . 江苏宜兴竹林区白纹伊蚊刺叮周环的调查 . 陆宝麟主编 . 白纹伊蚊和埃及伊蚊防制研究（第一集）. 1983:38-41.

[16] 登革热媒介调查组 . 广东省埃及伊蚊和白纹伊蚊的地理分布 . 陆宝麟主编 . 白纹伊蚊和埃及伊蚊防制研究（第一集）. 1983:73-77.

[17] 广西壮族自治区寄生虫病防治研究所 . 广西埃及伊蚊和白纹伊蚊的分布调查 . 陆宝麟主编 . 白纹伊蚊和埃及伊蚊防制研究（第一集）. 1983:78-82.

[18] 高巨真，许荣满 . 白纹伊蚊的生物学及其防制（国外文献综述）. 陆宝麟主编 . 白纹伊蚊和埃及伊蚊防制研究（第一集）. 1983:60-72.

[19] 催可伦 . 广州地区白纹伊蚊的自育性 . 昆虫学报，1982，25:256-259.

[20] Harbach E. & Howard M. 2007. Index of currently recognized mosquito species (Diptera: Culicidae). European Mosquito Bulletin, 23(2007), 1-66.

[21] Huang, Y. M. 1971. A redescription of *Aedes* (*Stegomyia*) scutellaris malayensis Colless and the differentiation of the larva from that of *Aedes*(*St.*) albopictus (Skuse) (Diptera: Culicidae). Proc. ent. Soc. Wash. 73: 1-8.

[22] Huang, Y. M. 1971a. Lectotype desination of *Aedes* (*Stegomyia*) galloisi Yamada with a note on its assignment of the scutellaris group of species (Diptera: Culicidae). Proc. ent. Soc. Wash. 74: 253-256.

[23] Huang, Y. M. 1971b. Contributions to the mosquito fauna of Southeast Asia. XiV, The subgenus *Stegomyia* of Aedes in Southeast Asia. 1. The scutellaris group of species. Contrib. Am. ent. Insi. 9(1): 1-109.

[24] Huang, Y. M. 1973. A new species *Aedes* (*Stegomyia*) from Thailand and notes on the mediopunctatus subgroup (Diptera：Culicidae). Proc. ent. Soc. Wash. 75: 224-232.

[25] Huang, Y. M. 1977a. Medical entomology studies. Ⅲ. The subgenus of *Aedes* in Southeast Asia. Ⅲ. The edwardsi group of species. Ⅲ. The w-albus group of species (Diptera: Culicidae). Contrib. Am. ent. Inst. 14(1): 1-111.

[26] Danilov, V. N. 1976. *Aedes*(*Stegomyia*) patriciae Mattingly, a species new for the fauna of China, with a nite on the morphology of its larva (Diptera：Culicidae). Mosq. Syst. 8: 353-354.